OUVRAGES DU MÊME AUTEUR

LIBRAIRIE MASSON ET Cie

Formulaire de l'Électricien, 10e année, 1902. Un volume du format des *Recettes de l'Électricien*, de 460 pages . . . . . . 6 fr.

Les principales applications de l'électricité, 3e édit. (*épuisé*).

L'électricité dans la maison, 2e édition (*épuisé*).

Principes et lois générales de l'énergie électrique, 1 volume in-8e avec 257 figures dans le texte . . . . 12 fr.

Les compteurs d'énergie électrique . . . . 2 fr.

LIBRAIRIE LAHURE

L'Industrie électrique. Journal publié depuis 1892 les 10 et 25 de chaque mois dans le format in-4e, avec planches et figures dans le texte. — Paris et France, 24 fr.; Union postale, 26 fr.

Vocabulaire français-anglais-allemand, à l'usage des trois langues. 1 volume oblong, cartonné . . . . 6 fr.

LIBRAIRIE Vve CH. DUNOD

En collaboration avec M. J.-A. MONTPELLIER, *et un groupe d'ingénieurs.*

L'Électricité à l'Exposition de 1900. 2 volumes in-4e de 600 pages chacun, avec figures dans le texte et planches hors texte. En souscription . . . . 50 fr.

RECETTES

DE

L'ÉLECTRICIEN

M. É. Hospitalier (87, *boulevard St-Michel, Paris*) *sera reconnaissant aux lecteurs des* Recettes de l'Électricien, *de toute communication (description, échantillon, etc.) de nature à compléter ce volume et le tenir au courant des progrès réalisés par les applications de l'électricité.* (Téléphone : 812-89)

RECETTES

DE

L'ÉLECTRICIEN

COLLIGÉES ET MISES EN ORDRE

PAR

É. HOSPITALIER

Rédacteur en chef de *l'Industrie Électrique*

DEUXIÈME ÉDITION REVUE ET AUGMENTÉE

AVEC FIGURES DANS LE TEXTE

PARIS

MASSON ET Cie, ÉDITEUR

LIBRAIRE DE L'ACADÉMIE DE MÉDECINE

120, BOULEVARD SAINT-GERMAIN

1902

PRÉFACE

DE LA PREMIÈRE ÉDITION

Lorsque parut, en 1883, la première année du *Formulaire de l'Électricien*, l'ouvrage renfermait un certain nombre de renseignements pratiques, recettes, tours de main, etc., que le manque de place nous obligea bientôt à supprimer, au grand regret de bon nombre de nos fidèles lecteurs.

Quelques années plus tard, les renseignements pratiques relatifs aux piles et aux opérations électrochimiques courantes subissaient le même sort, et cédaient la place aux seuls renseignements conformes au titre et à l'esprit de l'ouvrage, devenu ainsi un véritable recueil de formules et de renseignements techniques utiles à l'ingénieur électricien.

Nous avions d'ailleurs l'intention d'utiliser un jour ces recettes, procédés et tours de main, dans un livre plus spécialement destiné aux ouvriers, monteurs, amateurs, à tous ceux, en un mot, qui mettent la main à la pâte à l'usine, à l'atelier, au laboratoire, ou dans leur propre maison, exécutent un appareil ou un circuit, l'installent ou le mettent en service, etc. C'est à eux que s'adressent les **Recettes de l'Électricien** dont nous publions aujourd'hui la première édition.

Nous avons la conviction intime que tout incomplet qu'il soit, ce petit livre rendra de précieux et utiles services ; un coup d'œil jeté sur les tables des matières analytique et alphabétique qui le terminent donnera au lecteur une idée de la variété et de l'abondance des renseignements qu'il renferme.

Peut-être trouvera-t-on que la pléthore de certains chapitres ne compense pas la maigreur de certains autres : nous reconnaissons la justesse de ces critiques, et comptons sur le concours de nos lecteurs pour nous aider à combler successivement les lacunes et à supprimer les redites ou les formules qui ne répondraient pas, dans la pratique, aux espérances de leurs promoteurs.

É. H

PRÉFACE

DE LA SECONDE ÉDITION

Cette édition a été complétée et mise à jour au point de vue des documents officiels et administratifs les plus récents. Elle constitue un document complémentaire indispensable du *Formulaire de l'Électricien*.

É. H.

Paris, avril 1902.

RECETTES

DE

L'ÉLECTRICIEN

A L'ATELIER

ALLIAGES

Alliages fusibles. (*Agenda du chimiste.*)

Alliage de Darcel, fusible à 94° C. :

Plomb	5 parties.
Étain.	3 —
Bismuth	8 —

Alliage de Wood, fusible entre 66 et 71° C. :

Plomb	2 parties.
Étain.	4 —
Bismuth . . . . 7 à	8 —
Cadmium. . . . . 1 à	2 —

Amalgame fusible à 53° C. :

Alliage de Darcel	9 parties.
Mercure.	1 —

Alliage de la monnaie de nickel (Allemagne, Belgique, États-Unis) :

Cuivre.	75 parties.
Nickel.	25 —

Alliages des instruments de physique :

	Cuivre.	Zinc.	Étain.
Tombac ou cuivre blanc. . . .	86 à 88	14 à 12	»
— jaune. . . .	88,88	5,56	5,56
— rouge.. . .	91,16	8,32	»
Laiton de Romilly	70,00	30,00	»

Bronze d'aluminium :

Cuivre.	90 parties.
Aluminium.	10 —

Alliages pour soudures :

SOUDURES.	CUIVRE.	ZINC.	ÉTAIN.	PLOMB.
Soudure forte jaune peu fusible.	53,3	43,1	1,3	0,3
Soudure forte jaune, demi-blanche fusible	44,0	49,9	3,3	1,2
Soudure forte jaune, blanche très fusible.	57,4	28,0	14,6	»
Soudure forte jaune, blanche très forte.	53,3	46,7	»	»
Métal pour souder le laiton. .	1,5	6,0	Laiton 10	
Soudure des plombiers. . . .	»	»	33	66
Soudure des ferblantiers. . .	»	»	50	50

Alliage d'aluminium de Bourbouze. (*Lechatelier.*) — L'alliage d'aluminium de M. Bourbouze possède à peu de chose près les mêmes qualités de faible densité que le métal pur et présente sur ce dernier le grand avantage de se laisser souder facilement.

L'étain, qui s'allie facilement à l'aluminium, ne peut pas cependant être utilisé directement pour la soudure de ce métal, parce qu'il ne le mouille que très difficilement. Bourbouze a remarqué que l'étain impur, qui a déjà dissous de l'aluminium, mouille avec la plus grande facilité le métal pur et que cet alliage, après sa solidification, est également mouillé par l'étain pur. Il fut conduit par cette observation au procédé suivant de soudure : l'aluminium chauffé est frotté avec un alliage de ce métal renfermant 45 pour 100 d'étain, puis les surfaces ainsi préparées sont soudées par les procédés ordinaires. Faisant dans la même voie un nouveau pas, il reconnut que l'alliage d'aluminium renfermant seulement 10 pour 100 d'étain possède encore la propriété de se souder à l'étain, tout en conservant les qualités utiles du métal pur. Cet alliage peut donc remplacer l'aluminium dans toutes ses applications.

La densité et la fusibilité de cet alliage sont :

	Al.	Al + 10 pour 100 d'étain.
Densité	2,5	2,8
Point de fusion.	650	635

Il se moule avec la plus grande facilité, est susceptible de prendre un beau poli, se conserve sans altération à l'air; il prend par l'écrouissage une certaine élasticité qui facilite son emploi. Mais, pas plus que l'aluminium, il ne possède une dureté ni une ténacité qui permettent, question de prix de revient mise à part, de l'employer indistinctement aux mêmes usages que les métaux et alliages les plus usuels.

Alliage résistant aux acides. — M. Reitz, de Bockenheim, a inventé un alliage qui offre beaucoup de résistance à l'action des acides et des alcalis. En voici la composition :

Cuivre	15,00	parties.
Étain.	2,34	—
Plomb	1,82	—
Antimoine.	1,00	—

Alliages de nickel. (*Fleitman.*) — Le nickel pur et ses alliages avec le cuivre, le cobalt et le fer, peuvent être additionnés d'un autre métal sans perdre la propriété de se souder et d'être mis en feuilles. Les métaux que l'on peut introduire jusqu'à 10 pour

100 sont : le zinc, l'étain, le plomb, le cadmium, le fer et le manganèse. Aucun des produits obtenus ne surpasse l'alliage renfermant 25 parties de nickel et 75 parties de fer; il a une couleur blanche et résiste à l'oxydation de l'atmosphère bien mieux que le fer seul.

Alliages pour coupe-circuits. (*Weisbach*, 1890.)

Composition.			Points de fusion.
Plomb.	Étain.	Bismuth.	en degrés C.
1	1	4	93,8
5	3	8	94,1
2	3	5	94,4
1	4	5	118,8
1	4	1	125,0
1	1	1	141,1
1	2	1	167,7
1	3	1	167,7
1	3	1	200,0

Alliage adhérent au verre. — M. F. Walter a trouvé un alliage qui adhère énergiquement au verre et qui peut servir, par conséquent, à assembler les tubes de verre, à les fermer hermétiquement, etc.

Cet alliage, d'après la *Revue de chimie industrielle*, se compose de 95 pour 100 d'étain et 5 pour 100 de cuivre. On l'obtient en versant le cuivre dans l'étain préalablement fondu, agitant le mélange avec un agitateur en bois, le coulant ou le granulant, puis le refondant. Il fond à environ 360°.

En ajoutant 0,5 à 1 pour 100 de plomb ou de zinc, on peut rendre l'alliage plus ou moins dur ou plus ou moins fusible. On peut aussi s'en servir pour recouvrir des métaux ou des fils métalliques auxquels il donne l'apparence de l'argent.

SOUDURES

Soudures. — Parties égales d'étain et de plomb. Dans les appareils il est important de ne pas faire la soudure avec les acides ou le chlorure de zinc. Ces liquides ne peuvent s'enlever entièrement et finissent par corroder le métal. Étendu sur le bois ou l'ébonite, le chlorure de zinc ne sèche jamais et compromet l'isolement. On doit, dans ce cas, toujours faire usage de résine. Un alliage mou, qui s'attache si fortement à la surface des métaux, au verre et à la porcelaine, qu'on peut l'employer pour souder des articles qui ne peuvent supporter une température élevée, peut être préparé ainsi qu'il suit : On prend du cuivre pulvérulent, obtenu au moyen de la précipitation par le zinc dans une solution de sulfate de cuivre, et on le mélange dans un mortier en fonte ou en porcelaine avec de l'acide sulfurique concentré, densité 1,85. On prend de 20 à 36 parties de cuivre, selon la dureté qu'on veut obtenir. On ajoute à ce mélange, en agitant constamment, 70 parties de mercure. Quand il a été bien mélangé, l'amalgame est soigneusement lavé à l'eau chaude, pour enlever toutes traces d'acide, et abandonné au refroidissement. Au bout de dix à douze heures, il devient assez dur pour rayer le plomb. Quand on a ensuite à l'employer, on doit d'abord l'échauffer assez pour que, étant trituré et broyé dans un mortier, il prenne la consistance de la cire. Sous cette forme plastique, on peut l'étendre sur une surface quelconque à laquelle il adhérera avec beaucoup de ténacité quand il aura durci et se sera refroidi.

Soudage de l'aluminium. (*Bourbouze.*) — On fait subir aux parties des différentes pièces qu'on veut réunir l'opération ordinaire de l'étamage; seulement, au lieu d'employer l'étain pur, on devra faire cette opération avec des alliages tels qu'étain et zinc, ou bien étain, bismuth et aluminium, etc. On arrive à de bons résultats avec tous ces alliages, mais ceux auxquels on doit donner la préférence, sont ceux d'étain et d'aluminium. Ils devront être préparés en différentes proportions, suivant le travail qu'on devra faire subir aux pièces à souder. Pour celles qui devront être façonnées après soudure, on devra prendre un alliage composé de 45 parties d'étain et 10 d'aluminium. Ce dernier est suffisamment malléable pour résister au martelage. Les pièces ainsi soudées peuvent être emmandrinées et tournées.

Les pièces qui n'auront à subir aucun travail après le soudage peuvent, quel que soit le métal à souder à l'aluminium, être solidement réunies avec la soudure tendre d'étain contenant moins d'aluminium. Cette soudure peut être appliquée avec un fer à souder, en opérant comme on opère pour souder le fer blanc ou bien encore dans une flamme. L'une comme l'autre de ces soudures n'exigent aucune préparation préalable des pièces; il suffit d'appliquer la soudure, de l'étendre à l'aide du fer à souder sur les parties qui devront être réunies. Quand on veut souder certains métaux avec l'aluminium, il est bien d'étamer la partie à souder du métal avec l'étain pur. Il suffit alors d'appliquer sur cette partie l'aluminium étamé avec l'alliage et de terminer l'opération à la manière ordinaire. L'aluminium ne se travaille que difficilement, surtout pour les pièces qui doivent être façonnées au tour; il en résulte une certaine difficulté d'exécution qu'on pourra éviter en employant un alliage de 100 parties d'aluminium et 20 parties d'étain. Cet alliage, dont la densité est 3,5, peut être employé pour toutes les pièces intermédiaires. Il se tourne facilement et l'on peut, comme avec le laiton, enlever des pas de vis d'une très grande finesse. Il s'étame directement, sans préparation, avec l'étain.

Une soudure, dite dure, se compose de :

Cuivre.	52 parties.
Zinc.	46 —
Étain	2 —

Fondus ensemble et avec du borax comme fondant, on peut employer aussi la soudure suivante :

Zinc.	70 parties.
Cuivre rouge.	15 —
Aluminium.	15 —

On peut enfin employer comme fondant le chlorure d'argent avec la soudure ordinaire.

Soudure à l'étain d'objets en fonte. — Les articles d'ornement en fonte, de petite dimension, se brisent assez facilement quand on les manie sans précautions. On ne peut pas les souder directement à l'étain. Pour faire prendre la soudure, on commence par nettoyer parfaitement les surfaces, ce qui est d'ailleurs inutile si la cassure est fraîche. On les frotte ensuite avec une brosse en fils de laiton jusqu'à ce que la fonte soit parfaitement jaune. Dans cet état, on peut pratiquer la soudure sans difficultés.

Soudure du fer ou de l'acier sans emploi de corps acides. (*de Lalande.*) — Les soudures à l'étain faites sur fer ou acier, en employant le sel ammoniac ou le chlorure de zinc, provoquent l'oxydation du métal, quelque soin qu'on prenne pour enlever par lavage toute trace d'acide. On peut éviter cet inconvénient en cuivrant très légèrement au préalable les surfaces à souder dans un bain au cyanure de cuivre. La soudure se fait alors à la résine.

Soudure des fils d'un induit aux lames d'un collecteur — On doit souder à la résine, mais cette matière solide et isolante, en raison de sa grande fusibilité, pénètre dans le faisceau de fils bien plus facilement que la soudure. Si cette dernière n'a pas pénétré à cœur dans le paquet de fils, sa place y est prise par la résine qui remplit l'office contraire, et isole les fils les uns des autres. Il convient donc d'étamer les bouts de tous les fils avant de les souder.

Soudure de la porcelaine et du verre avec les métaux. (*Cailletet.*) — Ce procédé permet d'adapter aux appareils de recherches un ajutage métallique quelconque (robinets, tubes de communication, fil conducteur, etc.), de façon à éviter toute fuite, même sous des pressions élevées.

On recouvre d'abord la portion du tube qui doit être soudée

d'une très mince couche de platine. Il suffit pour obtenir ce dépôt d'enduire, au moyen d'un pinceau, le verre légèrement chauffé, de chlorure de platine bien neutre, mélangé à de l'huile essentielle de *camomille*. On fait évaporer lentement l'essence et, lorsque les vapeurs blanches et odorantes ont cessé de se produire, on élève la température jusqu'au rouge sombre; le platine se réduit alors en recouvrant le tube de verre d'un enduit métallique et brillant. En fixant au pôle négatif d'une pile d'une force électromotrice convenable le tube ainsi métallisé et placé dans un bain de sulfate de cuivre, on dépose sur le platine un anneau de cuivre, qui doit être malléable et bien adhérent si l'opération a été convenablement conduite.

Dans cet état le tube de verre, recouvert de cuivre, peut être traité comme un véritable tube métallique et soudé, au moyen de l'étain, au fer, au cuivre, au bronze, au platine et à tous les métaux qui s'allient à la soudure d'étain. La résistance et la solidité de cette soudure sont très grandes; M. Cailletet a constaté qu'un tube de son appareil à liquéfier les gaz, dont l'extrémité supérieure avait été fermée au moyen d'un ajutage ainsi soudé, résiste à des pressions intérieures de plus de 300 kg par cm^2.

On peut remplacer le platinage du tube par l'argenture, qu'on obtient sans difficulté, en chauffant au voisinage du rouge le verre recouvert de nitrate d'argent. L'argent ainsi réduit adhère parfaitement au verre, mais des essais assez nombreux ont fait préférer le platinage à l'argenture.

Soudure métallique pour le verre. — D'après les expériences de M. C. Margot, on fait une excellente soudure en formant un alliage de :

Étain.	100
Zinc	3

On coule en bâtonnets, qui s'emploient comme de la cire sur les parties du verre fortement chauffées.

Pour étamer complètement une glace, on étend la soudure sur toute la surface avec un tampon de papier de soie ou un linge bien propre.

Soudure du verre aux métaux. — Un alliage formé de 25 parties en poids d'étain et de 5 parties de cuivre possédant le même coefficient de dilatation que le verre, convient particulièrement dans la fabrication des lampes à incandescence, pour souder, d'une façon durable, le verre au métal et en général pour toutes les soudures analogues. En ajoutant 0,5 à 1 pour 100 de plomb ou de zinc à l'alliage, on le rend plus tendre ou plus dur.

Cet alliage fond à 360° C.

Soudure à froid pour le fer. — Les pièces de fer que l'on ne peut pas chauffer pour les souder peuvent être assemblées à froid de la manière suivante, selon la formule donnée par le *Praktische Maschinen Constructeur*.

On recouvre les extrémités à réunir d'un mastic composé de :

Soufre	6 parties.
Céruse	6 —
Borax.	1 —

diluées dans de l'acide sulfurique concentré, et on presse fortement les deux pièces l'une contre l'autre. On laisse reposer pendant cinq à sept jours; la soudure est alors assez forte pour que l'on ne puisse plus séparer les deux pièces, même en frappant au marteau la partie où a été faite la jonction.

Soudure à basse température. — A employer pour les objets qui ne peuvent subir une température élevée. Dans un mortier en porcelaine on mélange du cuivre en poudre avec de l'acide sulfurique concentré. On obtient ce cuivre en précipitant une dissolution de sulfate par le zinc.

On prend de 30 à 36 parties de cuivre, et l'on ajoute, en remuant toujours, 70 parties de mercure. Quand l'amalgame est achevé, on lave à l'eau chaude pour enlever tout l'acide, puis on laisse refroidir. Pour utiliser cette composition, on la chauffe jusqu'à consistance de la cire, de manière à pouvoir l'étendre sur les surfaces à réunir. En refroidissant, elle adhère très fortement.

Soudure autogène du plomb. — M. Blondel soude le plomb à lui-même en se servant de l'amalgame de plomb. Les deux feuilles à souder sont soigneusement décapées à la gratte. On interpose entre elles une couche mince d'amalgame de plomb et on passe rapidement, sur la ligne de jonction, un fer à souder ordinaire. La chaleur dégage le mercure de l'amalgame et le plomb mis en liberté, à l'état de grande division, entre en fusion et soude les deux feuilles comme par la méthode autogène.

Masquer les soudures. (*Cosmos.*) — Pour les objets de *cuivre*, il faut préparer une dissolution concentrée de sulfate de cuivre et, au moyen d'une baguette, en appliquer une certaine quantité sur la soudure. En touchant ensuite ce point avec un fil de fer ou un fil d'acier, on cuivre le point touché, l'épaisseur du dépôt augmente en répétant plusieurs fois l'opération. Pour obtenir l'aspect du *laiton*, il faut employer une dissolution saturée formée d'une partie de sulfate de zinc et de deux de sulfate de cuivre, l'appliquer au point cuivré au préalable, et frotter avec un morceau de zinc. La couleur sera plus foncée en saupoudrant de poudre d'or et en polissant ensuite. Pour les objets en or ou en doublé, on cuivre d'abord la soudure, on la recouvre ensuite d'une mince couche de gomme ou de colle de poisson, puis on la saupoudre de limaille de bronze, et quand la gomme est sèche, on frotte énergiquement et l'on obtient ainsi un poli très brillant. On peut encore dorer par galvanoplastie, la coloration est ainsi plus uniforme. Pour les objets en *argent*, on cuivre comme précédemment, puis on frotte avec une brosse trempée dans la poudre d'argent, on passe ensuite au brunissoir, puis l'on polit de nouveau.

COLLES. — MASTICS. — CIMENTS

Gomme à coller. — Quand on fait dissoudre de la gomme, dans de l'eau, afin d'en user pour enduire des papiers, on fait bien d'ajouter un peu de glycérine à la préparation. Cette dernière substance détruit le *cassant* de la gomme séchée. Elle prévient encore cette tendance qu'ont les étiquettes gommées à se rouler quand on écrit dessus.

Colle imperméable. — Quand on a besoin de colle imperméable, on fait tremper dans l'eau de la colle forte ordinaire jusqu'à ce qu'elle se ramollisse; on la retire avant qu'elle ait perdu sa forme primitive; après quoi, on la met à dissoudre dans de l'huile de lin ordinaire sur un feu très doux, jusqu'à ce qu'elle se prenne comme une gelée. Cette colle sert pour assembler toute espèce de matière. Outre sa force et sa dureté, elle a l'avantage de résister à l'action de l'eau.

Dextrine. — Avec quatre fois son poids d'eau, la colle à la dextrine doit produire l'adhérence complète en dix minutes, sans teinter sensiblement le papier.

Colle pour l'os et l'ivoire. — Solution d'alun concentrée à chaud jusqu'à consistance sirupeuse. Appliquer à chaud.

Colle de riz. — On obtient un produit bien supérieur à la colle de pâte, le vulgaire papin, en remplaçant la farine de blé par la farine de riz. La préparation est d'ailleurs la même : On délaye à l'eau froide de la farine de riz et on la fait cuire sur un feu doux jusqu'à ce qu'elle soit prise. Cette colle est d'un beau blanc et devient presque transparente en séchant; ses propriétés adhésives sont telles que les papiers collés avec la pâte de riz se déchirent plutôt que de se détacher.

Colle pour le bois. (*Science pratique.*) — On prend du fromage blanc, frais, on le lave à grande eau en le pétrissant vigoureusement et on en forme un ballot tout en exprimant l'eau, puis on le garde dans un lieu frais.

D'autre part, on prend de la chaux vive qu'on éteint en la

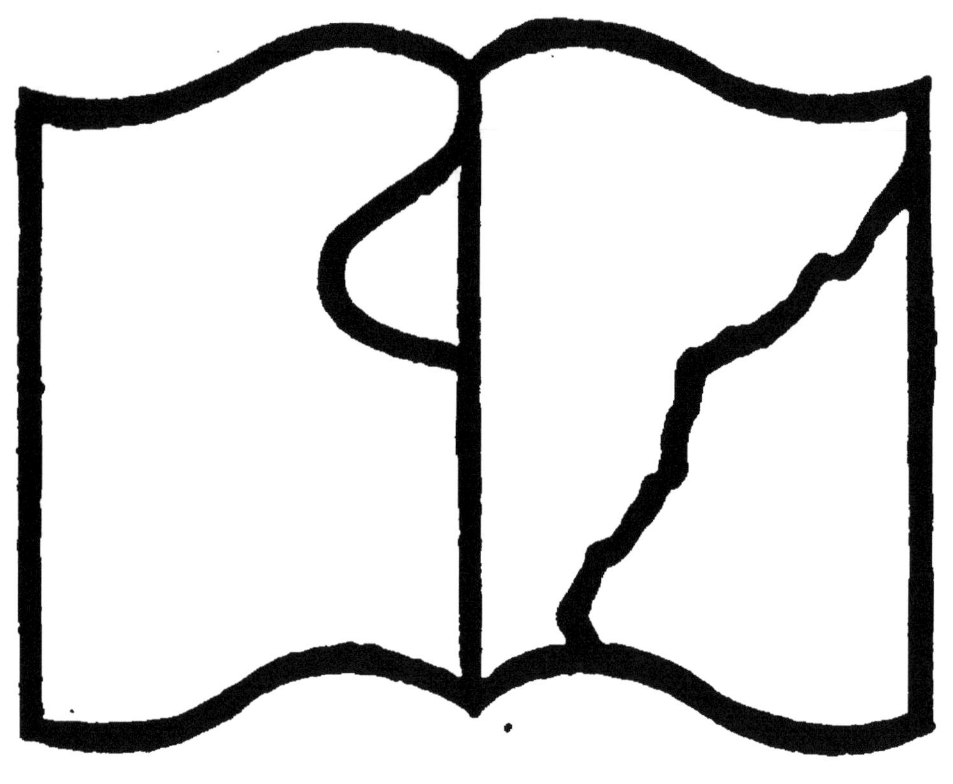

Texte détérioré — reliure défectueuse

NF Z 43-120-11

trempant rapidement dans l'eau, puis on la laisse sécher, on la réduit en poudre, on la tamise, et on la met en bouteilles qu'on bouche hermétiquement. Au moment de l'emploi, on mélange une partie de chaux et trois parties de fromage avec de l'eau pour obtenir une pâte légère. Il ne faut préparer la quantité nécessaire qu'une heure ou deux d'avance. Cette colle est très utile pour recoller des baguettes dorées, les planches disjointes d'un plancher, et tout objet en bois destiné à être mouillé souvent, car elle est insoluble dans l'eau.

Rendre insoluble la colle ou la gélatine. (*La Papeterie.*) — Le bichromate de potasse rend insolubles dans l'eau les colles fortes et la gélatine, d'où il résulte que des étoffes de coton, de lin, de soie ou autres, du papier, une fois enduits de cette colle rendue insoluble sont complètement imperméables. Pour rendre la colle ou la gélatine insolubles, il suffit d'ajouter à l'eau qui la tient en dissolution, une partie de bichromate de potasse pour 50 parties de colle ou de gélatine, au moment de s'en servir, et d'opérer en pleine lumière.

Coller le cuir sur du métal. — Pour coller le cuir sur la surface d'un métal, on peut employer le procédé suivant : On enduit le cuir d'une dissolution très étendue de colle forte chauffée à l'ébullition, et on l'applique sous pression sur le métal dont on a rendu préalablement la surface rugueuse. Puis on humecte le cuir avec une décoction de noix de galle; le tanin se combine avec certains éléments de la colle, et il se forme une substance qui adhère très énergiquement au métal et au cuir.

Collage de l'ébonite. — La gutta-percha recolle très bien l'ébonite et forme un joint étanche, mais le joint ainsi obtenu ne présente pas une très grande résistance mécanique.

Mastic résistant à la chaleur et aux acides :

Soufre	100 parties.
Suif.	2 —
Résine	2 —

Fondre le soufre, le suif et la résine jusqu'à consistance sirupeuse et coloration rouge brun, ajouter du verre tamisé jusqu'à former une pâte [illegible] d'une application facile. Chauffer les pièces à soude[illegible] le mastic très chaud.

Mastic rés[illegible]n du chlore gazeux. — Le brai gras, ou un m[illegible] gras et de brai sec en pains, analogue à celui qu[illegible]ie dans le pavage en bois, résiste assez longtemps à l'action du chlore gazeux.

Soudure pour le celluloïd. — Faire dissoudre dans l'acétone des rognures de celluloïd, ce qui se fait promptement et facilement, et enduire ensuite avec un pinceau les parties à souder de la dissolution obtenue, qui fait prise presque immédiatement et durcit complètement en moins d'un quart d'heure. Si le travail a été fait proprement et avec soin, la soudure est à peine visible, et l'objet restauré est aussi solide qu'avant l'accident.

Ciment isolant. — Le meilleur, d'après *Harris*, est de la cire à cacheter de bonne qualité.

Ciment pour isolateurs. — Soufre, plomb ou plâtre de Paris mélangé à un peu de glu pour empêcher la prise trop rapide.

Ciment de Muirhead. — 3 parties de ciment de Portland, 3 parties de cendres grossières, 3 parties de mâchefer, 4 parties de résine.

Ciment noir. — 1 partie de cendres grossières, 1 partie de cendres de forge (mâchefer), 2 parties de résine.

Ciment résistant à l'acide sulfurique bouillant. (*Chemist and Druggist.*) — On fait fondre du caoutchouc auquel on ajoute, en remuant bien, 8 pour 100 de suif. On additionne de la quantité de chaux éteinte nécessaire pour donner à la masse une consistance légèrement pâteuse, puis on y mêle 20 pour 100 de vermillon, ce qui donne lieu au durcissement immédiat du ciment.

Ciment de Siemens. — 12 parties de limaille de fer ou de fer rouillé et 100 parties de soufre.

Glu marine. (*Dictionnaire des ar*[illegible]*es.*) — La glu marine est une dissolution de c[illegible]'huile essentielle de goudron, à laquelle on aj[illegible]me laque. Les proportions employées sont de 25 g en [illegible]utchouc par litre d'huile essentielle de goudron. Quand le caoutchouc est entièrement dissous, et que le mélange a acquis la consistance d'une crème épaisse, ce qui a lieu après dix jours, on y ajoute 2 ou 3 parties en poids de laque, pour une partie de dissolution. Elle s'emploie à une température assez élevée, à 120° C. environ.

La force d'adhésion de cette glu marine est très grande. Cette colle est complètement insoluble dans l'eau ; étant employée à une assez haute température, elle ne coule pas par l'effet de la chaleur produite par l'action du soleil. Elle résiste à une traction de 20 à 25 kg par cm^2 ; la résistance pratique du sapin, en travers des fibres, ne dépassant pas 12 ou 15 kg par cm^2, les chances sont moindres de voir rompre une pièce de bois par le joint collé à la glu marine qu'à travers le bois lui-même ; tout au moins les chances de rupture sont à peu près égales, en supposant quelque exagération dans les chiffres ci-dessus.

La glu marine ne peut s'appliquer que sur des bois préalablement séchés assez complètement, puisqu'elle n'est bien liquide qu'à une température déjà assez élevée, capable par suite de faire dégager de nombreuses vapeurs au contact du bois humide.

Mastic très isolant pour les appareils de recherches électriques. (*Palmieri.*) — Ce mastic est composé de 2/3 de poix grecque et de 1/3 de plâtre calciné, en poids. Le plâtre entrant dans ce mélange, appelé en italien *scagliola*, est du gypse pur, lequel a été porté à haute température de façon à perdre la moitié de son eau de constitution. Jeté ensuite rapidement dans l'eau, il y durcit en reprenant le liquide perdu.

Le mastic formé de poix et de ce plâtre constitue, à chaud, une pâte homogène et visqueuse : on peut l'appliquer au pinceau sur les appareils, ou bien le couler dans des moules de formes variées. Il possède les propriétés isolantes de l'ébonite, bien que plus tendre et plus plastique; un praticien adroit peut tourner et polir les objets moulés avec cette matière. Sa couleur est celle de l'ambre légèrement foncé. Au point de vue électrique, ses deux propriétés caractéristiques et principalement utiles sont de ne rien perdre de ses propriétés isolantes, soit qu'on l'expose à une grande chaleur, soit qu'il ait à traverser des conditions hygrométriques normales.

Mastic pour le caoutchouc. (*Moniteur industriel.*) — On sait que certains objets en caoutchouc doivent être mis hors de service par suite des criques qui s'y produisent avec le temps ou autrement. Voici le moyen de réparer ces avaries.

On nettoie d'abord soigneusement la fente, puis on la remplit avec un mastic composé de 16 parties de sulfure de carbone, 2 parties de gutta-percha, 4 parties de caoutchouc et une partie de colle de poisson. Si la fente est ouverte, on y applique le mastic par couches successives. On maintient ensuite les bords au moyen d'un fil médiocrement serré et on laisse sécher. Après vingt-quatre à trente-six heures, on enlève le fil, puis, à l'aide d'un couteau bien affilé et mouillé, on coupe la saillie du mastic résultant du rapprochement des bords de la fente.

Luts ou mastics obturants. (*Moniteur des produits chimiques.*) — 1° Le lut le plus commode à se procurer est formé de bonne terre glaise ou de terre à pipe délayée dans de l'eau pure ou de l'eau de savon; mais il est peu adhésif et se crevasse en séchant. On remédie à ce dernier défaut en y incorporant du sable très fin.

2° Un lut gras, très commode à faire et à appliquer, est formé de parties égales de cire et de suif, fondus ensemble; avec un fer chaud on étale le mastic uniformément.

3° Un autre lut gras, moins coûteux, s'obtient en broyant ensemble de l'huile de lin cuite et de la terre glaise bien sèche.

4° Un enduit, souvent employé dans les laboratoires, se fait en malaxant au mortier un mélange de colle d'amidon et de farine de graine de lin. On consolide l'application en la recouvrant par des bandelettes de toile qu'on serre et qu'on unit convenablement.

5° Pour les opérations demandant une jonction solide, on a recours à un mélange intime de blancs d'œufs et de chaux vive en poudre dont on enduit aussi des bandes de toile. Il faut préparer cet enduit au moment de s'en servir, parce qu'il durcit assez vite.

6° Enfin, pour les joints qu'on veut rendre étanches aux liquides, on emploie le *mastic de fontainier* formé de 3 parties de résine, 1 de cire, 1 de suif et 4 de brique pilée fin, qu'on fait fondre et incorporer avec soin. On fait pénétrer ce mastic dans les joints au moyen d'un fer chaud.

Enduit inattaquable aux acides. (*Carré.*) — Mélanger intimement de l'amiante pure, en poudre impalpable, avec une solution sirupeuse et épaisse de silicate de soude industriel, et aussi peu alcalin que possible. L'amiante est d'abord broyée avec une petite quantité de silicate, de façon à obtenir une pâte analogue aux couleurs broyées, que l'on peut conserver en vase clos ; il suffit ensuite de délayer, dans une nouvelle quantité de silicate dissous, cette matière première pour obtenir une sorte de peinture qui, appliquée au pinceau sous deux ou trois couches d'épaisseur, protège la surface des réservoirs ou des bassins, par exemple, contre tout liquide ou toute vapeur acide. On peut également, avec cet enduit, former un mortier servant à sceller les briques de grès.

Lutage des tubes. — Mélanger de l'amiante fibreuse avec du silicate de soude ou de potasse, on fait une pâte épaisse et l'on en garnit les deux tubes à réunir ; on laisse sécher deux jours. On passe ensuite une couche claire et on laisse sécher. Les tubes peuvent être portés ensuite impunément à de très hautes températures. De plus, ce lut est inattaquable par les acides.

Arcanson. (*Oudinet.*) — Matière employée à fixer sur un tour des surfaces planes destinées à être mises d'épaisseur entre elles. L'arcanson se compose ainsi : 2/3 de résine brune et 1/3 de cire jaune ; toutefois ces quantités peuvent être modifiées suivant la température ; dans l'été il faut moins de cire jaune, et l'hiver il en faut davantage pour former un ciment assez malléable et assez tenace pour résister au frottement de l'outil sur la matière, ainsi qu'à l'échauffement de cette même matière, échauffement qui rend le collage moins solide, surtout si la pièce ou les pièces fixées par son aide l'ont été sur un mandrin métallique (les mandrins de bois, en noyer, par exemple, sont préférables pour ces sortes d'opérations). Mais il est nécessaire, avant de coller ces pièces, de donner une légère passe d'outil sur la surface du mandrin, afin de la planer.

Voici un moyen pratique pour vérifier la qualité de cet arcanson : on prend quelques gouttes de cette matière liquéfiée sur un feu doux, et on les fait tomber sur une pièce métallique; on laisse refroidir, et on les enlève lorsqu'elles sont complètement froides; on les soumet alors à une légère flexion entre les doigts; si elles cassent net, la composition est trop sèche, il faut alors ajouter de la cire; si elles sont trop malléables, il faut ajouter de la résine; la pratique seule assure, jusqu'à un certain point, le succès de ces opérations. En remplaçant la cire jaune par la paraffine, on obtient une bien meilleure adhérence des pièces.

Mastic à la glycérine. — La glycérine sert à la préparation d'un mastic au plomb, plus dur et plus résistant, pour scellements, que le ciment de Portland; sa préparation est simple.

On pulvérise de la litharge très finement, de façon à obtenir une poudre impalpable; puis, on la dessèche complètement dans une étuve à haute température, on mélange alors cette poudre avec de la glycérine en quantité suffisante pour faire un mortier épais. Le mastic ainsi obtenu se solidifie rapidement, soit à l'air, soit par immersion dans les liquides; son volume reste sensiblement invariable pendant la solidification; il résiste sans modification à des températures approchant de 300° C. Enfin, il adhère fortement aux corps avec lesquels on le met en contact.

Ciment transparent. — On fait dissoudre, dans de l'eau distillée, 7 parties de gomme arabique pure et 3 parties de sucre candi. La bouteille qui contient ce mélange est alors soumise au bain-marie jusqu'à ce que le liquide prenne la consistance d'un sirop. Il faut avoir soin de tenir la bouteille constamment bouchée.

CUVES. — AUGES. — RÉCIPIENTS DIVERS

Auges. — La matière de ces auges est composée de soufre, d'oxyde de fer et d'amiante. Elle se façonne à chaud à l'état pâteux. Après le refroidissement, elle devient très dure et inattaquable aux acides. On arrive même, par ce procédé, à faire des cadres destinés à soutenir, en les collant au collodion, des feuilles de parchemin pour former des cloisons poreuses.

Cuves électrolytiques en bois pour bains peu acides. (*O'Keenan.*) — Lorsqu'on n'a pas de liquides plus corrosifs que ceux qui entrent dans les piles au sulfate de cuivre, on obtient un récipient économique facile à travailler et pouvant résister aux chocs, avec du bois blanc cloué, en ayant soin d'interposer du papier à emballage ou tout autre gros papier entre les parties ajustées. On peint l'extérieur au minium, on laisse sécher et l'on verse à l'intérieur de la paraffine bouillante qui imbibe le bois et le papier, et bouche toutes les issues. On reverse l'excédent de paraffine et, après refroidissement, la boîte en bois blanc constitue une auge parfaitement étanche.

Étanchéité de boîtes en bois. (*Sprague.*) — Lorsque le récipient en bois est bien sec et chaud, on applique à sa surface, à chaud, un enduit composé de 4 parties de résine et 1 partie de gutta-percha avec une petite quantité d'huile bouillie.

Auges étanches à galvanoplastie. (*E. Berthoud.*) — Une auge en bois de chêne bien boulonnée peut durer douze et quinze ans quand elle est enduite de :

Poix de Bourgogne	1500	grammes.
Gutta-percha vieille, en morceaux fins .	250	—
Pierre ponce, pilée fine	750	—

Faire fondre la gutta et pétrir avec la pierre ponce, et ajouter seulement ensuite la poix de Bourgogne. Quand le mélange est liquide, on en enduit l'auge en la barbouillant de plusieurs couches. On enlève les rugosités et les solutions de continuité en promenant un fer à repasser ou à souder à l'intérieur de l'auge : la chaleur du fer fait pénétrer le mastic dans les pores du bois, ce qui augmente l'adhérence. L'auge résistera aux bains de sulfate de cuivre, mais non aux bains de cyanure.

Enduit pour rendre les cuves en bois étanches. (*Dr Fontaine-Algier.*) — Il suffit d'appliquer au pinceau métallique la composition suivante :

Gutta-percha.	1 partie.
Paraffine.	1 —

Fondre le mélange sur un feu doux. Le revêtement obtenu par cette composition résiste aux alcalis et aux acides concentrés. En faisant intervenir le fer chaud après le badigeonnage, on obtient le poli nécessaire.

Mastic pour bacs à acide résistant aux acides sulfurique et nitrique forts ou étendus :

1° Silicate de potasse à 30° B.
Pierre ponce en poudre.

Forme aussi le meilleur mastic pour coller le verre (absolument résistant).

2° Amiante en poudre	2
Sulfate de baryte	1
Silicate de soude (50° B).	2

Résiste aux acides sulfuriques et nitriques forts; pour les acides faibles, employer le silicate à 130° B.

3° Silicate de soude	2
Sable	1
Amiante.	1

A employer de préférence au précédent pour résister à l'acide nitrique chaud.

On peut toujours remplacer le silicate de soude par le silicate de potasse, seulement celui-ci est plus coûteux et le mastic sèche plus rapidement; il doit être employé très vite. Le plus cher est le mastic n° 1, qu'il ne faut employer qu'en dernier recours.

Si l'on a du silicate à 130° B, le mélanger à chaud avec de l'eau pour l'amener à la densité voulue.

PATINES

Cuivrage par simple immersion. (*H. Fontaine.*) — Pour protéger les objets en fer ou en acier contre la rouille et leur donner l'aspect du cuivre, sans d'ailleurs assurer au dépôt une longue durée ni une adhérence parfaite, on emploie le procédé suivant :

Préparer les objets en les brossant fortement avec du pétrole et en les essuyant dans de la sciure chaude, puis les plonger, pendant une minute seulement, dans une solution saturée de sulfate de cuivre à laquelle on ajoute la moitié de son volume d'eau acidulée. Retirer ensuite les objets et les laver rapidement, en les plongeant dans de l'eau bouillante et en les séchant avec de la sciure chaude. Pour de très petits objets, il suffit souvent de les frotter dans de la sciure bien humectée d'une solution de sulfate de cuivre acidulée.

Un autre procédé, qui convient surtout pour des objets en fonte, consiste à employer une solution de 10 parties d'acide nitrique, 10 parties de chlorure de cuivre et 88 parties d'acide chlorhydrique. Les objets sont plongés plusieurs fois et essuyés, après chaque immersion, avec un chiffon de laine. Lorsqu'on recouvre du fil de fer, il faut l'étirer ensuite pour consolider la couche de cuivre et la rendre plus adhérente.

Pour recouvrir de grands objets, tels que statues, candélabres, etc., on se sert d'une solution composée de :

Eau.	25	litres.
Tartrate de soude potassique . . .	8	kg.
Chaux de soude	3	—
Sulfate de cuivre.	1,250	—

On remue avec soin le mélange, lui laissant le temps de bien se dissoudre; on doit plonger les objets dans le liquide au moyen de fils de zinc. Le travail se fait lentement. Cinq heures sont nécessaires pour un dépôt uniforme. Après avoir été retirés du bain, les objets doivent être lavés et séchés avec soin.

Noir à l'argent. (*A. Bailleux.*) — 1° Prendre de l'acide nitrique à 40°, y faire dissoudre de l'argent *à saturation*: 2° chauffer doucement la pièce à noircir, qui doit être exempte de soudure à l'étain: 3° plonger la pièce dans la solution d'argent, jusqu'à refroidissement, puis la remettre sur le feu pour la sécher. La pièce est alors noire. On la laisse refroidir, puis on la frotte avec une brosse demi-douce, enduite de mine de plomb.

Donner au cuivre l'aspect du platine. (*L. de Combelles.*) — Décaper la pièce et la plonger jusqu'à ce qu'elle ait pris l'aspect du platine dans un bain composé de :

Acide chlorhydrique.	1 litre.
Acide arsénieux.	250 grammes.
Acétate de cuivre	45 —

Sécher en brossant avec de la mine de plomb anglaise.

Bronze noir. (*Roseleur.*) — On obtient facilement un bronze acier en mouillant les cuivres avec une solution étendue de chlorure de platine et en chauffant légèrement. On peut aussi l'obtenir en plongeant le cuivre décapé dans une légère solution chaude de chlorhydrate de chlorure d'antimoine (beurre d'antimoine dissous dans l'acide chlorhydrique). Mais la coloration est quelquefois violette au lieu d'être noire.

Bronze noir. — Tremper les pièces de cuivre dans de l'acide nitrique et les chauffer jusqu'au rouge sombre. Brosser et cirer légèrement.

Bronze vert ou antique. (*Roseleur.*) — On fait dissoudre, dans 100 g d'acide acétique à 8° B. ou dans 200 g de vinaigre ordinaire, 30 g de carbonate ou de chlorhydrate d'ammoniaque, 10 g de sel marin, autant de crème de tartre et d'acétate de cuivre, et l'on ajoute un peu d'eau. Lorsque le mélange est bien intime, on en barbouille l'objet de cuivre à bronzer et on laisse sécher à l'air libre pendant vingt-quatre ou quarante-huit heures. Au bout de ce temps on trouve l'objet complètement *vert-de-grisé,* mais avec des nuances différentes. On brosse le tout, et principalement les reliefs, avec la brosse cirée, et, si besoin est, on rechampit les hauteurs soit à la sanguine, soit au jaune de chrome ou toute autre couleur. On peut toucher légèrement à l'ammoniaque les portions vertes qu'on veut bleuir, et au carbonate d'ammoniaque celles qu'on veut foncer de nuance.

Bronze médaille. (*Roseleur.*) — On applique au pinceau sur l'objet bien décapé une bouillie claire composée d'eau et d'un mélange à parties égales de sanguine et de plombagine. On chauffe la pièce assez fortement; puis, quand elle est bien refroidie, on la frotte longtemps et en tous sens avec une brosse demi-douce qu'on passe fréquemment sur un morceau de cire jaune, et ensuite sur les mélanges de sanguine et de plombagine. Ce procédé fournit un bronze rougeâtre très brillant d'un bon effet pour les médailles.

Bronze couleur d'acier. — Passer avec un pinceau sur les pièces de cuivre bien nettoyées et polies une solution à 15 ou 20 pour 100 de chlorure de platine, puis laver à l'eau et sécher. Il est bon de chauffer légèrement les pièces avant le bronzage.

Noircir le laiton à froid. — Beaucoup de pièces en laiton, faisant partie d'instruments de physique, sont noircies à l'acide; le procédé habituel nécessite une élévation de température que les soudures ne supportent pas. L'Institut physicotechnique de l'empire d'Allemagne communique la recette suivante, qui permet d'opérer à froid. Dans un vase fermé (bouteille), on secoue ensemble 10 parties de carbonate de cuivre avec 75 parties d'ammoniaque, jusqu'à dissolution du sel; on ajoute 15 parties d'eau distillée. La solution doit être conservée dans un endroit frais, dans des bouteilles bien bouchées. Après quelque temps, on peut ajouter un peu d'ammoniaque. Les objets à noircir, préalablement nettoyés et bien dégraissés, sont plongés pendant deux ou trois minutes dans le liquide. Ce procédé ne s'applique pas au bronze.

Platinage de la porcelaine. (*Sénel.*) — On applique une couche de bichlorure de platine (additionnée d'un peu d'acide chlorhydrique pour le rendre légèrement liquide) ou de chloroplatinate d'ammoniaque, de préférence le premier, sur de la porcelaine pouvant aller au feu, et on la soumet, dans un moufle, à une température de 1000° à 1200° C. pendant 15 à 20 minutes. La chaleur réduit le chlorure, et le platine fait corps avec la porcelaine. En répétant cette opération une ou deux fois, la porcelaine disparaît sous la couche de platine. Les capsules dont on fait usage dans les laboratoires peuvent être métallisées de la sorte, et, par suite, peuvent remplacer celles en platine; elles sont, pour ainsi dire, rendues incassables.

On a platiné de la même manière des électrodes en porcelaine, et les résultats ont été satisfaisants. Le courant passe bien. — Ces électrodes pourront avoir quelques applications en électricité, en raison de leur bas prix et de la simplicité du procédé.

Jaunir ou bleuir l'acier. — Quand on a trempé une pièce d'acier on la fait *revenir*, c'est-à-dire qu'on adoucit plus ou moins sa trempe suivant l'usage auquel elle est destinée. Quand on n'a qu'un petit nombre de pièces, on chauffe une barre de fer; cette barre étant rouge, on la dépose au-dessus d'un vase plein d'eau, la pièce à faire revenir ayant été préalablement bien polie avec du papier d'émeri fin, on la place sur la barre de fer en ayant bien soin que la partie polie ne soit pas en contact direct avec le rouge; l'acier s'échauffe, devient jaune pâle, jaune foncé et enfin bleu; aussitôt qu'il a atteint le degré de coloration voulu on le fait tomber vivement dans le vase. C'est de cette manière qu'on bleuit les vis qu'on met aux articles d'une certaine valeur et dont la tête est apparente.

Argent platiné. — S'emploie dans les piles Smée. Faire dissoudre un peu de bichlorure de platine dans de l'eau acidulée, et décomposer la solution par un courant en prenant comme anode une lame de platine et comme cathode la lame à platiner. On obtient ainsi un dépôt présentant de petites aspérités qui rendent le dégagement de l'hydrogène plus facile.

Charbon platiné. (*Walker.*) — On commence par purifier les plaques en les laissant tremper pendant plusieurs jours dans de l'acide sulfurique étendu de 3 à 4 fois son volume d'eau; puis on fixe le conducteur en cuivre étamé à l'aide de rivets en cuivre étamé. Enfin, on platine la lame en la faisant plonger dans de l'acide sulfurique étendu de 10 fois son volume d'eau, et dans lequel on ajoute des cristaux de chlorure de platine jusqu'à ce qu'il prenne une belle teinte jaune paille; le charbon étant relié au pôle négatif d'une pile dont l'autre pôle communique avec une lame de platine ou de charbon plongeant aussi dans la solution. Après vingt minutes environ, l'opération est terminée, on vérifie si la plaque est bonne en s'en servant pour décomposer l'eau; elle doit laisser l'hydrogène se dégager sans aucune adhérence.

Fer platiné. — *Paterson* l'obtient en plongeant la lame à platiner dans une dissolution acide de platine dans l'eau régale.

Amalgamation du fer. — Il suffit de le mouiller très légèrement et de le frotter avec de l'amalgame de sodium.

Bronzage du cuivre. (*Industries and Iron.*) — On frotte l'objet en cuivre, bien nettoyé, avec une brosse préalablement plongée dans un mélange formé de 20 parties d'huile de ricin, 80 parties d'esprit-de-vin, 40 parties de savon blanc, mou, gras, 40 parties d'eau.

On laisse le mélange agir sur le cuivre jusqu'à ce que l'on soit arrivé à la coloration bronzée désirée, on frotte alors le cuivre bronzé, c'est-à-dire que l'on enlève l'enduit avec de la sciure de bois chaude, et l'on protège la couleur bronze obtenue par une très mince couche de vernis.

POLISSAGE

Polissage de l'ébonite. — Il faut, pour obtenir des surfaces en ébonite bien polies, leur imprimer une grande vitesse et les frotter avec un tampon imbibé d'huile de paraffine et trempé dans de la chaux de Vienne (carbonate de chaux porphyrisé). Le polissage est d'autant meilleur que la vitesse relative du tampon et de la pièce frottée est plus grande. Le procédé est simple mais long et exige surtout de la patience de la part de l'opérateur.

Rouge à polir. — Le rouge à polir, ou rouge d'Angleterre, est un oxyde de fer obtenu par la calcination du vitriol vert.

Dans une solution de sulfate de fer préparée avec de l'eau bouillante et filtrée, versez une solution concentrée d'acide oxalique, jusqu'à ce qu'il ne se forme plus de précipité jaune d'oxalate de protoxyde de fer. Quand le liquide est tout à fait froid et ne dépose plus, laver le précipité à l'eau chaude jusqu'à ce que l'eau de lavage ne donne plus de coloration bleue au papier réactif, sécher l'oxalate et le décomposer par la chaleur, ce qui donne l'oxyde rouge de fer.

Dans ce cas, toutes les fois que la calcination n'a pas été complète, le rouge présente une acidité dont on peut se rendre compte en en mettant un peu sur la langue. Les métaux polis avec un rouge acide, si brillants qu'ils puissent être immédiatement après le polissage, ne tardent pas à se ternir. — Quelquefois, dans la fabrication du colcotar, on ajoute de l'ammoniaque à l'eau dans laquelle on opère le broyage de la matière, afin de neutraliser l'acide qu'elle pourrait renfermer; mais il est bien préférable de calciner complètement le sulfate.

Polissage des surfaces finies. — On remplace très avantageusement l'huile qui sert à polir et à affiler les instruments délicats par un mélange de glycérine et d'alcool : 3 parties de glycérine ordinaire et 1 partie d'alcool pour les grandes surfaces. Lorsqu'il s'agit de petits objets, il est préférable d'employer de la glycérine pure. Ce procédé, qui donne d'excellents résultats, a de plus l'avantage de n'être pas salissant comme celui qui met l'huile à contribution.

Nettoyage du laiton. — C'est un grand tort que d'employer un acide pour nettoyer le laiton; il redevient terne en très peu de temps. Pour le polir et lui conserver son brillant, il faut le frotter d'abord avec un mélange d'huile d'olive et de tripoli très fin, puis terminer par un lavage à l'eau de savon. Lorsque l'on veut *girrer* un objet en laiton de façon à lui donner un aspect décoratif, il convient de le faire bouillir, tout d'abord, dans la potasse, de le rincer à l'eau, puis de le plonger dans l'acide nitrique et de le rincer de nouveau à grande eau; finalement, on le sèche dans la sciure de bois chaude et, pendant que le métal est encore chaud, on le recouvre d'une couche de vernis.

Poudre à polir les métaux. — A une solution de sulfate de fer on ajoute un peu d'acide oxalique; on obtient un précipité d'une couleur jaune pâle qui est un oxalate de fer, qu'on filtre et qu'on sèche. Puis on soumet cette substance déposée dans un récipient en fer à la chaleur modérée d'un four; il en résulte l'expulsion de l'acide oxalique et on peut alors recueillir une poudre extrêmement fine qui est de l'oxyde de fer pur, et qui peut être employée au mieux pour l'usage que nous avons indiqué.

Nettoyage et polissage de l'aluminium. (*Engineering and Mining Journal.*) — Prescriptions qui seront éventuellement de quelque utilité pour les électriciens.

Pour débarrasser les plaques d'aluminium de toute saleté et de toute matière grasse, on les plonge d'abord dans la benzine. Si l'on veut que le métal présente un bel aspect bien blanc, on recommande de l'immerger en premier lieu dans une solution concentrée de potasse caustique.

Le métal ainsi nettoyé est placé dans un mélange d'eau et d'acide azotique, — deux tiers d'acide azotique pur et un tiers d'eau, — ensuite dans une solution non diluée d'acide azotique, enfin dans un mélange de vinaigre et d'eau, en parties égales. Après quoi la plaque est soigneusement lavée à l'eau pure et définitivement séchée dans la sciure de bois chaude. Pour rendre le métal brillant, on le polit avec une composition rouge dite « trifolia », très fine, en se servant d'une peau de mouton garnie de sa laine ou d'une peau de chamois.

Si l'aluminium doit être rendu très éclatant pour des objets soignés, on constitue un mélange de parties égales en poids d'huile d'olive et de rhum, que l'on agite fortement dans une bouteille pour en obtenir une émulsion; la pierre à polir est plongée dans le liquide, et le métal devient blanc et resplendissant sans recourir à une forte pression.

Pour pouvoir travailler l'aluminium aussi facilement que le cuivre pur, il faut traiter sa surface au moyen d'un vernis composé de 3 parties d'huile de térébenthine et 1 partie d'acide stéarique, ou bien d'un mélange d'huile d'olive et de rhum. Pour le polir, on se sert de sanguine ou d'un brunissoir. Si on fait le polissage à la main, on emploie soit le pétrole, soit une mixture composée de deux cuillerées à bouche de borax ordinaire dissous dans un litre d'eau chaude à laquelle on ajoute quelques gouttes d'ammoniaque. Dans l'opération de polissage au tour, l'ouvrier s'enveloppe les doigts de la main gauche d'une flanelle de coton humectée de pétrole et maintenue constamment en contact avec le métal.

Bronzage du fer. (*Dingler.*) — Les objets à bronzer, nettoyés avec soin, sont exposés aux vapeurs d'un mélange d'acides chlorhydrique et nitrique concentrés, mélangés en parties égales, pendant 5 minutes environ; on les chauffe ensuite à une température de 300 à 350° C., jusqu'à ce que la couleur du bronze devienne visible sur ces objets. Après leur refroidissement on les frotte avec de la paraffine et on les chauffe de nouveau jusqu'à ce que cette paraffine commence à se décomposer; cette dernière opération est répétée deux fois. Si alors on dirige sur l'objet les vapeurs d'un mélange d'acides chlorhydrique et nitrique concentrés, on obtient des tons d'un brun rouge clair.

En ajoutant à ces deux acides de l'acide acétique, on obtient des enduits oxydés d'une belle couleur jaune de bronze. Toutes les gradations de couleurs, du brun rouge clair au brun rouge foncé, ou du jaune bronze clair au jaune bronze foncé, peuvent être produites par des mélanges variés d'acides.

Le professeur *Oser* a recouvert ainsi d'oxyde des tiges de fer de 1,50 m de longueur, et après dix mois, pendant lesquels elles ont été constamment exposées à l'air de son laboratoire, chargé de vapeurs acides, elles n'ont montré, à ce qu'il affirme, aucune trace d'altération.

VERNIS

Vernis pour protéger les surfaces métalliques. (*The Engineering and Mining Journal.*) — La préparation de ce vernis, spécialement applicable à la tôle de fer, consiste dans l'emploi de la gomme de l'euphorbe. Ce seraient, dit-on, les ouvriers de Natal qui auraient fait cette découverte par hasard, en remarquant que, lorsqu'ils coupaient certaines plantes de la famille des Euphorbiacées, une couche de gomme mince restait adhérente sur la lame de leur instrument et la protégeait efficacement contre la rouille. Dans le but d'expérimenter l'efficacité protectrice de cette gomme, on a pris une feuille de tôle et, après en avoir enduit la surface, on l'a immergée dans la mer du sud de l'Afrique, dont les eaux ont une action corrosive très prononcée. L'expérience ayant parfaitement réussi, on en a fait l'application aux carènes des navires et, à cet effet, on a préparé le vernis en dissolvant la gomme dans une essence. Au bout de peu de temps, l'essence s'est évaporée et il est resté, sur la surface métallique, un enduit protecteur très résistant. Le procédé a été, dit-on, appliqué dans les docks de Chatham, sur des coques de navires qui, au bout de dix ans, n'ont pas présenté la moindre altération.

En Afrique, la gomme de l'euphorbe est très abondante; sa complète insolubilité dans l'eau et sa nature toxique en font un excellent agent protecteur contre les nombreux insectes qui vivent sur terre et dans les eaux de la mer.

Vernis d'or pour les objets en laiton (instruments de physique, etc.). (*E. Reer.*) — Gomme laque en grains pulvérisée, 90 g; copal, 30 g; sangdragon, 1 g: santal rouge, 1 g; verre pilé, 10 g; alcool fort, 600 g. Après macération suffisante, filtrez. Le verre pilé ne sert que pour activer la dissolution en s'interposant entre les parties de gomme laque et de copal.

Vernis brun noir. — Solution de bitume de Judée dans l'essence de térébenthine.

Vernis rouge. — Pour bois, intérieur de bobines d'électro-aimants et de galvanomètres métalliques, etc. On fait dissoudre de la cire à cacheter dans de l'alcool à 90° et l'on applique, au pinceau, à froid, 4 à 5 couches successives jusqu'à épaisseur voulue. Il vaut mieux augmenter le nombre des couches que l'épaisseur du vernis.

Vernis sur métal. (*Cosmos.*) — Lorsqu'un vernis, ce qui arrive quelquefois, refuse d'adhérer sur le métal, on remédie à ce défaut en ajoutant au vernis 1/500 d'acide borique.

Vernis à l'or pour cuivre ou laiton. — Alcool à 95°, 1 litre; gomme laque en poudre, 85 g.

Mettez le tout dans une bouteille pleine aux trois quarts au plus et bien bouchée, vous exposerez au soleil ou dans l'étuve; vous agiterez fréquemment jusqu'à entière dissolution. Colorez au degré convenable avec rocou ou gomme-gutte.

On garde ce vernis en bouteille de grès; pour l'appliquer sur pièce en cuivre ou laiton, on fait chauffer légèrement ces pièces et on les trempe dans le vernis, à plusieurs reprises s'il le faut; ces objets restent longtemps beaux et se nettoient parfaitement bien.

Vernis pour la soie. — 6 parties d'huile bouillie et 2 parties d'essence de térébenthine rectifiée.

Vernis pour cuivre. — Lorsqu'on veut protéger des objets en cuivre et les préserver de l'oxydation, on peut se servir du vernis suivant :

Sulfure de carbone.	1	partie.
Benzine	1	—
Essence de térébenthine	1	—
Alcool méthylique	2	—
Copal dur	1	—

Ce vernis est très résistant et protège bien le cuivre contre l'attaque des agents extérieurs, surtout lorsqu'on a eu soin de le recouvrir de plusieurs couches successives de cette substance.

Vernis pour papier isolant. — Faire dissoudre une partie de baume du Canada dans deux parties d'essence de térébenthine. Faire digérer à une chaleur douce dans une bouteille et filtrer avant refroidissement.

Vernis résistant aux acides — MM. *Helbig*, *Bertling* et *Reinecke*, de Baltimore, obtiennent un vernis résistant aux acides, en agitant de l'huile de semences de coton avec du plomb liquide, jusqu'à ce que, par la dissolution du plomb, l'huile ait pris la consistance d'un vernis ordinaire.

Dans un vase en fonte contenant 4,5 parties d'huile de coton, on coule peu à peu 20 parties de plomb fondu, en remuant continuellement. Après refroidissement, on trouve au fond du vase environ 17 parties de métal, qu'on fond et coule à nouveau dans l'huile. On recommence l'opération jusqu'à 5 fois. L'huile épaissit de plus en plus et prend enfin la consistance d'un vernis ordinaire; elle est alors bonne pour l'usage.

Vernis pour enduire les fils des dynamos pendant la fabrication. (*A. Gérard.*) — *Préparation.* — Dans une bouteille de 2 à 3 litres de capacité, on met 500 g de gomme laque blanche en feuilles et l'on y verse 1 litre d'alcool à 40° B. On agite fortement chaque jour 2 ou 3 fois, en exposant la bouteille à une douce température. Après quinze jours, on filtre sur du coton et l'on décante.

Mode d'emploi. — Pour les *gros fils*, on emploie le vernis tel qu'il est, en l'appliquant en couches à froid à l'aide d'un pinceau très peu imbibé. Pour les fils *fins*, on applique le vernis de la même façon, après l'avoir coupé en lui ajoutant une quantité d'alcool à 40° égale à son propre volume.

Enduit pour le fer et l'acier. — On protège parfaitement le fer ou l'acier de la rouille en couvrant les objets avec une solution chaude de soufre dans l'essence de térébenthine. Le soufre, après l'évaporation de l'essence, forme sur le métal une couche très mince qui, sous l'action de la flamme d'une lampe à alcool, s'unit au fer et produit un vernis noir très brillant et extrêmement solide.

TRAVAIL DU VERRE

Couper les tubes en verre par l'électricité. (*Estère.*) — Pour couper les tubes en verre ayant un grand diamètre, on entoure le tube d'un fil de fer ayant une longueur un peu plus grande que la circonférence du tube et un diamètre d'environ 0,5 mm. Les extrémités de ce fil sont mises en communication avec une source d'électricité au moyen de conducteurs très souples. Pour permettre de bien faire adhérer au verre le fil dans *toute sa longueur* ces conducteurs peuvent être faits avec du fil de cuivre ayant un diamètre égal à celui du fil de fer. On fait passer un courant assez intense pour rougir le fil de fer; il suffit, alors, de déposer sur le verre une goutte d'eau à l'endroit chauffé pour le voir fendre avec une netteté remarquable, partout où touchait le fil de fer. On peut couper ainsi des flacons ou des tubes ayant plus de 10 cm de diamètre; l'expérience réussit d'autant mieux que les parois du tube sont plus épaisses.

Couper les gros tubes en verre. — On peut facilement couper les petits tubes de verre en faisant un trait de lime sur le tube préalablement mouillé avec de l'eau et en donnant un petit coup sec, ou bien en appliquant une goutte de verre fondu sur la coupure. Mais ce procédé n'est pas appliquable lorsqu'on a affaire à des tubes épais ou à de gros tubes. Quelquefois on entoure le tube d'un seul tour de ficelle et en imprimant un va-et-vient à la ficelle on échauffe assez le tube pour qu'une goutte d'eau froide déposée sur la ficelle en amène la rupture.

Enfin, on peut employer le procédé suivant dû à M. Beckmann et indiqué par le *Zeitschrift für Analyt. Chemie.* On fait un trait léger circulaire avec une lime et l'on entoure le tube de chaque côté du trait de lime d'une bande de papier à filtrer imbibé d'eau; puis on porte rapidement le tout dans la flamme d'un bec Bunsen ou, mieux encore, d'une lampe de souffleur, et le tube se casse immédiatement.

Gravure sur verre et sur métal. (*Geo. M. Hopkins.*) — Voici un procédé de gravure sur verre et sur métal, qui peut être mis en pratique avec la plus grande facilité par de simples amateurs. Il suffit de se procurer une livre d'émeri gros, une livre de plomb de chasse, une boite rectangulaire en bois, de forme allongée, ayant environ 25 ou 30 cm de longueur, quelques plaques de verre ou de métal, et quelques papiers découpés à jour suivant les dessins qu'on veut graver.

La boite étant supposée placée verticalement, le fond, qui est constitué par l'un des petits côtés, est muni d'un châssis intérieur qui reçoit la plaque à graver. Cette plaque, en verre ou en métal, doit être parfaitement nettoyée et polie. On y fixe le dessin au moyen de gomme de bonne qualité. Le dessin est fait sur papier épais et le collage sur la plaque doit être irréprochable, de telle sorte que la gravure qui correspond aux découpures du papier soit bien nette. Il faut donc avoir soin d'enlever avec une éponge la gomme qui déborde. On introduit alors l'émeri et le plomb de chasse dans la boite et l'on ferme le couvercle, qui, dans la position où se trouve la boite, est placé latéralement. Ce couvercle est garni d'une bande de drap ou de feutre, de manière à obtenir une fermeture suffisamment hermétique pour empêcher l'émeri de sortir quand on secoue la boite.

C'est, en effet, au moyen de secousses imprimées à la boite, dans le sens de la longueur, que s'effectue la gravure. Le mélange d'émeri et de plomb de chasse frappant les deux bouts alternativement, la plaque de verre ou de métal ne tarde pas à être attaquée partout où elle n'est pas protégée par le papier découpé. L'opération achevée, il ne reste plus qu'à détacher le papier en le mouillant et à faire sécher la plaque. Le dessin se trouve reproduit en mat sur fond brillant.

Quand il s'agit de gravures délicates, on prend de l'émeri et du plomb de chasse plus fins.

On peut remplacer le papier découpé par de la dentelle.

Quand il s'agit d'objets arrondis, le fond de la boîte est enlevé et est remplacé par une espèce de cadre flexible en caoutchouc sur lequel on fixe l'objet, à l'extérieur de la boîte, au moyen de courroies en cuir.

Percer le verre. — A la place où l'on veut faire un trou, on applique un morceau d'argile sèche ou du mastic de vitrier, dans lequel on perfore une ouverture allant jusqu'à la surface du verre; puis on y verse une petite quantité de plomb fondu. Quand celui-ci s'est solidifié, un léger coup sec détache un morceau de verre du diamètre du trou.

Percer le verre. (*Derosne.*) — Trempez un foret chauffé à blanc dans un morceau de plomb, puis emmanchez le foret soit dans un vilebrequin à archet, soit dans le petit outil que tout le monde connaît et qui est mû au moyen d'une hélice. Il est bien entendu que le foret doit être aiguisé à la meule après la trempe. Puis employez la térébenthine saturée de camphre. En moins d'une minute on perce des plaques de verre de 1 cm d'épaisseur. Il faut constamment mouiller le foret de térébenthine afin qu'il ne s'échauffe pas. La trempe des forets au plomb donne beaucoup plus de dureté que celle au mercure.

Couper le verre avec un fil soufré. — S'il s'agit de couper un tube, un goulot ou quelque autre corps rond en verre, on peut prendre une pierre à fusil qui ait un angle pointu, et marquer au pourtour une ligne circulaire à l'endroit où l'on désire couper. On prend ensuite un long fil soufré dont on fait deux ou trois tours sur la ligne circulaire qu'on a tracée. On met le feu au fil et on laisse brûler; lorsque le verre est bien chauffé, on jette de l'eau froide sur la partie chaude; aussitôt la pièce se détache net comme si on l'avait coupée avec des ciseaux. C'est ainsi qu'on parvient à couper des verres en forme de rubans.

Limer, tourner, tailler le verre. — On se sert à cet effet des outils ordinaires, limes, meules, etc., qu'on trempe préalablement dans de la benzine saturée de camphre; rien de plus facile alors que de travailler le verre comme on le désire; il suffit d'humecter, de temps en temps, l'instrument avec la solution précitée.

Encre pour graver sur le verre. — On sature de l'acide fluorhydrique du commerce par de l'ammoniaque, on ajoute un volume égal d'acide fluorhydrique et l'on épaissit avec un peu de sulfate de baryte en poudre fine. On peut écrire avec une plume métallique; l'encre mord presque instantanément; il suffit ensuite de laver à l'eau.

Encre pour écrire sur le verre. — Faire dissoudre à une douce chaleur 5 parties de copal en poudre dans 32 parties d'essence de lavande, et colorer par du noir de fumée, de l'indigo ou du vermillon.

FABRICATION DES BOBINES

Fabrication des bobines des électro-aimants. (*Culley.*) — Il vaut mieux les construire en buis ou en ébonite qu'en cuivre ou en laiton ; dans ce dernier cas, la bobine doit être fendue; on a aussi avantage à creuser le noyau d'une rainure de 2 mm de largeur et 2 mm de profondeur pour hâter la désaimantation. Pendant l'*enroulement*, il faut bien isoler les tours de fil et éviter les limailles métalliques qui perceraient la soie. Si l'on fixe un disque au milieu de la bobine et qu'on enroule les deux moitiés du fil, à partir de son milieu, des deux côtés de ce disque comme plan de séparation, les deux extrémités du fil aboutiront à la surface de la bobine, et l'on évitera l'inconvénient qui se produit si souvent lorsqu'on agit autrement, et que l'extrémité du fil terminant la couche intérieure vient à se rompre.

Paraffinage des bobines en bois des appareils électriques. (*E. Remoissenet.*) — On recommande de dessécher au four les bobines qu'on doit ensuite imbiber de paraffine fondue. On obtient de bien meilleurs résultats en plaçant pendant quelque temps sous la cloche d'une machine pneumatique les bobines à dessécher, après avoir fait le vide et mis sous la cloche une soucoupe contenant de l'acide sulfurique. On plonge les bobines dans un bain de paraffine fondue qu'on laisse sous la cloche de la machine pneumatique. Après avoir de nouveau fait le vide, la paraffine pénètre d'une façon très parfaite et à fond. Traitées de cette façon, les bobines absorbent une bien plus grande quantité de paraffine que des bobines identiques plongées simplement dans un bain chaud et à l'air libre.

Enroulement du fil sur une bobine. (*L. Brillié.*) — Toutes les personnes qui ont l'habitude d'enrouler du fil sur des bobines, savent combien il est difficile d'obtenir toujours le fil bien tendu. S'il arrive un accident, que deux spires s'enchevêtrent, par exemple, on est obligé d'arrêter brusquement le tour, de le faire aller en sens inverse, pour revenir ensuite;

mais pendant ce temps, le fil n'est plus tendu, il se déroule complètement, et bien souvent une partie de la bobine est à enrouler de nouveau. Il convient donc, pour cet enroulement, d'avoir toujours le fil bien tendu. Voici un moyen bien simple pour obtenir ce résultat : à l'extrémité de la bobine, et contre la joue de celle-ci, on adapte une petite poulie qui sera solidaire de tous les mouvements de la bobine. Sur cette poulie se trouve placée une corde portant à ses deux extrémités deux poids. Quand la bobine tourne, cette corde avec ces poids forme frein, et le fil reste toujours tendu. Si on lâche, le poids redescend, remet le fil sur la bobine. De plus, il est très facile de revenir en arrière, à volonté, s'il y a eu quelque erreur dans l'enroulement.

Dans l'enroulement des fils de section circulaire les uns sur les autres, deux cas peuvent se présenter :

1° Si — c'est le cas le moins fréquent — les fils sont très gros et bien roulés les uns au-dessus des autres, le rapport de la section réelle du fil à la section occupée est égale à :

$$\frac{\pi}{4} = 0,785.$$

2° Si — et c'est presque généralement ainsi en pratique — les fils sont superposés en quinconce, chaque fil venant se placer dans le creux laissé entre deux fils de la rangée sous-jacente, le rapport de la section réelle à la section occupée est :

$$\frac{\pi}{2\sqrt{3}} = 0,9.$$

Le deuxième enroulement est donc plus avantageux que le premier, et c'est toujours lui qu'il faut chercher à réaliser.

Agglutinage des fils. — Procédé employé pour faire des bobines de galvanomètre résistantes. On enroule le fil par couches en recouvrant chacune d'elles, à froid et au pinceau, d'un vernis formé de gomme copal dissoute dans de l'éther ; on étuve ensuite pour sécher. L'ensemble forme une sorte de galette très résistante et bien isolée. On emploie aussi l'*arcanson* dans le même but.

Arcanson. — Les proportions varient beaucoup, mais se rapprochent en moyenne de la formule suivante :

Résine.	2 parties.
Cire	1 —

Pour les pays chauds, on augmente un peu la proportion de résine.

Couverture des fils extérieurs des gros électro-aimants. — Les gros électro-aimants sont formés en général de fil de cuivre recouvert d'une double couche de coton. On durcit la couche extérieure en l'enduisant à froid d'un vernis épais à la gomme laque. On fait rôtir à petit feu à l'aide d'une grille à charbon de bois. La couche ainsi formée devient très dure; on la lime pour la lisser, on la polit avec du chanvre et de la ponce fine, et l'on vernit par-dessus.

Application d'une mixture isolante sur les bobines des appareils électriques. — *Instructions données aux ateliers qui fabriquent des appareils pour le service du* Government Telegraph Department, *dans l'Inde. (Schwendler.)* — Les bobines vides sont d'abord soigneusement séchées pendant cinq heures à une température d'au moins 230° F. (110° C.). Au moment où on les retire de l'étuve, on les plonge dans la mixture fondue, dont la température doit être d'environ 350° F. (180° C.). Cette mixture se compose en poids de :

Résine jaune.	10 parties.
Cire blanche	1 —

Il se dégage des bulles de chaque bobine après l'immersion. Lorsque le dégagement cesse, on retire la terrine du feu et on laisse refroidir le tout lentement. Un peu avant que la mixture ne fige, on retire les bobines, puis on les replace sur le feu pour faire écouler l'excès de mixture. Lorsqu'elles paraissent bien propres; on les retire et on les fait refroidir : elles sont alors prêtes à recevoir le fil.

Après l'enroulement, on leur fait subir le même traitement,

c'est-à-dire séchage, immersion et refroidissement. La pratique a montré que les bobines doivent subir trois fois au moins ce traitement pour que la mixture pénètre bien partout.

Il faut avoir soin, dans ces chauffages et trempages successifs des bobines, que la température ne s'élève pas trop haut; sans cela la composition déjà introduite coulerait au lieu d'imbiber la bobine. La température de séchage doit être maintenue à 230° F. 110° C.), et celle de la composition isolante un peu diminuée à chaque immersion. On ne doit pas introduire de papier entre les différentes couches. La régularité de la bobine doit s'obtenir par un enroulement soigné. Le papier diminue l'effet magnétique et empêche la composition de pénétrer jusqu'au centre.

En résumé, il faut se rappeler que:

1° Le séchage préparatoire des bobines est nécessaire pour enlever l'air et l'humidité et faciliter la pénétration de la mixture. La température de 230° F. (110° C.) convient bien dans ce but;

2° L'immersion immédiate des bobines dans la mixture fondue au sortir de l'étuve de séchage est nécessaire pour empêcher l'action de l'air froid et de l'humidité;

3° Le refroidissement lent a pour but de faire imbiber la bobine par la mixture seule lorsque la contraction par refroidissement se produit;

4° Les bobines doivent rester dans la mixture jusqu'à ce que les bulles cessent de se dégager; c'est le seul indice que la mixture a rempli les pores et les crevasses.

Étuve. — La même étuve sert au chauffage des bobines et de la mixture. Elle se compose de plusieurs enveloppes de cuivre placées dans une boîte de même métal. La boîte est remplie d'huile chaude, ce qui produit une température uniforme dans les enveloppes qui renferment les bobines; chacune de ces enveloppes est garnie d'une grille en étain sur laquelle reposent les bobines pour ne pas toucher le fond. La terrine renfermant la mixture est chauffée directement à feu nu.

TOURS DE MAIN D'ATELIER

Protection des vis contre la rouille. (*Écho industriel.*) — Les vis en fer, surtout lorsqu'elles sont placées en des lieux humides, se couvrent très rapidement de rouille. Lorsqu'elles sont vissées dans des pièces mécaniques, elles s'y fixent d'une façon telle qu'on ne peut plus les retirer qu'à grand'peine et que souvent on les casse.

On se contente généralement, pour parer dans une certaine mesure à ces inconvénients, de graisser les vis à l'huile avant de les mettre en place, mais cela ne suffit pas.

Par contre, un mélange d'huile et de graphite empêche entièrement les vis de se fixer aux parties qu'elles réunissent, en les protégeant contre la rouille pendant des années. En même temps, ce mélange facilite le serrage, il est un excellent lubrifiant et rend les frottements du pas de vis très minimes

Dissolvant de la rouille. — Le nettoyage des pièces les plus chargées de rouille s'obtient avec la plus grande facilité par leur immersion dans une solution à peu près saturée de chlorure d'étain; la durée de leur séjour dans le bain est en raison de l'épaisseur de la couche d'oxyde; en général, il suffit de douze à vingt-quatre heures. La solution ne doit pas contenir un grand excès d'acide, sinon le fer lui-même est attaqué. Au sortir du bain, les objets sont rincés à l'eau d'abord, puis à l'ammoniaque, et rapidement séchés. Les pièces ainsi traitées ont l'apparence de l'argent mat; un simple polissage leur rend l'aspect normal.

Enlever la rouille des pièces de machines. — Lorsque les pièces d'acier d'une machine sont rouillées, les personnes chargées de les nettoyer prennent habituellement de la brique pilée, de la pierre ponce, de la terre jaune, du papier de verre ou du papier émeri. Ces matières enlèvent effectivement la rouille, mais elles laissent des raies à la place, et l'acier ayant perdu son poli ne tarde pas à se rouiller de nouveau. Voici la formule d'une pâte dont l'emploi enlève la rouille et rend à l'acier le poli qu'il avait reçu primitivement : cyanure de potassium 15 g; savon gras 15 g; blanc de Meudon 30 g; eau en quantité suffisante pour mélanger ces matières et en former une masse épaisse.

Préservation du fer contre la rouille au moyen du caoutchouc. — On emploie dans ce but une dissolution saturée de caoutchouc dans l'huile minérale. Cette préparation s'étend sur le métal tout simplement au moyen d'un chiffon de flanelle : la mince couche liquide déposée s'évapore rapidement, et il reste une sorte de pellicule très mince, élastique et cependant assez résistante pour se déchirer ou s'érailler difficilement. La rouille ne peut naturellement se former au-dessous, puisque ni l'air ni l'humidité ne peuvent ainsi venir au contact du métal. Lorsque, pour une raison quelconque, on veut enlever cette couche protectrice, il suffit de frotter énergiquement les parties à découvrir avec un chiffon trempé dans la préparation même qui a servi à faire le dépôt primitif.

Protection des outils contre l'oxydation. — Pour éviter les effets des émanations oxydantes du gaz sur les outils, il suffit de les tremper dans un mélange composé de 2/3 huile de pétrole et 1/3 huile d'olive; renouveler cette opération au moins une fois par an.

Retaillage des limes et des fraises à l'aide de l'électricité. — Le retaillage mécanique des limes et des fraises présente des difficultés considérables en raison de la dureté des outils, et occasionne des frais relativement importants. L'application de l'électricité à la solution de ce problème est très intéressante; elle permet le retaillage à froid sans détrempage, et voici en quoi elle consiste :

La lime à retailler, placée dans un bain, est reliée au pôle négatif d'une pile Bunsen; au pôle positif est une baguette de charbon ordinaire. Le liquide du bain consiste en acide sulfurique à 66°, acide azotique à 40°, en proportions à peu près égales, et eau distillée. Le circuit étant fermé, il se produit à chaque pointe usée de la lime ou de la fraise une petite bulle d'hydrogène qui la protège contre l'attaque très acide du bain; celui-ci n'a plus d'action que sur les parties creuses et l'amincissement est presque nul, ce qui permet de retailler une lime quatre ou cinq fois de plus qu'avec les procédés actuels. L'opération dure de dix à vingt minutes, et le matériel très simple qu'elle nécessite pour une centaine de limes à retailler par jour ne coûte guère qu'une dizaine de francs.

Le tour de main consiste principalement dans la bonne préparation du bain et dans l'exacte disposition de la lime ou de la fraise à retailler par rapport au charbon.

Toutes les trois ou quatre minutes, on retire du bain la pièce à retailler, on la lave à grande eau et on la passe à la brosse pour détacher des creux les parties attaquées, puis on remet en circuit jusqu'à ce qu'on juge l'opération suffisamment poussée.

Rendre les vis d'outillage faciles à desserrer. — On enduit le filet d'une dissolution de déchet de caoutchouc pur dans de l'huile minérale.

Proportions à donner aux têtes de vis à bois. (*Scientific American.*) — Les proportions qu'on donne souvent aux têtes des vis à bois ne sont pas rationnelles. Dans ces vis, la tête est fraisée. Le diamètre est le double de celui de la vis, et la longueur du chanfrein de la partie fraisée est les 2/3 du diamètre de la vis. Ces proportions donnent une tête très large et très aplatie. Cet excès de largeur est peu justifié si l'on pense que les clous ordinaires, qui ne tiennent que par le frottement, ont une très petite tête. De plus, ce grand diamètre nécessite un refoulement énergique qui fatigue beaucoup le métal. La tête se trouve encore très affaiblie par la fente qu'on y pratique pour recevoir le tournevis. — En faisant, au contraire, le diamètre de la tête égal aux 3/4 de celui de la vis, et donnant au chanfrein la même valeur, on a une tête étroite et haute qui exige moins de refoulement de métal et que la fente fatigue peu.

Desserrer les vis à bois. — Pour desserrer une vis rouillée, il suffit de chauffer la tête de cette vis. Pour cela, on fait rougir au feu une petite tige ou une barre de fer plate à son extrémité et on l'applique pendant deux ou trois minutes sur la tête de la vis rouillée; aussitôt que la vis est chauffée, on peut la retourner avec un tournevis aussi facilement que si elle venait d'être mise en place.

Empêcher les écrous de se desserrer. — M. *Comstock*, de Newport (États-Unis), creuse l'extrémité filetée du boulon, suivant l'axe, sur une longueur au moins égale à ce qui devra dépasser l'écrou. On fend ensuite cette partie annulaire en quatre segments, par exemple.

L'écrou étant en place, on enfonce une broche dans la cavité de l'extrémité du boulon, de manière à écarter les quatre segments. L'écrou se trouve ainsi arrêté; mais, avec une clef suffisamment puissante, on peut le dévisser en forçant les segments à se rapprocher. Recommandé aux constructeurs de petits moteurs électriques à grande vitesse.

Trempe de l'acier. — Le *Dingler's Journal* indique les alliages suivants de plomb et d'étain, dont on connait le point de fusion précis, comme particulièrement propres à communiquer aux objets en acier qu'on y plonge le degré voulu de dureté, sans offrir le danger de dépasser la température correspondante.

Pour la dureté d'acier convenable pour instruments de chirurgie : 1,75 partie de plomb et 1 d'étain; pour la dureté spéciale requise pour couteaux, burins : 2 parties de plomb et 1 d'étain; pour la dureté prononcée, convenable pour ciseaux, scalpels, etc. : 3,5 parties de plomb et 1 d'étain; pour la dureté ordinaire pour rabots, haches, etc. : 4,60 parties de plomb et 1 d'étain; pour la dureté inférieure, pour couteaux de table, gouges : 8,50 parties de plomb et 1 d'étain; pour la dureté médiocre, pour petits ressorts, pour scies fines, sabres, etc. : 12 parties de plomb et 1 d'étain; pour peu de dureté : 35 parties de plomb et 1 d'étain; pour objets mi-doux, tels que scies grossières et gros ressorts : 1 partie de plomb et 1 d'étain.

Trempe des forets et outils *destinés à percer ou à couper, au tour ou aux machines-outils, des aciers durs ou trempés, tels que* *lames de scies, et autres pièces qui ne peuvent se travailler qu'après la trempe.* (*J. Boisselot.*) — Chauffer l'outil au rouge cerise, puis le tremper dans de la résine ordinaire pulvérisée; remettre au feu, recommencer l'opération deux ou trois fois, puis précipiter l'outil dans l'eau à une température de 20° C. Pour se servir de l'outil, il faut un mouvement de rotation très lent, en ayant soin d'humecter continuellement l'objet et l'outil d'essence de térébenthine. En observant les indications ci-dessus on arrivera sans difficulté à un bon résultat. Avoir soin de donner très peu de coupe à l'outil; si c'est un foret, lui donner la forme d'une langue d'aspic.

Faire disparaître la couleur bleue produite sur l'acier poli par la chaleur. — Faites un mélange en parties égales d'acides sulfurique et chlorhydrique, et appliquer avec une baguette d'os sur la partie bleuie. Aussitôt la couleur disparue, plonger la pièce d'acier dans de l'eau claire, sécher ensuite dans la sciure de bois, et repolir par les méthodes en usage. Avoir soin de conserver le mélange acide dans une bouteille hermétiquement bouchée.

Isolement, au milieu du tumulte d'un atelier, d'un bruit se produisant dans une machine. (*Revue industrielle.*) — Pour isoler, au milieu du tumulte d'un atelier, un bruit se produisant dans une machine, et pour observer ses variations d'intensité ainsi que les points où elles se produisent, M. Rodolphe Bourcart a imaginé le moyen suivant : On s'introduit dans l'oreille un tube de caoutchouc pour gaz, auquel on laisse une longueur d'environ 1 m. L'extrémité libre, sans pavillon, sert à étudier le bruit. Comme elle ne reçoit de vibrations sonores que celles émises par la petite portion de surface dont on l'approche, elle ne conduit à l'oreille que le bruit isolé.

Il arrive souvent que, dans des machines présentant des points de frottement nombreux, on passe un temps relativement long et énervant à trouver celui qui commence à gripper, et dont on entend, à intervalles réguliers, le léger sifflement. Au moyen du tuyau acoustique, on y arrive très rapidement en promenant l'extrémité libre de coussinet en coussinet, surtout si l'on prend la précaution de se boucher l'autre oreille au moyen d'un tampon d'ouate.

Moyen simple de compter le nombre de tours d'une machine. (*Scientific American.*) — Il suffit de fixer, sur l'extrémité et au bord de l'arbre, et à l'aide d'une ficelle entourant ledit bout de l'arbre, un crayon auquel on présente une feuille de papier convenablement tendue. A chaque tour, le crayon trace un cercle sur le papier et, en déplaçant celui-ci d'une manière lente et continue, on obtient une série de cercles non fermés ou de boucles qu'il suffit de compter pour connaître le nombre de tours effectués par la machine en un temps déterminé.

Compteur acoustique de la vitesse angulaire d'un organe de machine animé d'une grande vitesse. — Pour déterminer la vitesse angulaire d'un organe animé d'une rotation rapide, M. *Bourcart* indique l'emploi d'un instrument formé d'un tube de verre de 8 à 9 mm de diamètre intérieur, dans lequel on ajuste à frottement doux un bouchon de liège, qu'on peut faire avancer ou reculer par le moyen d'une tige métallique.

En sifflant dans ce tube, comme dans une clé, on peut accorder ce sifflet au *la* normal de 435 vibrations doubles par seconde, avec une position donnée du bouchon. Si donc on ménage une saillie sur le corps en rotation et qu'on y applique une carte qui entre en vibration, le son de cette carte pourra être reproduit par le tube en faisant varier la position du bouchon dans le tube. Comme les nombres de vibrations par seconde sont inversement proportionnels aux distances entre le bouchon et l'ouverture, on aura la vitesse angulaire en tours par minute par une simple proportion. On pourra même graduer le tube pour y lire directement les vitesses angulaires en tours par minute.

Conservation des cheminées en tôle. — Les cheminées en tôle sont devenues d'un usage très fréquent ; elles ont cependant l'inconvénient d'exiger un entretien pour les préserver de la rouille, qui, sans cela, les détruirait très rapidement. L'*American*

Artisan conseille de les peindre avec du coaltar et ensuite de les remplir de copeaux auxquels on met le feu. Le goudron brûle et se calcine en remplissant les pores du métal et en formant une légère croûte de carbone adhérent qui empêche tout contact avec l'air et l'humidité. On cite une cheminée traitée par ce procédé et qui, pendant plusieurs années, n'a pas eu besoin du moindre entretien.

Rendre imperméables les murs en briques. — Le procédé Sylvestre, pour rendre les murs en briques imperméables à l'eau, ce qui peut présenter de l'intérêt dans certaines installations électriques en sous-sol, consiste à les badigeonner alternativement avec une solution de 300 g de savon dans un litre d'eau, et une solution de 200 g d'alun dans 4 litres d'eau. Les murs doivent être parfaitement secs et nettoyés; on applique d'abord, avec un pinceau plat, la première solution bouillante et, lorsque celle-ci est sèche, on applique la seconde à la température de 16 à 22° C. Au bout de vingt-quatre heures, ce double badigeonnage est sec, et l'on recommence l'opération autant de fois qu'il faut pour obtenir une imperméabilité complète, le nombre de couches dépendant de la pression que l'eau exerce contre le mur.

Préservation des murs contre l'humidité. — On enduit les murs avec :

Eau	1 litre.
Gélatine	500 grammes.
Bichromate de potasse.	50 —

En somme, c'est un badigeonnage à la colle forte, dans laquelle on a dissous 3 pour 100 de bichromate de potasse. Ce procédé étant basé sur ce fait, que la gélatine qui contient du bichromate de potasse devient insoluble dans l'eau quand elle a été exposée à la lumière, on ne l'appliquera utilement que dans les lieux éclairés par la lumière du jour; dans une cave, il serait absolument inefficace.

Empêcher le bois de jouer. (*La Nature.*) — En Sardaigne, on imprègne le bois à ouvrer avec du sel marin et l'on empêche ainsi tout mouvement du bois travaillé. On met, par exemple, les pièces de bois uni devant servir pour la fabrication de roues, pendant huit jours, dans une solution saturée de sel et ils résistent ensuite à tous les changements de température.

Refroidir un tourillon. — En cas d'échauffement d'un tourillon dans une machine qu'il est impossible d'arrêter, on peut faire passer sur l'arbre, tout près du tourillon, une courroie sans fin dont la partie inférieure plonge dans l'eau froide. Le mouvement de l'arbre se communique à la courroie et l'eau froide vient rafraîchir le métal chauffé.

Protéger contre l'eau les parties en bois des machines. (*Cosmos.*) — On fait fondre 375 g de colophane dans un creuset en fer et on y ajoute 10 litres de goudron et 500 g de soufre. On colore ensuite avec de l'ocre brun ou toute autre matière colorante délayée dans de l'huile de lin. On fait d'abord une légère application de ce mélange, encore chaud, sur le bois à protéger et, après séchage, on applique une seconde couche.

Imperméabilisation du cuir. — On prépare une solution de 30 g de caoutchouc dans un demi-litre d'essence de térébenthine et on en applique journellement une couche sur le cuir pendant huit jours, jusqu'à ce qu'il n'en absorbe plus.

Essai des métaux à la meule. (*Clementich de Engelmeyer.*) — M. Clementich a observé, comme tout le monde d'ailleurs, que la meule en tournant détache du métal qui est pressé contre elle des particules qui s'enflamment dans l'air et produisent des gerbes d'étincelles, mais une observation plus attentive lui a permis de penser que la forme de l'étincelle jaillissante pourrait renseigner sur la nature du métal employé. Il a procédé à des essais qui lui ont permis de réduire à cinq types les étincelles, en agissant sur du fer doux, de l'acier et de la fonte :

1° Les *gerbes* constituées par des lignes unies d'un rouge

clair, minces à l'origine, puis augmentant d'épaisseur, pour redevenir assez brusquement minces avant de s'éteindre;

2° Les *branches* qui sont en réalité des gerbes bifurquées ou trifurquées;

3° Les *étoiles* se composant de branches ou tiges minces et assez sombres et terminées par une étoile brillante;

4° Les *fleurs* qui sont constituées par une tige mince et sombre, terminée par une sorte de soleil de feu d'artifice avec bifurcations, et qui se produit avec un léger craquement;

5° Enfin les *étincelles sombres* qui sont des tiges simples fragmentées.

La gerbe caractérise le fer doux, l'étoile l'acier et la fleur la fonte.

La branche se retrouve chez le fer et l'acier, faisant une transition graduelle de l'un à l'autre.

Les étincelles sombres jaillissent généralement de la fonte blanche. Elles caractérisent la fragilité du métal, c'est-à-dire la facilité avec laquelle la particule se détache avant d'être assez échauffée pour s'enflammer.

On acquiert très rapidement l'habitude de juger les métaux d'après ces caractères, et on a ainsi un moyen sûr et rapide de reconnaître une nouvelle livraison d'un métal donné.

Ce procédé dévoile nettement le secret de la fabrication de la fonte malléable. A l'heure actuelle, pour vérifier une livraison de pièces en fonte malléable, on casse quelques-unes des pièces pour voir l'épaisseur de la couche décarburée. Avec la meule, il n'est pas besoin de casser la pièce, il suffit de la passer à la meule.

On voit tout d'abord à la surface la gerbe et la branche, jamais la fleur, quand la décarburation a été bonne. Mais, à mesure que la meule s'enfonce dans la masse de la pièce, on passe par les phases qui amènent finalement à la fleur; à partir de ce moment, on a atteint le noyau en fonte et on n'a plus qu'à mesurer l'épaisseur du métal enlevé.

Cette méthode, très simple et très ingénieuse, est certainement susceptible de développement et elle peut dès maintenant être utilisée, au moins à titre approximatif, dans beaucoup de cas.

Saisir un corps rond avec une pince plate. — Dans les travaux manuels, il est impossible d'avoir un outil spécial pour chaque genre d'opération, et même, quand cet outil existe, on ne l'a pas toujours sous la main au moment où l'on en a besoin.

Les praticiens habiles savent tourner ces difficultés et tirer parti, dans tous les cas, des instruments dont ils disposent : ce sont ceux dont on dit, en France, qu'ils sauraient s'arracher une dent pour en faire un clou.

Le Scientific American cite un exemple de cette ingéniosité

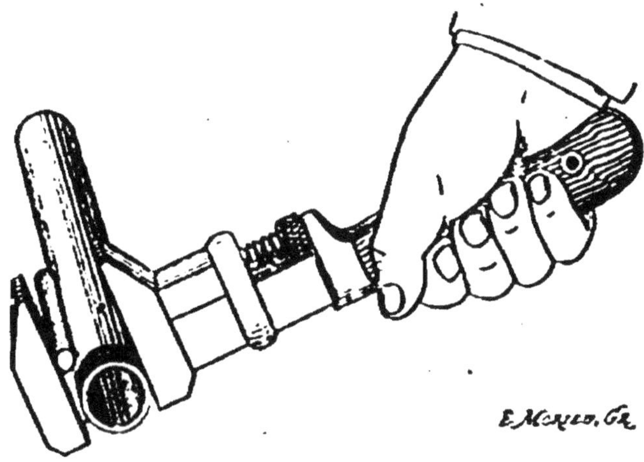

Un tour de main.

professionnelle ; nous le signalons d'autant plus volontiers que le procédé mérite d'être retenu.

Un ouvrier avait à dévisser un tuyau serré, mais n'avait pas sous la main une de ces tenailles spéciales qui servent à saisir les corps ronds. Il se contenta d'employer une simple clé anglaise, mais en s'aidant d'un bout de lime ronde, et en disposant les choses comme l'indique le dessin ci-dessus ; en un instant, et sans difficultés, le tuyau était desserré. Il est facile de voir que, dans ces conditions, la pesée sur la poignée de la clé tendait à faire coincer le morceau de lime, et que le serrage augmentait proportionnellement à l'effort.

Tournevis américain. — Il se compose d'un manche ordinaire en bois, dans lequel est fixé un tube d'acier, à l'extrémité duquel est solidement attachée la lame plate qui s'introduit ordinairement dans la rainure de la tête de la vis. En appuyant sur la petite pédale A, on fait sortir du tube, et de

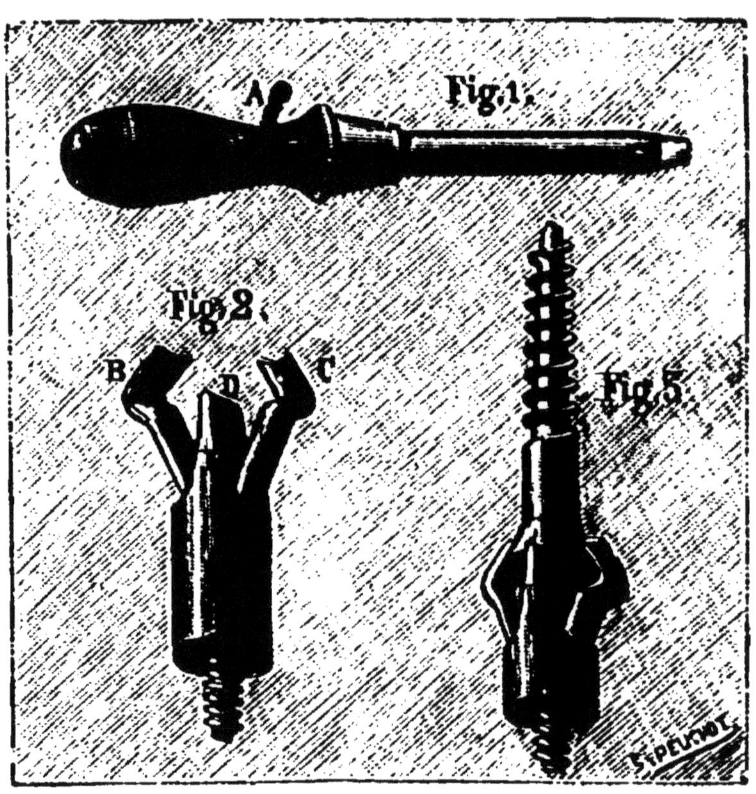

Tournevis américain. Détails de l'instrument.

chaque côté de la lame (fig. 2), deux petites griffes en laiton, C et B, qui dépassent l'extrémité de cette lame D tout en s'écartant suffisamment.

On introduit alors la tête de la vis entre ces deux griffes, de façon à ce que la lame du tournevis pénètre bien dans la rainure de la tête; puis on abandonne la pédale, et, grâce à un ressort placé dans le tube, les griffes se referment fortement en serrant la vis sous la tête; il faut appliquer solidement celle-ci sur l'extrémité de la lame de l'outil. Dans cette position, la vis fait corps avec l'outil (fig. 3), et l'on peut facilement placer la vis dans le trou préparé à l'avance, à l'aide d'une seule main. Quand il ne reste plus que la tête de la vis à enfoncer dans le bois, on a soin de dégager les griffes au moyen de la pédale, et il suffit d'un tour ou deux de l'outil qui a repris sa forme ordinaire pour achever d'enfoncer complètement la vis.

Cet outil est très commode dans les endroits peu accessibles, tels que l'angle d'une caisse, le fond d'une rainure, etc., etc... Il se fabrique en trois grandeurs et longueurs différentes appropriées au diamètre des vis ordinaires.

Clé ajustable automatique dite clé Cam. — Cette clé, absolument sans organe et se composant uniquement de deux pièces en acier convenablement ajustées, s'adapte instantané-

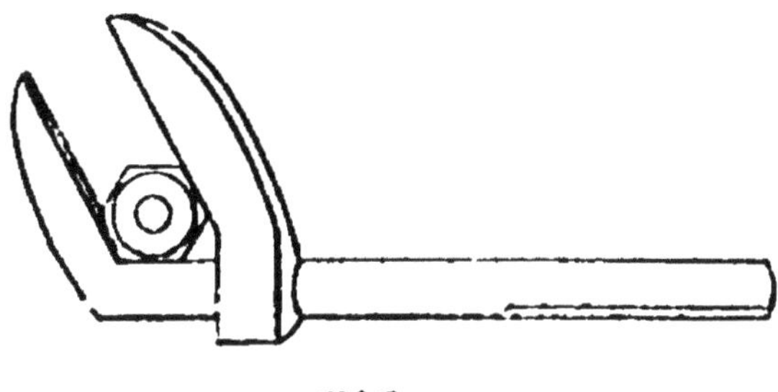

Clé Cam.

ment, par un simple mouvement de glissement de la mâchoire inférieure, à n'importe quel écrou.

Elle est à mâchoires lisses, et peut attaquer les écrous les plus soignés. Étant sans mécanisme, elle n'est pas sujette à se déranger. Par sa simplicité, elle remplace avantageusement toutes les clés ajustables dont on se sert actuellement.

Système d'arrêt pour les écrous. (*American Machinist.*) — Cet arrêt agit automatiquement, et fixe parfaitement l'écrou, même lorsqu'il n'a été serré qu'avec les doigts. Dans la partie filetée du boulon, vers son extrémité, on a coupé le segment A, dans lequel on a enlevé un léger secteur BC, puis on l'a remis en place; l'écrou se visse sur l'ensemble du boulon et de ce segment avec la plus grande facilité. Mais si l'on veut procéder au dévissage, le segment A bascule autour de C, et dès qu'il a fait le plus petit mouvement, l'écrou se trouve coincé et ne peut plus bouger. Pour enlever l'écrou, il faut introduire une broche

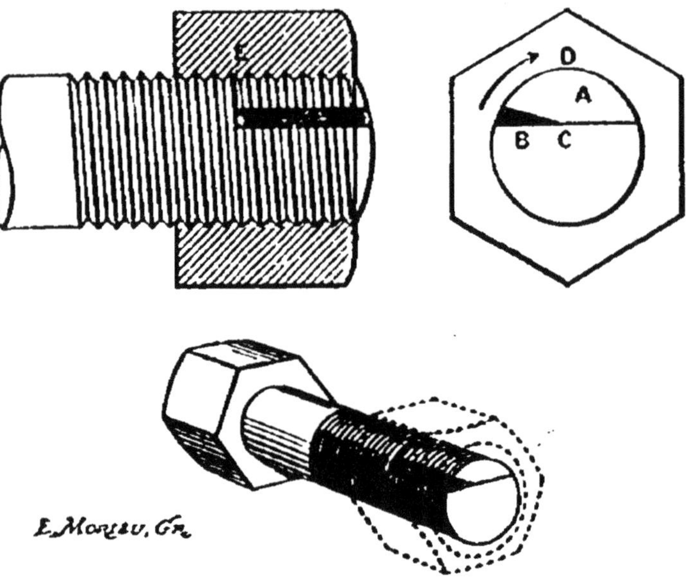

Système d'arrêt pour les écrous.

en B pour maintenir le segment dans la position normale, et alors l'opération se fait sans aucune difficulté. Ce segment peut être fort court; en tous cas on lui donne une moindre longueur que l'épaisseur de l'écrou, pour que celui-ci presse toujours sur les filets non coupés du boulon.

Poulies à calage automatique. — Ces poulies, construites par la *Société anonyme des Hauts-Fourneaux de Maubeuge*, ont pour but de supprimer complètement les rainures sur les arbres et les poulies, les clavettes et les vis de serrage, ce qui les rend très économiques, d'une grande simplicité et d'une installation des plus faciles. Elles se calent et se décalent à volonté par un simple mouvement en avant ou en arrière sur toute la longueur des arbres de transmission, sans travail ni effort; le calage automatique obtenu par le simple effort de la courroie de transmission est d'autant plus énergique que le couple résistant est plus grand. Le moyeu de cette poulie est creux, cylindrique et excentré. On y introduit, avant montage, un petit rouleau de fer dont le diamètre est à peu près double de l'excentricité. Quand ce rouleau a son axe dans le plan des axes de l'arbre et de la cavité du moyeu, la poulie peut glisser sur l'arbre; mais aussitôt que l'on vire la poulie dans un sens ou dans l'autre, le rouleau est coincé entre les deux surfaces,

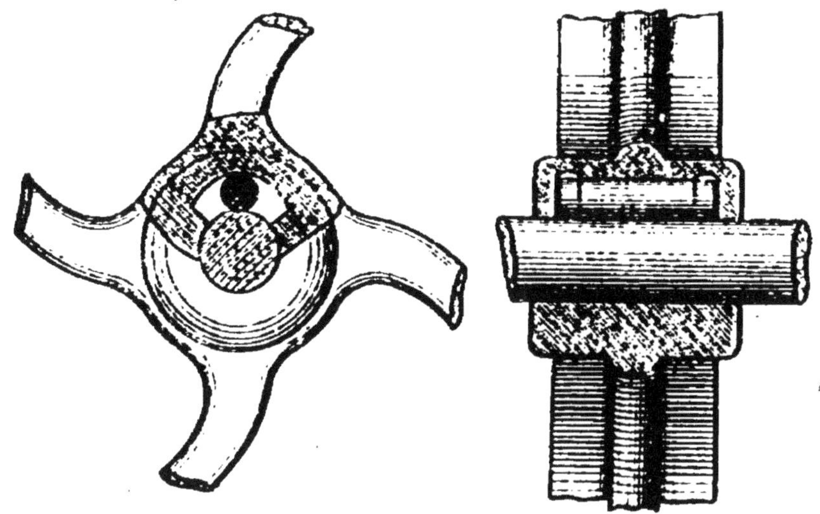

Poulies à calage automatique.

de l'arbre et du creux, et le calage est effectué. De même, un léger mouvement en arrière provoque le décalage.

Il s'ensuit que le calage est automatique par le seul effet de la rotation de l'organe actif, arbre ou poulie, et que le coincement est d'autant plus énergique que l'effort à transmettre est plus grand, particularité précieuse autant que rationnelle qui écarte toute éventualité de desserrage en service.

Ce système supprime, on le voit, toutes clavettes et clefs d'entraînement et de serrage ou autres moyens de calage, c'est-à-dire tous méplats et rainures de l'arbre d'une part, et d'autre part toutes aspérités dangereuses où peuvent se prendre les courroies et les hardes, source fréquente d'accidents au matériel et pour le personnel.

Au point de vue de la sécurité et du fonctionnement, le système est donc recommandable; il est également avantageux par la facilité de montage et de déplacement des poulies, et très économique au regard de l'emploi des cales usuelles; enfin, il laisse les arbres intacts, avantage commun au système de calage à frottement par l'assemblage des poulies divisées. Le calage automatique s'applique aux poulies assemblées aussi bien qu'aux poulies d'une pièce.

Treuil Julien pour lampes à arc. (*Portefeuille des machines.*) — Cet appareil, représenté par les figures ci-dessous, permet de manœuvrer les lampes à arc en toute sécurité.

Le câble de suspension de la lampe s'enroule sur un tam-

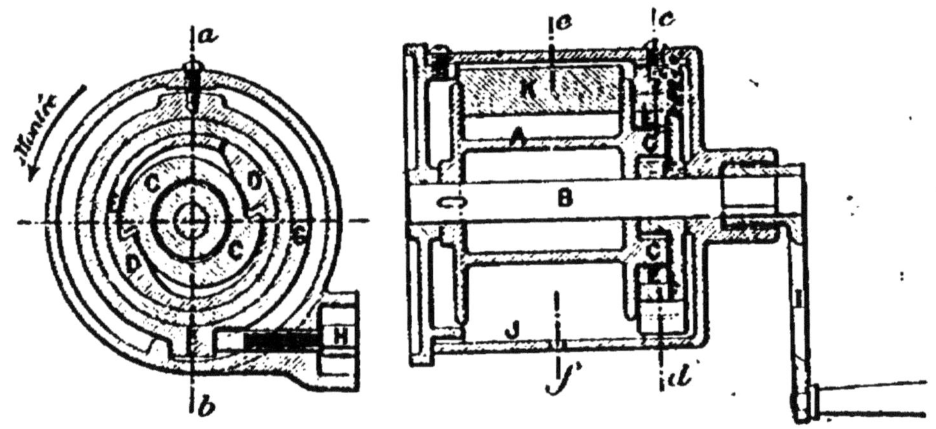

Treuil Julien pour lampes à arc.

bour A monté sur l'axe B de la manivelle; une des joues de ce tambour porte deux saillies C en forme de came qui, s'appuyant sur deux plans inclinés D, à l'intérieur d'un ressort circulaire E logé dans une poulie F, forment cliquet d'arrêt. Cette dernière poulie est enveloppée par une couronne G formant frein, laquelle est serrée par une vis H au moyen de la même clef ou manivelle I qui sert à lever la lampe. Le tout est monté dans un bâti J qui l'enveloppe complètement et porte seulement une fente K par laquelle passe le câble de suspension.

Levage de la lampe ou montée. — Le levage de la lampe se fait en engageant la manivelle I sur l'axe B du tambour et en la faisant tourner dans la main comme dans tous les autres treuils. Quand la lampe est arrivée à la hauteur voulue, elle y est maintenue par le cliquet sans avoir aucune pièce à manœuvrer ; l'on peut ensuite retirer la manivelle sans laquelle personne ne peut se servir du treuil.

Descente de la lampe. — La descente s'opère en mettant la manivelle I sur la tête de la vis H de serrage du frein et en tournant à gauche pour desserrer cette vis ; on règle la vitesse de descente par le degré de desserrage du frein.

L'arrêt pendant la descente est produit par le serrage complet du frein.

Unification des écrous et têtes de boulons. — Le Congrès International de Zurich, tenu les 3 et 4 octobre 1898, après avoir fixé les règles fondamentales du système international de filetages pour les vis mécaniques, avait chargé une Commission spéciale d'élaborer les règles accessoires, concernant les dimensions des écrous et des têtes de boulons. Cette Commission a arrêté les règles suivantes relatives aux ouvertures de clefs :

A chaque diamètre normal de vis correspond une ouverture de clef spéciale. Ces ouvertures de clefs sont les mêmes, pour l'écrou et pour la tête de boulon correspondant. La même ouverture s'applique aux écrous bruts et aux écrous finis à la machine. Les ouvertures sont définies comme cotes limites, la largeur de la tête devant toujours se tenir en dessous de la cote, et l'ouverture réelle de la clef toujours en dessus. Il est recommandé de donner à l'écrou une hauteur égale au diamètre d de la vis, et à la tête du boulon une hauteur égale à $0,7\ d$.

Les ouvertures de clef se rapprochent de celles calculées d'après la formule $1,4\ d + 4$ (en millimètres).

Le tableau ci-après donne ces ouvertures pour tous les diamètres normaux.

DIAMÈTRE DE LA VIS.	PAS.	OUVERTURE DE CLEF.	DIAMÈTRE DE LA VIS.	PAS.	OUVERTURE DE CLEF.
mm.	mm.	mm.	mm.	mm.	mm.
6	1,0	12	33	3,5	50
7	1,0	13	36	4,0	54
8	1,25	15	39	4,0	58
9	1,25	16	42	4,5	63
10	1,5	18	45	4,5	67
11	1,5	19	48	5,0	71
12	1,75	21	52	5,0	77
14	2,0	23	56	5,5	82
16	2,0	26	60	5,5	88
18	2,5	29	64	6,0	94
20	2,5	32	68	6,0	100
22	2,5	35	72	6,5	105
24	3,0	38	76	6,5	110
27	3,0	42	80	7,0	116
30	3,5	46			

OUTILLAGE

Palmer. — Cet appareil est une petite vis micrométrique, qui permet d'apprécier facilement le diamètre d'un fil en *centièmes* de millimètre avec une très grande exactitude. Les modèles les plus perfectionnés portent une tête mobile qui tourne folle dès que la pression exercée par la vis atteint une certaine valeur. On est sûr ainsi de ne pas écraser le fil ou la plaque dont on mesure le diamètre ou l'épaisseur.

Palmer.

Canif-outil pour électriciens. — On a souvent besoin, dans les installations électriques à courants de haute tension, d'effectuer certains petits travaux, pour lesquels un canif-outil constitue dans la plupart des cas un outil commode et suffisant. Pour pouvoir effectuer ces travaux sans interrompre le courant et pour éviter les courts-circuits pendant la manipulation du canif ainsi que les secousses nuisibles, désagréables et dangereuses, dans les cas de tensions élevées, le canif-outil de M. Oscar May est placé dans une gaine isolante en caoutchouc durci.

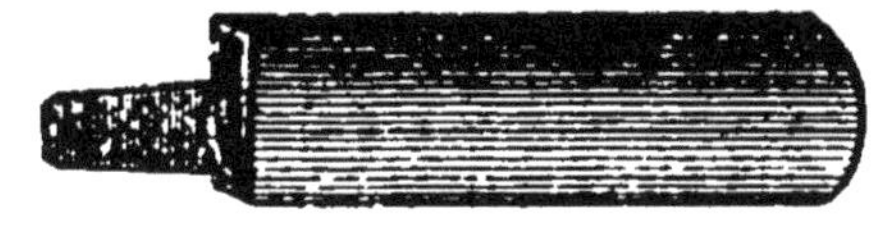

Canif-outil pour électriciens.

La figure ci-dessus représente le canif avec son enveloppe isolante, lorsqu'on fait usage de l'un des tournevis; l'autre figure représente le canif sans sa gaine. Il comprend : 1 grande lame de couteau très solide, 1 lame plus petite, 1 tournevis large, 1 tournevis plus étroit (pour les petites vis), 1 poinçon, 1 pièce de calage, 1 vrille à bois, 1 lime demi-douce, 1 lime douce, 1 gaine isolante en caoutchouc. Son prix est de 13,5 fr.

Pince universelle de M. O. May. — Cet appareil comprend 1 pince coupante permettant de couper des fils ayant jusqu'à

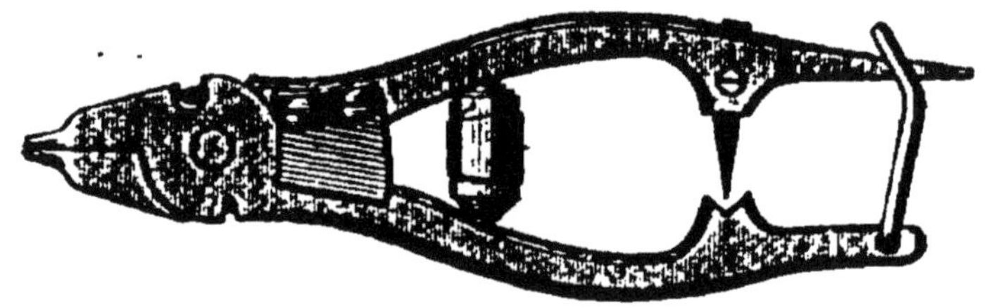

Pince universelle de M. O. May.

5 mm de diamètre, 1 poinçon *b*, *c*; 1 lame coupante *d*, avec laquelle il est très facile de couper les isolants ou le plomb dont les câbles sont entourés; des racloirs *f* pour dénuder les fils, des pinces rondes à la partie extrême des pinces plates. La pince universelle en acier a une longueur de 21 cm et un poids de 330 g. On en construit aussi un modèle de poche enfermé dans un étui en peau : sa longueur est de 13 cm et son poids de 150 g seulement.

Trousse d'ingénieur électricien. — Un ingénieur a souvent besoin d'exécuter certains petits travaux qu'il expliquera bien mieux l'outil à la main. La trousse dont il est question plus loin devient alors trop encombrante. MM. Kücke ont fabriqué une nouvelle trousse destinée spécialement aux ingénieurs. Cette trousse en forme de pochette mesure 22 cm de long sur 10 cm de large et avec une épaisseur de 3 cm seulement. Elle comprend : 1 petite pince coupante, 1 pince plate, 1 pince ronde, 1 manche de tournevis avec disposition spéciale très commode permettant d'emmancher différentes lames pour vis de différents diamètres,

1 de 3 mm, 1 de 4 mm et 1 de 6 mm, 1 broche, 1 tournevis à

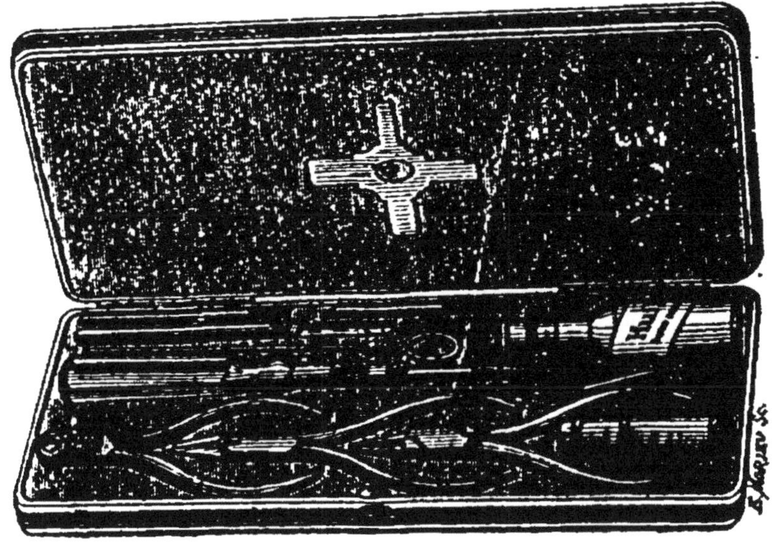

Trousse pour ingénieur électricien.

étoile pour vis de diamètres supérieurs à 4 mm et inférieurs à 10 mm. Le poids de cette trousse ne dépasse pas 500 g.

Ceinture pour ouvriers télégraphistes et téléphonistes. — Cette ceinture est formée d'une bande de cuir solide sur laquelle sont attachés les divers outils : 2 forets pour isolateurs, 1 lampe

Ceinture pour ouvriers télégraphistes et téléphonistes.

à souder, 1 flacon d'acide et 1 pinceau, 1 clef anglaise, 1 grosse pince plate fine, 1 pince mordante, 1 pince coupante, 1 grosse pince triangulaire en acier. La longueur totale de la ceinture est de 110 cm, son prix est de 50 fr.

Trousse pour ouvrier électricien. — Cette trousse, qui se replie comme un sac et peut se porter en bandoulière, ne pèse que 1,5 kg et comprend : 1 marteau, 1 spatule à huile, 1 pinceau, 3 limes, 1 étui renfermant de l'huile et des cavaliers, 1 clef anglaise, 3 tournevis, 3 vrilles, 3 pinces, 1 tenaille, 1 étau à main, 1 poinçon, 3 alésoirs, et 2 broches pour serrer les bornes

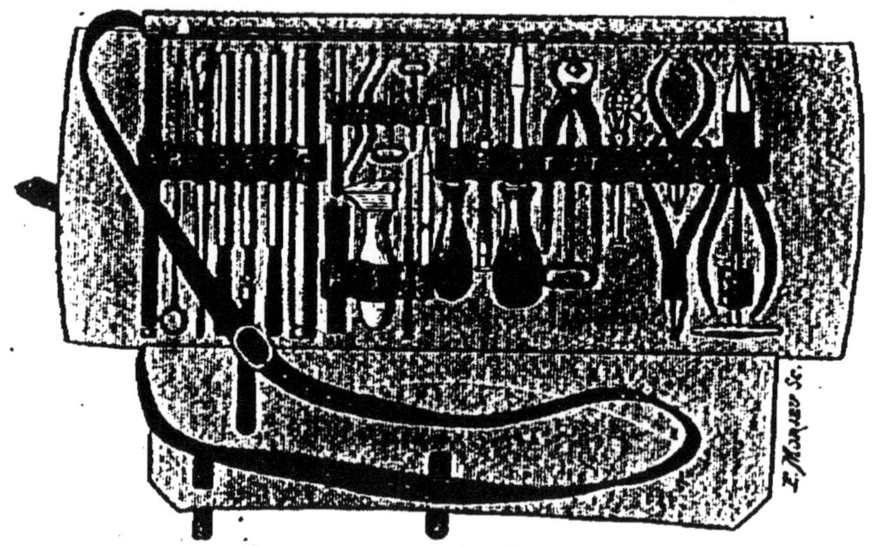

Trousse pour ouvrier électricien.

à trous. Cet ensemble d'outils est parfaitement suffisant pour les réfections et les installations ordinaires qui ne comportent pas de percements, lesquels exigent un outillage spécial plus complet que l'on trouve dans le coffre décrit ci-dessous.

Coffre pour monteur-électricien. — Ce coffre en bois léger a 50 cm de long, 28 cm de large et 28 cm de hauteur.

Il pèse 16 kg et renferme 1 lime plate ronde, 1 lime demi-ronde, 1 foret, 1 mètre, 1 scie en pointe, 1 ciseau à main, 6 forets à main et à manche rond, 2 forets à manches de bois, 7 modèles différents de tournevis, 1 marteau à main en acier de 1 kg, 1 foret à pierre, 1 clef anglaise, 1 pince plate en acier, 1 pince universelle avec tranchant, 1 pince plate avec larges joues, 3 pinces rondes diverses, 1 tenaille, 1 pince coupante,

1 lampe à souder, 1 flacon d'acide, 1 pinceau, 1 flacon de sel ammoniac, 1 bouteille d'alcool. Nous ne citons là que les princi-

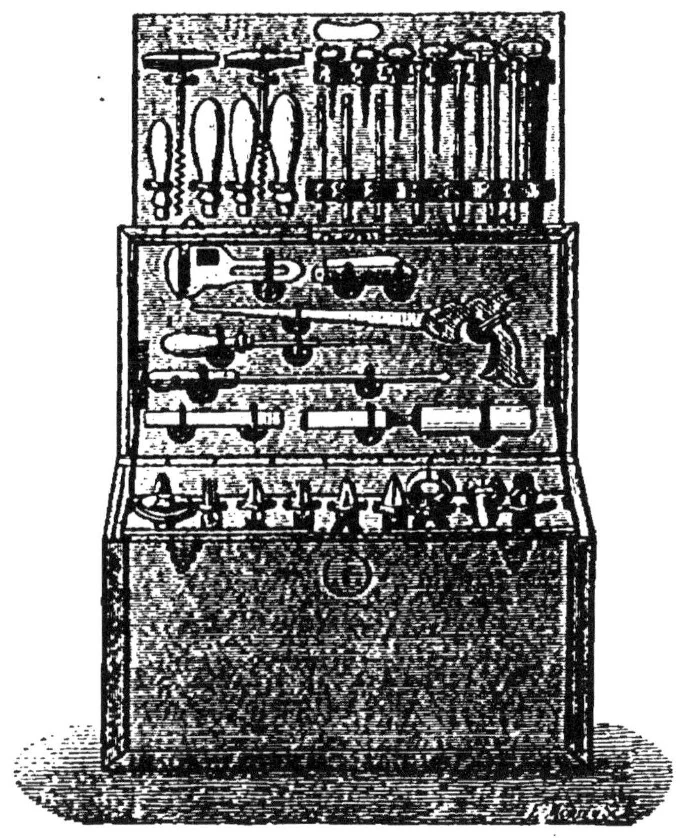

Coffre pour monteur-électricien.

paux outils, mais cette énumération suffit pour montrer que la trousse est très complète. Son prix est de 125 fr.

Armoire d'accessoires pour installation d'accumulateurs. — Cette armoire renferme 1 outil à couper le plomb, 2 pinces à souder, 1 brosse à plomb, 1 ciseau, 1 scie en queue de renard, 1 scie à plomb, 3 tournevis divers, 1 ciseau à bois, 1 racloir en acier, 1 pince creuse, 1 râpe, 1 rabot plat, 1 maillet, 1 marteau ordinaire, 1 pince plate, 1 niveau d'eau, 1 mètre, 1 outil pour tailler le verre, 1 clef à vis, différents forets à bois, 1 vilebrequin avec 6 allonges. Le prix est de 250 fr.

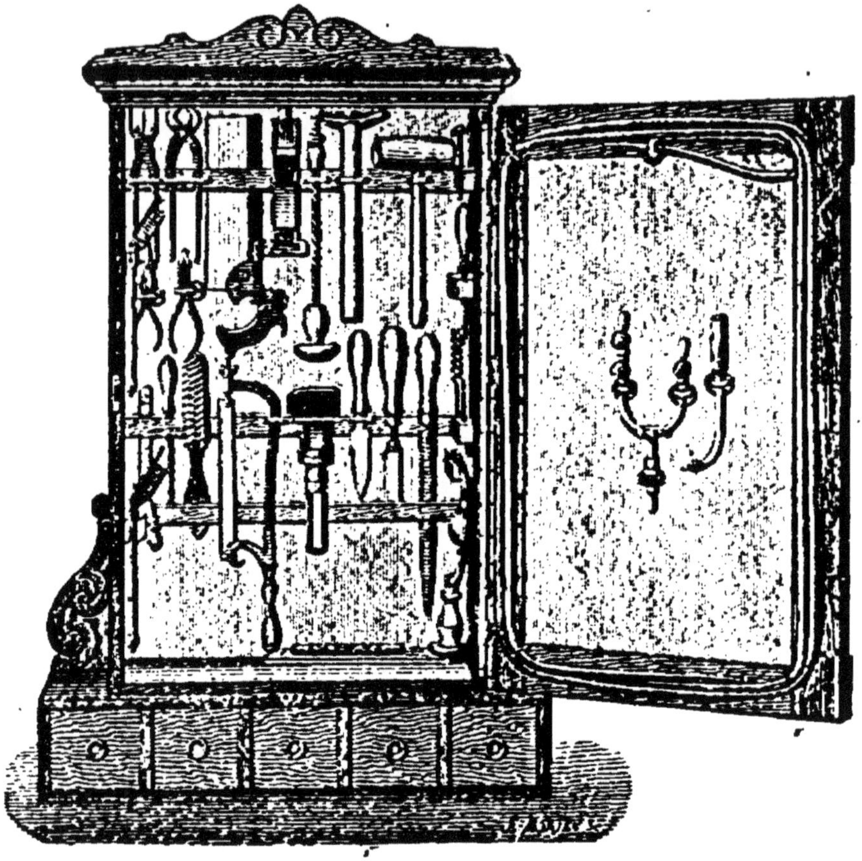

Armoire d'accessoires pour installation d'accumulateurs.

Tendeurs. — Les fils posés sur isolateurs ont besoin d'être

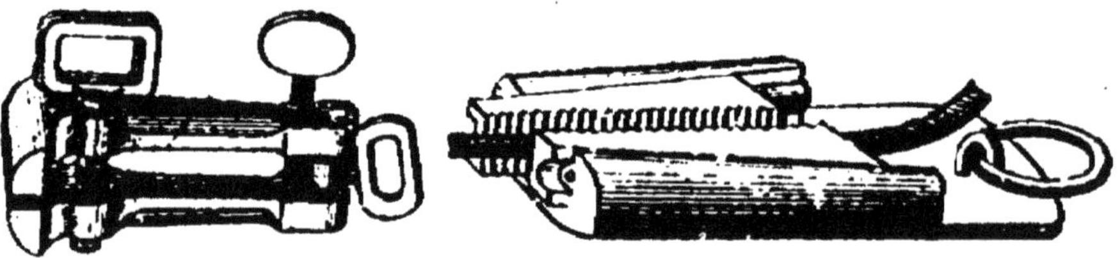

Tendeur *Billing*. Tendeur *Cope*.

tendus au moment de la pose. A cet effet, ils sont pris dans des outils spéciaux appelés tendeurs. Le tendeur Billing est un étau à deux vis qui serre fortement le fil dans une machine, la seconde vis ayant surtout pour but de maintenir le parallélisme des deux machines. D'autres tendeurs, tels que ceux de Cope et d'Isham, représentés ci-dessus et ci-contre, exercent sur le fil une pression automatique à chaque instant proportionnelle à la tension exercée. Ces tendeurs conviennent surtout pour des fils isolés, dont ils ne détériorent pas la couverture.

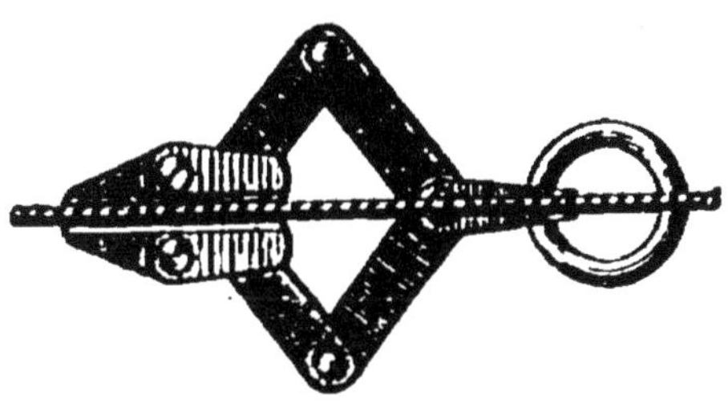

Tendeur parallèle *Isham.*

Pince parallèle. (*E. Mathieu.*) — Ce nouveau système de pince parallèle sera très apprécié des personnes qui se servent

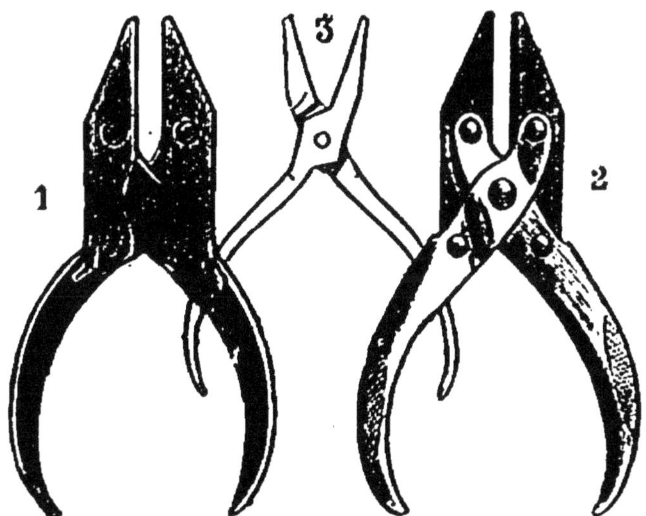

Pince parallèle américaine.

de ces outils. On voit, sur la figure, que les deux branches ouvertes de la pince restent toujours parallèles et qu'elles pressent l'objet qu'on place *à plat.* Cela supprime les inconvénients multiples que l'on éprouve avec les pinces ordinaires dont les branches forment toujours un angle et qui ont pour défaut capital de ne serrer l'objet que sur un point déterminé en le chassant. Ces pinces sont construites d'une façon parfaite, le mécanisme est simple, la solidité est à toute épreuve.

Plante-cavaliers. — Dans les poses provisoires et rapides où l'on peut se servir de cavaliers, on plante ceux-ci à l'aide d'un petit outil constitué par un tube aplati à section rectangulaire dans lequel manœuvre une tige de même dimension terminée par une tête sur laquelle on vient frapper à coups de marteau après avoir posé le cavalier dans le trou aménagé à l'autre extrémité. La tige rectangulaire manœuvre comme un chasse-pointe pendant que le tube constitue un manche à l'aide duquel le cavalier est bien maintenu en place. C'est surtout pour la pose des cavaliers dans les angles rentrants ou les points peu accessibles que le plante-cavaliers rend des services.

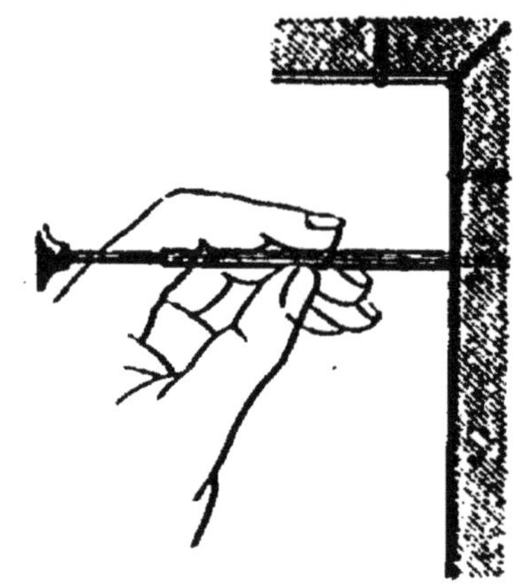
Plante-cavaliers.

Clou-vis de Rogers. — Pour poser des tasseaux isolants, des isolateurs et certains appareils sur panneaux en bois, il est commode d'employer le clou-vis représenté ci-contre. Il se pose rapidement comme un clou, à l'aide d'un marteau, et pénètre dans le bois en écartant les fibres sans les déchirer, et, en cas de besoin, se retire facilement à l'aide d'un tournevis.

Clou-vis de *Rogers*.

Prise de contact. — Ce petit appareil a pour but de permettre l'essai d'un fil couvert sans détériorer l'isolant. Il est constitué par une aiguille en acier à pointe fine montée dans un tube qui sert de manche à l'appareil et se termine par un bloc isolant portant une échancrure dans laquelle vient se prendre le fil.

En appuyant sur le bouton, la pointe perce légèrement l'iso-

Prise de contact *Neu.*

lant et vient en contact avec le fil. On établit ainsi une communication électrique que l'on amène où l'on veut à l'aide d'une borne et d'un fil volant. Après l'essai, on retire la pointe, le trou imperceptible se referme par l'élasticité de la matière.

Fer à souder les épissures. — Ce fer est un véritable moule disposé pour cinq grosseurs de fils différentes et correspondant aux besoins courants. L'épissure, terminée comme nous l'indiquons plus loin, est placée dans une des rainures; on verse la soudure fondue par le trou ménagé au-dessus de l'outil, celle-ci coule et se solidifie rapidement en formant un manchon cylindrique qui emprisonne solidement et sûrement le joint.

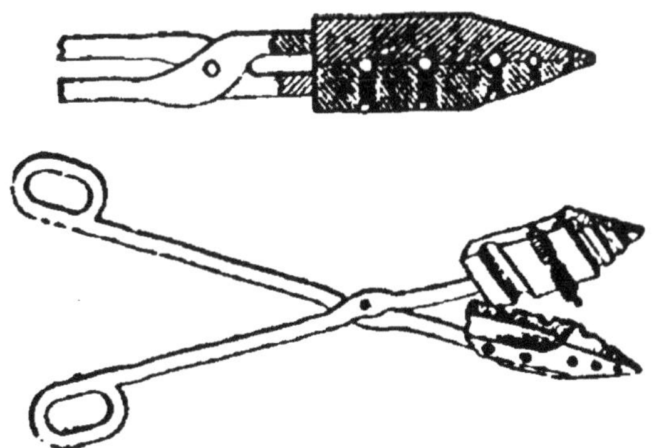

Fer à souder les épissures *Excelsior.*

Indicateurs de pôles. — Les indicateurs de pôles sont de petits appareils permettant de reconnaître facilement les pôles des conducteurs reliés aux générateurs quand il n'est pas facile de les suivre dans toute leur longueur. Ces appareils rendent donc de grands services dans des installations où la connaissance des pôles est nécessaire. Pour en construire un, on prend un tube de verre de 12 à 15 mm de diamètre fermé par deux bouchons de liège et traversé par deux petites tiges de platine. On remplit le tube d'un liquide spécial dont la formule ci-dessous nous a été communiquée par M. *Ad. Roux* :

Glycérine chimiquement pure à 30° B	30 cm^3.
Solution aqueuse d'azotate de potasse à 25 pour 100.	30 —
Phtaléine du phénol en solution dans l'alcool à 12,5 pour 100, décolorée au noir animal . . .	2 —

Lorsqu'on relie les deux fils de platine avec une pile, on voit apparaître aussitôt au pôle *négatif* une coloration pourpre qui disparaît par l'agitation. Suivant la f. é. m. du générateur, on éloigne ou l'on rapproche les deux tiges pour augmenter ou diminuer la résistance du bain.

On trouve dans le commerce un modèle dont la longueur totale est de 9 cm, le poids de 65 g, et la résistance d'environ 30000 ohms.

Voici quelques recettes de liquide sensible :

1° Solution pour tubes : 50 g glycérine; 3 g salpêtre; 20 g eau; 0,5 g phtaléine du phénol dissoute dans 10 g alcool. Le pôle négatif s'entoure d'une auréole rouge violet;

2° Solution pour papier : 250 g salpêtre dissous dans 1 litre d'eau. — Le papier découpé en bandes est plongé dans ce bain, puis séché. On le trempe ensuite dans une solution de 5 à 6 g de phtaléine du phénol dans l'alcool.

On peut aussi employer avec succès le simple papier de tournesol; mais, tandis qu'avec les couleurs précédentes il faut ajouter un sel alcalin, le tournesol seul suffit. L'explication en est simple, si l'on se rappelle que la matière colorante du tournesol est du lithmate de chaux; l'acide lithmique est rouge, et sa combinaison avec les bases est bleue.

Chercheur de pôles de MM. E. Ducretet et L. Lejeune. — Cet appareil de poche permet de trouver rapidement le sens du courant dans un conducteur d'un circuit fermé sur lequel aucune prise de contact ne peut être faite et d'indiquer aussi, à volonté, le sens du courant lorsque des prises de contact peuvent être faites sur les conducteurs du circuit, celui-ci étant ouvert ou fermé. Il se compose essentiellement d'un couple astatique, horizontalé, constitué par deux aiguilles aimantées fixées sur un même disque, sur lequel l'action directrice de la terre agit très faiblement; l'aimant directeur Ai (fig. 1) suffit pour lui donner une orientation à peu près fixe, quelle que soit l'orientation de l'appareil par rapport à la direction magnétique

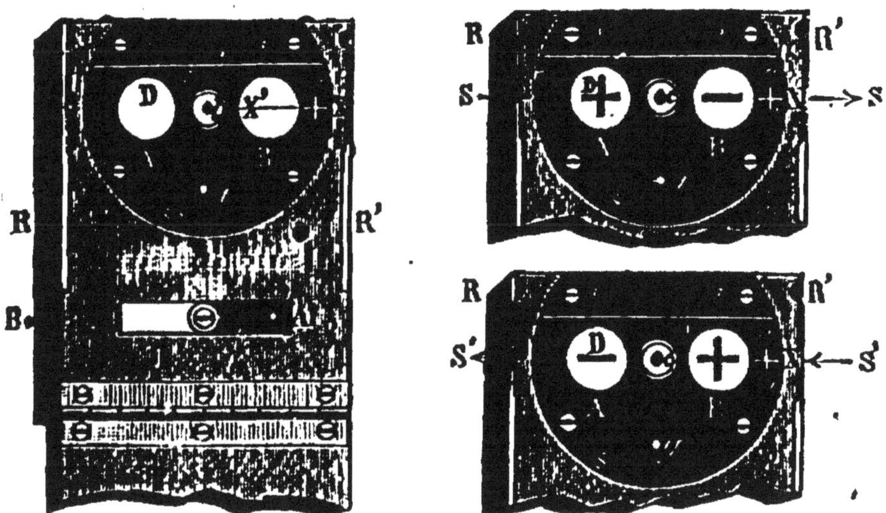

Fig. 1 et 2. — Chercheur de pôles de MM. Ducretet et Lejeune.

terrestre nord-sud. Le disque est recouvert d'un carton de bristol portant les inscriptions + et —, et un trait rouge X'. Une pédale d'arrêt fixe l'équipage lorsque l'appareil est au repos, et que le couvercle est fermé. Le mode d'emploi de cet appareil est des plus simples :

1° Dans le cas où des prises de courant peuvent être faites sur les conducteurs du circuit, ou dans celui où on possède les conducteurs venant d'une source électrique quelconque : piles, dynamo, accumulateurs, etc., les deux conducteurs sont amenés un instant au contact des deux bandes métalliques RR' (deux petites cavités servent à établir ce contact momentané), et, immédiatement, l'apparition dans les ouvertures OO' des signes + et — ou — et +, suivant S ou S' (fig. 2), montre de quels côtés se trouvent ces signes et, par suite, le sens du courant.

Cette lecture est directe, immédiate et indiquée par l'appareil même. Le circuit compris entre RR' est d'environ 500 ohms dans le modèle courant; ce circuit peut être traversé par les courants les plus faibles, et un instant par ceux des distributions à 110 volts.

2° Si le conducteur du circuit à essayer n'a pas ses extrémités libres, il suffit d'amener ce conducteur au-dessus de l'appareil, au voisinage de la ligne *ll* tracée sur la plaque So, il agit encore sur l'équipage mobile. Si le conducteur n'est pas mobile, c'est l'appareil qui sera amené au-dessous du conducteur, dans les mêmes conditions. L'apparition immédiate des signes + et —, suivant S ou S' (fig. 2), indiquera encore le sens du courant qui circule dans le conducteur continu.

3° Le sens de courants très faibles, dans les deux cas ci-dessus, est aussi indiqué par le chercheur de pôles portatif, en observant le sens du déplacement du trait rouge X' (ce trait rouge X' est toujours rapidement amené en regard du trait fixe X en déplaçant légèrement l'aimant directeur Ai (fig. 1, par rapport au trait fixe + X, si le trait rouge va du côté *a*), le pôle + sera du côté A gravé sur So; si ce trait rouge se déplace du côté *b*, le pôle + sera du côté B.

La simplicité de cet appareil, la sûreté de ses indications et son prix modique en font un appareil indispensable aux monteurs électriciens, télégraphistes, téléphonistes, etc.

Reconnaître rapidement les pôles d'une machine. — On attache aux deux pôles deux fils de plomb, et l'on plonge ce voltamètre élémentaire dans l'eau acidulée sulfurique. Après quelques secondes, le pôle positif se recouvre d'une couche de peroxyde de plomb brun foncé, tandis que le pôle négatif prend un aspect blanc et métallique.

L'acétate de plomb, qui, de sa solution incolore, laisse déposer instantanément sur l'électrode *positive*, de platine ou autre métal inoxydable, les magnifiques et très brillants anneaux colorés de peroxyde de plomb en lames minces connus sous le nom d'anneaux de Nobili, tandis que sur l'autre électrode ne se produit qu'un dépôt terne ou cristallin de plomb métallique, mêlé ou non de bulles d'hydrogène. La solution d'acétate de plomb la plus diluée, et par conséquent la plus résistante, produit nettement le phénomène, et il suffit, après emploi, de fermer sur lui-même le circuit de l'électrolyte pour que très rapidement les dépôts disparaissent et permettent à l'appareil de resservir indéfiniment *sans perte de substance*. De très faibles f. é. m. suffisent pour produire le dépôt des lamelles de peroxyde de plomb, dont la couleur, toujours très brillante, mais variable depuis le brun jusqu'au vert, suivant toute l'échelle des colorations des anneaux transmis de Newton, permet, si elle dépasse une certaine limite et atteint le noir mat, d'avoir immédiatement une donnée approximative sur la *grandeur* de la différence de potentiel qu'on cherche à constater.

Papier-pôle. — Le papier-pôle de Wilke sert à reconnaître promptement et sûrement la direction des courants (c'est-à-dire à déterminer les pôles) et à rechercher les défauts d'isolement.

Le papier-pôle de Wilke s'approprie spécialement à l'usage régulier dans les installations électriques, dans la fabrication des accumulateurs, dans les travaux de galvanoplastie, dans les travaux électrolytiques, dans les réseaux téléphoniques et télégraphiques, dans l'emploi d'instruments de mesure, dont l'exactitude dépend de la direction du courant, etc.

Mode d'emploi. — On prend, dans un carnet, une des petites bandes de papier-pôle, on la mouille avec la langue ou avec le doigt, on la pose sur une planchette propre, puis on met les extrémités des deux fils conducteurs du circuit à examiner à une certaine distance l'un de l'autre, et en contact avec la bande de papier-pôle. Les pôles seront mis assez près l'un de l'autre quand il s'agira d'une tension modérée, et plus loin lorsqu'il s'agira d'une tension plus grande. S'il y a entre les extrémités de ces deux fils une tension d'au moins 1 volt, il se produira sur le papier-pôle, au bout du fil correspondant au pôle *négatif* du générateur de courant (pile ou machine dynamo), une tache *rouge*. Le carnet, de 8 cm de largeur sur 10 cm de hauteur, renferme 66 feuilles, pouvant servir pour 300 opérations, et coûte 60 centimes.

Papier indicateur de pôles. — On imprègne du papier-filtre avec le liquide suivant :

Glycérine	50	grammes.
Salpêtre.	3	—
Eau.	20	—
Phtaléïne du phénol	0,5	—
Alcool.	10	—

Le papier étant encore humide, on le touche en deux points avec les conducteurs polaires qu'on veut reconnaître. Le pôle négatif s'entoure d'une auréole *rouge violet*.

Précautions à prendre dans l'emploi des indicateurs de pôles à liquide. — M. Descôtes, ingénieur chargé des travaux de la Société des *Constructions électriques de Mortain*, nous communique l'accident suivant arrivé à l'usine électrique de Saint-Héloïse-du-Harcouët : Voulant reconnaître les pôles d'une dynamo de 250 volts avec un indicateur de pôles à liquide électrolysable, enfermé dans un tube en verre, la personne chargée de cette vérification l'ayant laissé quelques secondes sur le circuit, le tube a fait explosion, blessant grièvement l'opérateur au visage. Il est donc utile de porter à la connaissance de vos lecteurs le danger qu'il y a à se servir de ces genres d'appareils, dangereux par suite du gaz produit pendant l'opération; la tension du circuit sur lequel l'accident est arrivé n'étant pas élevée au-dessus de la moyenne de celle employée pour l'éclairage électrique, principalement dans les installations à trois fils.

COURROIES

Courroies. — Les sortes de courroies appliquées à la commande des machines électriques sont en cuir ordinaire, cuir sur champ, coton, crin, caoutchouc et courroies métalliques.

Ces dernières courroies métalliques sont installées sur des machines dont les effets de dilatation sont à craindre. Leur largeur est sensiblement réduite et leur prix est abordable.

Les courroies de *coton* sont peu sujettes aux variations de température, elles ne se coincent pas et sont très suffisantes pour les petites puissances.

Les courroies de *caoutchouc* n'ont pas donné les résultats qu'on en attendait.

Dans les transmissions de petite puissance, les courroies en *crin* sont celles qui coûtent le moins cher; elles peuvent fonctionner plusieurs années sans qu'on ait besoin de les retendre. Les courroies en coton ainsi que les courroies en cuir *collé* conviennent également bien.

Pour les machines ne demandant que la puissance d'un homme ou deux (50 à 200 watts), les cordes en *boyau* continues, avec montage équilibré de M. Raffard, sont celles qui donnent les meilleurs résultats. Les courroies en cuir sur champ et les courroies à morceaux réunis par broches conviennent surtout pour les transmissions dont la puissance dépasse 3 à 4 kilowatts.

Quel que soit le mode de transmission adopté, il faut prendre les plus grandes précautions pour rendre le joint aussi peu apparent que possible, car son passage sur la courroie occasionne des petites variations de vitesse très préjudiciables à la régularité du fonctionnement des appareils d'utilisation.

Mauvaise tenue de certaines courroies de transmission. (*Moniteur industriel.*) — Quand une courroie court de côté ou tombe des poulies, on s'accorde généralement à attribuer cet accident à un défaut du parallélisme des axes. C'est un cliché. Mais c'est une erreur.

Tous les monteurs savent, en effet, qu'une courroie peut se comporter parfaitement bien, même quand le défaut de parallélisme des arbres est très notable.

(Le *parallélisme* s'entend *des arbres*, quand ils sont dans un même plan, ou *des plans qui contiennent les arbres*, lorsque ceux-ci ne sont pas dans un même plan; il s'agit, dans ce dernier cas, des plans perpendiculaires à la tangente commune aux cercles médians des poulies).

La cause du vice en question est donc ailleurs. Il faut la chercher dans la courroie elle-même, ou dans les poulies.

Le plus souvent, la couture d'assemblage des deux extrémités de la courroie est mal faite; d'autres fois, la courroie n'est pas homogène. Des deux manières, inégalité d'origine ou extensibilité différente des deux côtés de la courroie, le plus chargé, c'est-à-dire le plus court, se place sur le plus grand cercle de la poulie, au milieu, de sorte que la courroie déborde; il faut alors peu de chose, un glissement par exemple, pour qu'elle tombe. Nous ne dirons rien des courroies de mauvaise qualité et de fabrication négligée, qui vont en zigzag et dont les mésaventures ne nécessitent pas d'autre explication.

Donc, la rectitude d'une courroie est la condition nécessaire à sa bonne marche, et celle-ci est certaine... si les poulies sont bien établies.

Quand une courroie court sur une surface qui n'est pas cylindrique, elle tend à monter vers les cercles de plus grand diamètre. C'est pour cette raison qu'on donne à la jante des poulies une section bombée; les deux côtés de la courroie sont alors sollicités vers le point le plus haut de la courbe.

On comprend aisément que pour que la courroie se maintienne au milieu de la poulie, il faut que le bombement de la jante soit symétrique, c'est-à-dire que son centre de courbure soit situé dans le plan médian de la poulie. Or c'est ce qui n'arrive pas toujours, surtout chez certains fabricants où le tournage des poulies s'effectue sans contrôle, à vue de nez, sans que les ouvriers soient munis d'un gabarit, et sans qu'ils se donnent la peine de vérifier l'égalité de diamètre des deux bords; parfois même l'inégalité est voulue, pour faire disparaître quelque défaut de fonte. Il va de soi que, sur de telles poulies, la meilleure courroie doit marcher de côté, et avoir une grande tendance à tomber si le bombement est faible et son inclinaison prononcée.

Un autre défaut produit parfois le même résultat. On a l'habitude dans certains ateliers, pour les poulies dépassant certaines dimensions, de travailler les jantes seulement au dégrossisseur. Il s'ensuit naturellement que leur surface est constituée par une rainure hélicoïdale. Or comme les courroies travaillent généralement sur la chair et que cette surface est toujours relativement élastique, les côtés de la jante y pénètrent plus ou moins. L'effet immédiat de cette particularité est le déplacement latéral de la courroie, en sens contraire de l'enroulement de l'hélice. Selon le degré d'adhérence, cet entraînement peut être assez énergique pour combattre et même pour surpasser le grimpement de la courroie, qui se maintient de côté, ou tombe, en dépit de la symétrie parfaite de la courbure de la jante. Il serait facile d'éviter cet inconvénient par une simple modification dans la façon des jantes : il suffit de changer le sens de la marche de l'outil pour la seconde moitié de leur largeur. Pour chaque moitié l'hélice est alors de sens contraire, de sorte que selon le sens de la rotation d'une poulie, les deux moitiés de la courroie sont également sollicitées vers le milieu ou vers les bords ; les deux effets se détruisent et la courroie conserve sa position normale, si elle n'en est déviée par aucun des défauts indiqués ci-dessus.

Cette précaution est préventive; lorsqu'il s'agit de corriger le défaut en question, le remède consiste à remettre la poulie sur le tour pour enlever la trace de l'outil.

On doit donner la préférence aux jantes lisses. Lorsqu'une courroie subit l'influence égale de deux hélices de sens contraire, il se produit fatalement un glissement latéral des nervures sur sa face interne, et par conséquent certaine usure, c'est-à-dire une détérioration. Or c'est toujours une faute de construction de soumettre un organe quelconque à une usure toute gratuite, si faible soit-elle.

Glissement des courroies. — *Moyens préventifs.* — Lorsqu'une courroie vient à glisser sur une poulie de commande, on peut arriver assez souvent à empêcher ce glissement en projetant sur la poulie de la *résine en poudre.* Mais cet artifice n'est pas sans inconvénient, car la résine et toutes les matières résineuses, comme la colophane, exercent une action nuisible sur le cuir. Aussi jusqu'ici considérait-on comme préférable le moyen qui consiste à graisser, avec du suif de bonne qualité, la surface de la courroie en contact avec la jante de la poulie : la courroie ainsi traitée se gonfle, se raccourcit, et sa tension augmente; d'un autre côté, la poulie, par suite de l'interposition de matière grasse, produit sur cette courroie une espèce de succion, effet analogue à celui qui résulte du passage de la main humide sur une surface polie. Ce mode de traitement de la courroie, qui permet d'obtenir ainsi naturellement le degré d'adhérence nécessaire pour empêcher les glissements, dispense de recourir à l'emploi des matières qui, en produisant une adhérence artificielle, sont, en même temps, une cause de détérioration pour le cuir.

Jusqu'à ces derniers temps, la matière grasse qu'on utilisait de préférence pour la conservation des courroies était l'*huile de baleine*, dont l'usage est assez répandu dans les tanneries. Il convient toutefois de remarquer que cette huile est assez rarement pure; elle est le plus souvent falsifiée par l'addition de substances résineuses, de telle sorte qu'elle ne donne pas toujours les résultats qu'on est en droit d'en attendre. Mais on vient de trouver, dans l'*huile minérale*, un produit qui est en mesure de remplacer aussi bien l'huile de baleine que le suif. Il importe d'ailleurs, pour obtenir les meilleurs résultats avec cette huile, d'opérer le graissage sur la face extérieure de la courroie. Cette face, en effet, est soumise à un plus grand allongement que la face interne, et, par suite, est plus exposée à se rompre; il y a tout intérêt à la rendre aussi souple que possible par le graissage, car la raideur est très favorable à la rupture.

Par suite de la plus grande flexibilité que lui donne ce mode de graissage, la courroie se courbe plus facilement et s'applique plus aisément sur la poulie en tous les points de l'arc qu'elle embrasse, et elle se trouve, dès lors, dans de meilleures conditions pour la transmission du travail. Une courroie qui est trop raide, trop sèche, ce qui arrive lorsqu'elle a été soumise un certain temps à l'action de la chaleur ou d'un courant d'air, ne se courbe plus rigoureusement suivant un cylindre et ne s'applique plus sur sa poulie que comme un prisme; elle a, par conséquent, un effet utile moins considérable.

On doit conclure de là que le graissage de la face extérieure de la courroie est plus avantageux que le graissage de la face interne, lequel doit être réservé pour quelques cas particuliers, d'ailleurs assez rares.

Le graissage interne a l'inconvénient de faciliter la formation, sur la jante de la poulie, de croûtes dues au mélange de poussière et de graisse. L'addition de résine en poudre donne lieu, naturellement, à des dépôts analogues très nuisibles à la marche et qui doivent être enlevés par un grattage. Un des grands avantages de l'emploi de l'huile minérale, c'est qu'il ne peut pas se former de croûtes sur la poulie, puisque la face interne de la courroie n'a pas besoin d'être graissée. L'huile dont on imprègne la face extérieure suffit pour maintenir cette courroie en un état d'humidité suffisant, en même temps qu'elle améliore les coefficients de frottement.

D'après les expériences de Morin, le coefficient de frottement pour courroies neuves sur tambours en bois est de 0,50; pour courroies humides sur poulies en fonte, il est de 0,38; pour des courroies moyennement graissées sur poulies en fonte, il n'est que de 0,28, et il s'abaisse à 0,22 lorsque les courroies sont parfaitement graissées. Plus le coefficient de frottement est élevé, moins les courroies, toutes choses égales d'ailleurs, sont exposées à glisser sur les poulies et moins grande est la tension qu'il faut leur donner. L'ancien mode de graissage avec le suif, l'huile de baleine, tel qu'il se faisait sur la face interne, conduisait à des coefficients assez faibles compris entre les limites 0,28 et 0,22. Le graissage avec l'huile minérale, sur la face extérieure, donne des résultats tout différents; la courroie peut être considérée, dans ce cas, comme simplement humide et le coefficient de frottement se rapproche, dès lors, de la valeur 0,38.

Au point de vue de la conservation de la courroie et de la régularité du fonctionnement, il importe d'ailleurs que l'état d'humidité de la courroie soit maintenu aussi constant que possible, et l'opération du graissage doit se répéter à des intervalles de temps compris entre huit et quinze jours.

Elle doit naturellement se faire, de préférence, pour toutes les courroies qui ont à transmettre une puissance assez considérable, comme les courroies de commande des grosses machines et pour celles qui marchent à une très grande vitesse.

Le graissage à l'huile minérale présente également de sérieux avantages pour les courroies qui se trouvent installées dans des locaux humides ou dans des ateliers très secs et exposés à la poussière. Dans le premier cas, le graissage a pour but de protéger le cuir contre la tendance à la pourriture, tandis que, dans le second, il sert à conserver au cuir la flexibilité que la sécheresse de l'atelier lui ferait perdre rapidement.

Le graissage d'une courroie peut ordinairement se faire pendant la marche. Toutefois il convient, de temps en temps, de l'enlever, afin de pouvoir l'imprégner d'huile d'une manière plus complète. Dans ce cas, on doit commencer par la nettoyer à l'eau tiède et à la débarrasser des croûtes provenant des vieilles graisses, de la poussière, etc.

Cela fait, et lorsqu'elle est encore humide, on sèche simplement la face extérieure et on l'enduit d'une couche d'huile minérale qu'on applique en frottant avec soin.

La courroie est ensuite placée dans un local chauffé à une température modérée, et, lorsqu'on juge que l'huile de la première couche a été absorbée par le cuir, on en applique une seconde, en prenant les mêmes précautions.

Le cuir ainsi préparé conserve pendant longtemps sa flexibilité et se trouve suffisamment protégé contre l'humidité et la sécheresse. Après une opération de ce genre, il suffit de graisser, de temps à autre, la face extérieure pendant la marche pour conserver cette flexibilité.

Les courroies de transmission qu'on entretient ainsi régulièrement fonctionnent d'une manière beaucoup plus satisfaisante et s'usent moins que les courroies qu'on abandonne à elles-mêmes. Elles ont donc une durée notablement plus longue et absorbent moins en frottements.

Glissement des courroies. — (*El., Moniteur industriel.*) — Pour prévenir le glissement des courroies sur les poulies métalliques, un moyen fort simple, qui n'a pas, comme la colophane, le défaut d'engluer et d'encrasser les surfaces : passer au pinceau, sur la surface interne des courroies, une couche de la dissolution de caoutchouc qu'on trouve dans le commerce, pour que l'adhérence soit complète. L'efficacité du procédé se maintient pendant longtemps, surtout si l'air de l'atelier est peu chargé de poussières, fumées, etc. Quoi qu'il en soit, une nouvelle application du procédé redonne à la courroie son adhérence primitive. Une observation, cependant : l'inflammabilité et la toxicité du produit pourraient provoquer des accidents; il convient de ne pas le laisser à la disposition des ouvriers, de ne l'employer que de jour en ne conservant aucune flamme à proximité, et de ne confier cette besogne qu'à un ouvrier prudent et soigneux.

Pour empêcher le glissement des courroies, on a employé avec grand succès l'encre d'imprimerie, qui est bien supérieure à la résine et autres moyens.

Le procédé employé par M. *Weaver*, de New-York, consiste à appliquer sur les poulies une enveloppe de papier d'une composition spéciale très résistante, avec une colle forte qui donne une adhérence parfaite sur la fonte ou le fer. Les essais faits dans le Nord par MM. Sée ont donné de très bons résultats.

La durée de cette enveloppe peut s'apprécier d'après l'usage prolongé des cônes d'essoreuses et des cylindres de calandres. Ce procédé paraît être appelé à rendre de réels services, surtout dans les installations de machines dynamo-électriques, où le glissement des courroies crée un obstacle si grave à la régularité de la lumière.

Enduit. — L'enduit est formé de résine intimement mélangée à du mallon (produit obtenu dans le chamoisage des peaux), produit ayant une influence très avantageuse au point de vue de la conservation des cuirs.

Pour 1 kg d'enduit, la quantité de résine varie de 100 à 200 g.

Protection des courroies contre les rats et les souris. (*Cosmos.*) — Les courroies qui doivent être remises en service après un temps d'arrêt sont nettoyées et graissées, ce qui les expose à être rongées par les rats et souris. Pour obvier à cet inconvénient, il sera bon de les frotter à l'huile de ricin.

Agrafes de courroies. — Pour courroies de 3 à 10 cm de

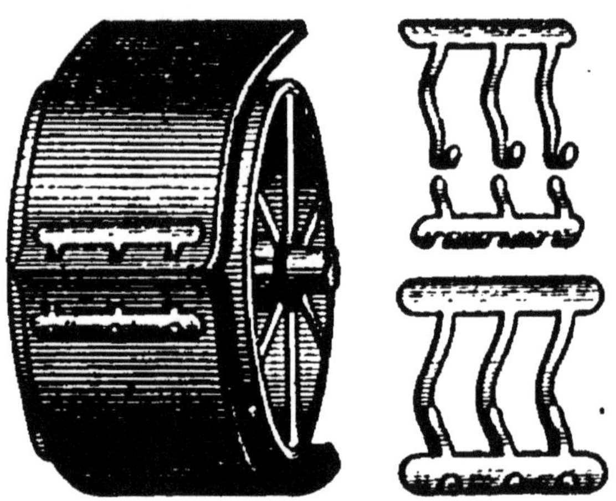

Agrafe *Boudard.*

largeur, l'agrafe *Boudard* en acier est simple, pratique et économique, surtout pour les courroies à grande vitesse. La figure ci-contre montre ses dispositions et explique le mode d'attache sans qu'il soit nécessaire d'insister. Elle s'applique aux courroies en cuir, coton, poils et caoutchouc.

Agrafe *Hoppenstedt.*

Pour les courroies fortement chargées et fatiguant beaucoup, il vaut mieux employer l'agrafe *Hoppenstedt*, qui s'applique à tous les genres de courroies : cuir, poils, caoutchouc, etc.

Jonction à bouts accolés. — Cette disposition n'augmente pas l'épaisseur de la courroie, évite toute diminution d'adhérence à son passage sur la poulie, ne donne aucun fouettement, même aux plus grandes vitesses, et convient surtout pour la conduite des dynamos.

Couper les deux bouts de la courroie bien d'équerre avec un couteau mouillé sur un billot de bois tendre. Les superposer exactement. Tracer à 1 cm environ du bord une ligne perpendiculaire aux côtés. (Si la poulie est fortement bombée, il sera utile de bomber aussi cette ligne.)

Enfoncer avec un marteau les U à travers les deux brins,

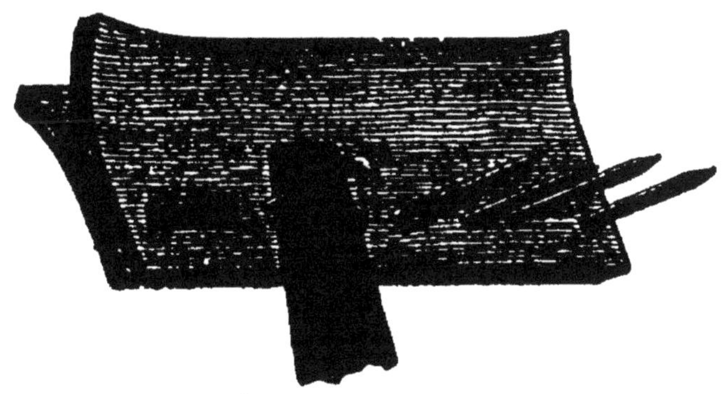

Agrafe *Bideau* pour courroies à bouts accolés.

retourner la courroie, courber les pointes en dedans avec une pince ronde et rabattre au marteau les deux branches, de manière à fermer l'U, les branches rabattues du côté extérieur, et non pas en contact avec les poulies.

Si l'on rabattait les branches très serré, la courroie subirait un pli trop brusque. Il faut donc laisser les U un peu larges, en intercalant une plaque de tôle de 1,5 mm environ d'épaisseur, coupée légèrement en pointe pour qu'on puisse la retirer facilement.

Cette jonction ne nécessite ni outillage spécial, ni emporte-pièce, et n'affaiblit pas la courroie. Elle est très légère, très bon marché, et se pose en quelques minutes.

Pour la jonction à bouts accolés, il faut un crochet par 3 cm de largeur de courroie.

Agrafe Lagrelle. — Cette agrafe convient surtout pour les courroies en coton et les grandes vitesses. L'intervalle entre les deux barrettes passées dans les œillets de l'agrafe doit être un peu moins grand que le double de l'épaisseur de la courroie à

Agrafe *Lagrelle.*

jonctionner, pour que les barrettes s'appuient en faisant serrage. Toute la largeur de la courroie devient alors intéressée à la résistance, et on obtient une courroie continue transmettant le mouvement sans ressaut et sans choc. Les trous doivent être percés avec un poinçon.

Attaches métalliques « Buffalo ». — Ces attaches de courroie offrent cet avantage que, une fois la jonction de deux parties de courroie effectuée, il ne reste pas de parties épaisses ou

Attaches Buffalo.

superposées pouvant produire des secousses en passant sur la poulie, ce qui a une très grande importance pour les transmissions d'appareils électriques. On peut, en outre, avec ces attaches, réparer une courroie, quel que soit le sens de la déchirure, et une vieille courroie peut être ainsi utilisée comme une neuve. La manière d'opérer, dans tous les cas, est très simple. On place

les deux bouts à joindre sur un morceau de bois tendre et l'on enfonce les attaches à une distance de 12 mm l'une de l'autre en commençant à 6 mm du bord. On retourne ainsi la courroie,

et on la place sur une plaque de fer, puis on courbe les pointes des attaches dans la direction de la jonction en enfonçant les pointes dans la courroie.

On recommence la même opération de l'autre côté en enfonçant une deuxième rangée d'attaches.

On obtient ainsi une jonction très solide et très rapide.

Joint Bristol. — Ce joint s'applique aux courroies simples et doubles, pour des épaisseurs variant entre 3 et 10 mm. Il est simplement constitué par une lame d'acier découpée en zigzag, de façon à simplifier la fabrication et à obtenir la plus grande résistance mécanique avec le minimum de matière. La pose est faite en coupant d'équerre les bouts à joindre, en les rapprochant et en enfonçant les pointes, la courroie étant posée sur une planche en bois tendre. On retourne ensuite la courroie et on replie au marteau les pointes qui dépassent. C'est la partie ainsi repliée qui doit porter sur les poulies. Les pièces d'acier sont de longueur variable comprise entre 25 et 75 mm. On choisit le nombre des joints et

Joint Bristol pour courroies.

leur largeur individuelle suivant la largeur totale de la courroie. Le prix de ces joints varie entre 3 et 10 fr la boîte renfermant 25 m de pièces de jonction.

Laçage d'un joint de courroie. — Pour joindre une courroie

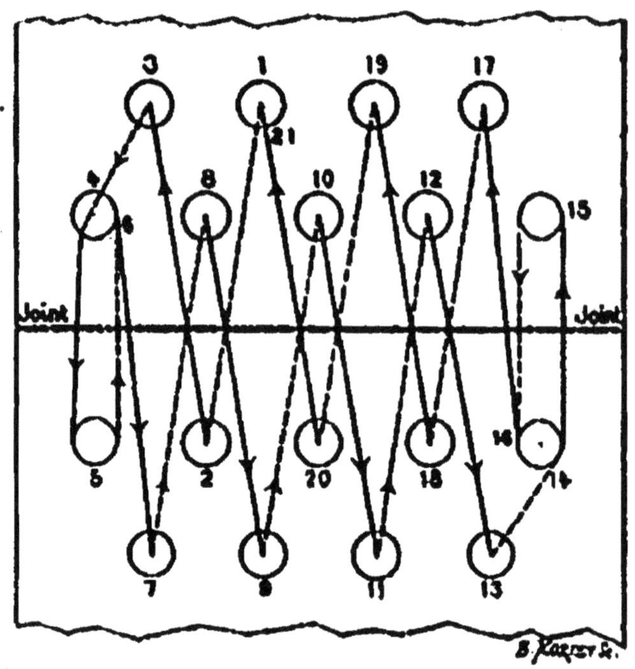

Laçage d'un joint de courroie.

sans surépaisseur, on emploie la disposition représentée ci-dessus. Les deux bouts de la courroie étant bien dressés et rapprochés, on perce 9 trous sur chaque bout et on lace, comme le montre la figure, en commençant en 1 et en finissant en 21, les pointillés indiquant les parties du lacet qui passent sous la courroie.

Courroies en cuir parcheminé. (*Guinard.*) — Ce cuir s'obtient par l'immersion dans un bain dont la composition n'est pas encore divulguée, puis par le séchage à l'air dans des cadres à crochets qui permettent de faire tendre la peau. Le cuir ainsi obtenu est très raide et ne pourrait faire des courroies; on l'assouplit en le faisant tremper dans un bain de matières grasses et savonneuses. On peut obtenir tous les degrés de souplesse par un bain plus ou moins prolongé. Le parcheminage resserre les fibres; n'étant pas séparées mais bien réunies les unes aux autres, on doit avoir une ténacité plus grande bien qu'avec une section moitié moindre de celle des cuirs traités au tanin, qui détend les fibres.

Des essais comparatifs par traction directe ont été faits sur des échantillons de cuir parcheminé et de cuir tanné, ayant une largeur commune de 10 millimètres; les premiers mesuraient seulement 2 millimètres d'épaisseur, tandis que dans les seconds, elle était de 5,5 millimètres. Il résulte de ces essais que, à égalité de largeur, la résistance du cuir parcheminé serait supérieure à celle du cuir tanné dans le rapport de 1 à 1,66, et que les résistances par millimètre carré sont entre elles comme 1 à 3,15 à l'avantage du nouveau produit.

Jonction de cordes. — Les bouts des cordes à joindre sont d'abord déroulés sur une longueur renfermant au moins autant de tours qu'il y a de torons dans la corde entière. Les extrémités déroulées sont entre-croisées comme le montre la figure. C'est alors que commence la jonction. Le brin *a* est déroulé et le brin *a'* vient prendre sa place. Dans la pratique ordinaire, cette opération se continuerait sans aucune réduction de section, et la figure 2 montre bien ce mode d'opérer. Puis, lorsque *a* et *a'* se rencontreraient à une distance suffisante, on couperait la moitié de *a* et *a'*, et l'autre moitié serait enfoncée entre les brins. Dans la méthode que nous allons décrire, on a recours à un procédé méthodique d'appointissement progressif des brins qui fournit un joint sans surépaisseur. L'endroit où la jonction doit se faire ayant été préalablement bien déterminé, on déroule, sur chacune des deux parties, autant de demi-tours de corde qu'il y a de brins dans le toron, en comptant en arrière à partir du joint à établir. La corde représentée sur la figure à

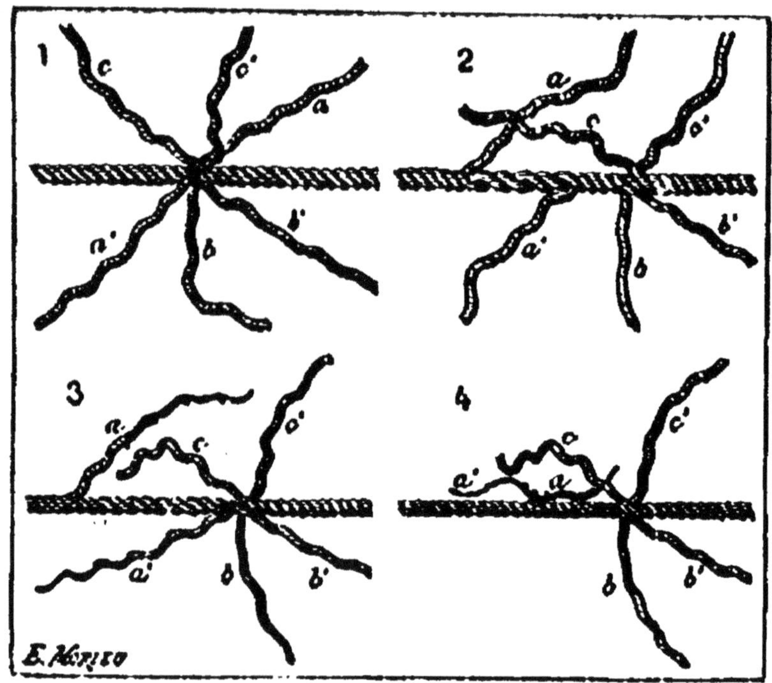

Jonction de cordes.

titre d'exemple a 6 brins dans chaque toron et 3 torons, soit 18 brins en tout. Chacun des 3 torons correspondants est déroulé sur une longueur de 3 tours, comptés en arrière à partir du point de jonction : à ce point on enlève entièrement l'un des brins. On enroule alors un tour complet et l'on enlève un brin de plus, puis un nouveau tour complet et l'on coupe un nouveau brin, laissant au toron la moitié seulement de sa section initiale. En ce point les 2 torons sont alors noués ou tordus, comme le représente la figure 4, en ayant soin de faire un nœud à droite. Le nouage et le doublage des brins réduits de section qui en est la conséquence maintiennent la grosseur originale de l'enroulement, chaque toron ayant en ce point la grosseur de 3 brins seulement. Les extrémités des deux bouts libres des torons correspondants sont alors enroulées sur la partie diminuée, jusqu'à ce qu'on ait fait un tour ; on enlève alors 1 brin au bout libre qui se réduit ainsi à 2 brins, la partie de section réduite est enroulée sur la corde principale qui, dans cette partie, n'a que 4 brins. Au tour suivant, on enlève encore un brin : il n'en reste plus que venant se placer à côté du toron qui ne renferme que 5 brins, et, après un tour complet, l'excédent de longueur du dernier brin est coupé. On remarquera que, par ce procédé, les torons conservent rigoureusement la même épaisseur sur toute la longueur du joint. Lorsque le nombre des brins constituant le toron est impair, un toron est déroulé un tour de plus, et réduit de section d'un tour de plus que l'autre au premier nœud, le reste de l'opération s'effectuant identiquement de même qu'avec des torons à brins pairs. La figure 3 montre la réduction méthodique du nombre des brins sur chaque toron. Il est préférable de ne pas enlever tous les brins à la fois, mais bien au fur et à mesure de l'enroulement. Le toron *c* est déroulé en sens inverse, c'est-à dire à droite dans l'exemple choisi, et *c'* est mis à sa place, comme pour *a* et *a'*. Les torons *c* et *c'* sont chacun déroulés pour un nombre de tours égal à la moitié du nombre de brins qu'ils renferment, 3 tours dans le cas particulier, réduits d'un brin, roulés d'un tour, réduits d'un brin, enroulés d'un second tour, réduits d'un troisième brin, noués et tordus comme précédemment, les bouts libres étant ensuite réduits progressivement dans l'enroulement comme pour les torons précédents.

Ce mode de jonction a été appliqué avec succès par M. W.-A. Wood, de New-York, sur des cordes en fibres de nature très différente. Le joint étant partout de section bien uniforme, les cordes de transmission fonctionnent bien mieux, et les parties ainsi jointées ont une durée égale à celle des autres parties.

GRAISSAGE

Préparation de corps lubrifiants par addition de caoutchouc. (M. *Brinck Willelm.*) — Les corps lubrifiants en usage ont le grave inconvénient de ne se maintenir que peu de temps sous forme d'une couche séparant les deux surfaces glissantes : ils doivent être fréquemment renouvelés.

L'addition de caoutchouc relève encore et augmente les qualités lubrifiantes en rendant plus lourdes les huiles ou graisses employées. Le caoutchouc est directement soluble en quantité suffisante dans les huiles de graissage minérales ou autres; il suffit d'ajouter quelques grammes de caoutchouc pour obtenir ce résultat. Les graisses ainsi préparées ont une grande adhérence; elles sont excellentes pour les paliers très chargés et pour les grandes vitesses.

Ce mode de préparation empêche la résinification des huiles par la chaleur.

Graissage des moteurs à gaz. — Le graissage des cylindres des moteurs à gaz est une question délicate. M. Witz a constaté, dans des essais sur un moteur Delamarre, qu'il suffisait de 160 g d'huile par heure pour un moteur de 8 chevaux, soit tout au plus une dépense de 2 centimes par cheval-heure.

Ces résultats sont assurément dus en partie à la meilleure disposition des organes, mais M. Witz les attribue surtout à un emploi plus rationnel des substances lubrifiantes.

Dans un cylindre de moteur à gaz, dit-il, la température de la paroi métallique est moins élevée que dans une machine à vapeur, puisqu'elle n'atteint pas 100°; mais, à chaque explosion, une flamme, dont on peut évaluer la température à 1200°, balaie le cylindre et brûle le lubrifiant, qui est mauvais conducteur; il se forme un cambouis sec, dur, adhérent, carbonisé, qui raye le métal et le corrode rapidement. Dans le cylindre à vapeur, l'eau de condensation adoucit le frottement; dans le cylindre à gaz, toute la tâche incombe à l'huile, qu'il faut prodiguer à chaque cylindre. On recueille par la décharge un liquide noir, épais, dans lequel on trouve des poussières métalliques, du fer, du cuivre et des particules charbonneuses.

On n'évite le grippement qu'au prix d'un afflux d'huile incessant, qui lave les surfaces et entraîne les concrétions charbonneuses et métalliques.

Pour parer à ces inconvénients, il faudrait une substance lubrifiante incombustible et inaltérable.

Au début, on employait des huiles animales, huile de pied de bœuf, huile de baleine, de cachalot, huile de suif ou de saindoux. Ces huiles donnent de bons frottements, sont neutres, peu altérables et gardent leurs propriétés aux températures élevées. Ce dernier point se constate à l'aide de l'appareil Coleman, dans lequel on mesure le temps que l'huile met à s'écouler, à une température déterminée, par un orifice de diamètre connu. Mais elles présentent deux défauts graves. D'abord, elles se décomposent, en présence de la vapeur d'eau, en glycérine et acides gras; la glycérine se dissocie elle-même en donnant de l'acide acétique et de l'acroléine; les acides se combinent avec les poussières métalliques et il se produit une saponification en présence des alcalis. Ces inconvénients sont peut-être plus sensibles dans un cylindre à vapeur que dans un cylindre à gaz, mais les huiles animales ont le défaut, plus sérieux, de brûler très facilement. On s'explique donc sans peine les mauvais résultats qu'elles ont donnés dans les moteurs à gaz.

L'emploi des huiles minérales est beaucoup plus avantageux.

Les huiles minérales sont des produits liquides, composés de carbures d'hydrogène à points d'ébullition très différents : ce sont des pétroles de l'Amérique septentrionale ou des huiles de naphte des bords de la mer Caspienne.

On tire de ces huiles brutes plus de 50 substances chimiquement déterminées. Les pétroles américains sont surtout formés par les carbures de la série C^nH^{2n+2}; ceux de la région du Caucase contiennent en majeure partie les carbures éthyléniques C^nH^{2n}.

La distillation permet de séparer ces multiples éléments. Après avoir recueilli des éthers, puis des essences légères (gazoline, canadol), et enfin des essences lourdes (benzine, naphte, ligroïne), on extrait les huiles lampantes ou kérosènes; cette première série d'opérations s'arrête à 170° C., et donne des composés de densité inférieure à 0,8. Il reste alors des goudrons ou huiles lourdes, dont on extrait les huiles de graissage.

Celles-ci sont connues génériquement sous les noms de Vulcan, Éclipse, Phœnix, Glob-Oil, huile de l'étoile, valvoline, oléonaphte, etc. Elles sont onctueuses, opaques, d'un brun clair; leur densité est comprise entre 0,88 et 0,92. Elles ne distillent guère qu'à 280 ou 300°, et même à 320°; leurs vapeurs ne sont inflammables que vers 180°; leur tenue est bonne aux températures élevées. Pures, ces huiles sont d'excellents lubrifiants; on reconnaît leur valeur en les frottant longtemps entre le pouce et l'index; elles paraissent rudes au toucher, mais ne donnent pas de sentiment de chaleur. On les additionne souvent frauduleusement d'huile de résine, et alors le résidu de leur évaporation est écailleux; quelquefois, on y ajoute des matières mucilagineuses et, dans ce cas, l'agitation avec l'eau donne une couleur blanchâtre. La réaction avec une lessive de soude ou une dissolution ammoniacale décèle les huiles grasses; enfin l'acide sulfurique permet de constater la présence des huiles de goudron, en produisant une coloration foncée. Bref, une fraude ou une rectification défectueuse peut être reconnue sans peine.

Une huile minérale pure, bien rectifiée, est le meilleur lubrifiant des cylindres des moteurs à gaz, parce qu'elle ne se décompose pas, brûle moins facilement que les huiles animales et donne moins de concrétions dures. L'huile américaine est préférable à l'huile russe.

Filtrage des huiles de graissage des moteurs à gaz. — Le graissage des moteurs à gaz doit être continu, automatiquement abondant : l'huile qui s'écoule de leurs organes renferme des impuretés et ne peut être utilisée à nouveau qu'après filtrage. M. *E. Ducretet* applique sur le moteur même des appareils filtreurs spéciaux fonctionnant à une température assez élevée et utilisant la chaleur perdue par le moteur. Cette disposition permet d'épurer à tout instant, au fur et à mesure, et gratuitement, cette huile de rebut, et cela jusqu'à son usure complète si elle est de bonne qualité. Une économie importante est réalisée et l'on évite l'encombrement inhérent aux matières de rebut. La chaleur perdue par les moteurs à gaz et à pétrole provient des gaz qui s'échappent à l'extérieur, après avoir effectué

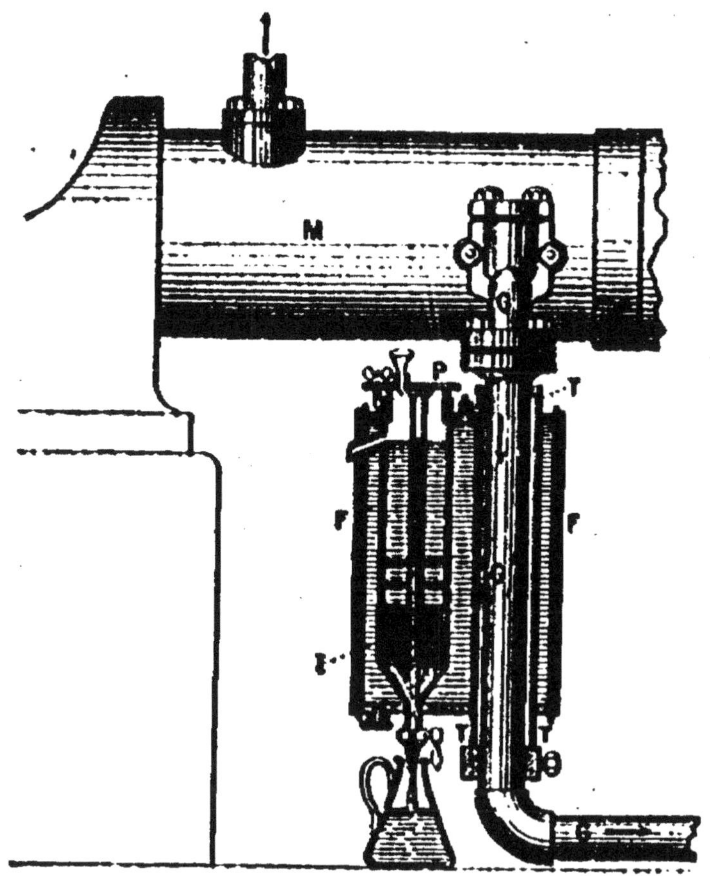

Filtre de M. Ducretet pour l'utilisation des huiles de graissage des moteurs à gaz.

leur travail dans le cylindre et de l'eau qui circule autour du cylindre pour son refroidissement.

L'appareil filtreur est adapté au tuyau d'échappement des gaz ; M est le cylindre d'un moteur ; G le tuyau d'expulsion des gaz chauds. C'est la température élevée de ce tuyau qui est utilisée. Il est enveloppé par le tuyau récupérateur T qui plonge dans un réservoir F recouvert de feutre pour éviter toute perte de chaleur par le rayonnement. La chaleur se communique à l'appareil filtreur par un bain d'huile au milieu duquel passe le tuyau T. Le filtre proprement dit comprend essentiellement un piston I, en matières filtrantes, maintenu très comprimé par le couvercle P serré par des boulons. Au dessus de ce piston se trouve l'huile à épurer, qui, lorsque la température est arrivée au degré convenable, traverse les matières filtrantes et s'écoule à la partie inférieure de l'appareil, où elle est reçue dans une burette. Elle est alors prête à servir de nouveau et indéfiniment.

L'huile minérale de graissage, pure, sans aucun mélange, réalise les meilleures conditions. Ces huiles sont économiques, elles n'oxydent pas le métal, ne se décomposent pas, au moment de l'explosion des gaz dans le cylindre, et ne laissent pas de cambouis. On peut les filtrer et les utiliser jusqu'à usure complète.

Filtrage électrique des huiles de graissage. — Pour épurer l'huile de graissage déjà employée et la faire servir une seconde fois, on la fait passer à travers une couche de tournure de fer fortement aimantée. L'amas de copeaux de fer constitue une éponge magnétique qui arrête toutes les poussières et principalement les poussières de fer.

L'huile ainsi filtrée passe encore à travers deux filtres à sable qui complètent l'opération.

Nettoyage des burettes à huile. — Verser, tout chaud, au moment où il vient de servir, du marc de café encore humide dans les burettes. On secoue le vase dans tous les sens, en y promenant bien le marc de café, qui entraîne tous les corps gras qui altèrent la transparence du verre, et celui-ci reprend aussitôt sa netteté. On rince à grande eau, et on laisse égoutter.

Il ne faut jamais employer de burettes en fer-blanc pour le graissage des machines dynamo-électriques, à cause du champ magnétique puissant produit par les inducteurs aux environs de la machine. La burette pourrait se trouver entraînée entre l'inducteur et l'induit et causer, sinon des accidents, du moins des dégâts. Il ne faut employer que des burettes en zinc, en laiton, ou en cuivre.

Taches d'huile sur le parquet. — Un moyen facile pour faire disparaître les taches d'huile sur un parquet est de les frotter avec un chiffon trempé d'essence de pétrole, puis de laver la place lorsque le pétrole est évaporé. On encaustique et l'on cire. On arrive aussi au même résultat en pressant sur la tache de la terre de Salinelles et en l'y laissant séjourner quelque temps. Cette terre est de la magnésite qu'on trouve près de Sommières, aux environs de Montpellier. Pulvérisée, elle jouit de la propriété d'absorber les corps gras.

Utilisation des déchets d'huile et de graisse. — Les dépenses d'huile, de graisse et de chiffons, entrent pour une partie non négligeable, et beaucoup d'efforts ont été faits pour en diminuer l'importance. Mais, malgré les dispositions ingénieuses employées, il reste toujours des déchets de vieille huile, de graisse et de chiffons gras. M. *Pelat*, à Paris, a eu l'idée d'épurer ces matières et d'en faire des produits marchands très bon marché. A cet effet, il reprend les vieilles huiles, les vieilles graisses composées de tous déchets et les rend épurées à raison de 30 centimes le kg d'huile, et 40 centimes le kg de graisse. Dans le premier cas, la perte dans le traitement ne dépasse pas 10 pour 100, et 15 pour 100 dans le second. Le traitement est fait uniquement à la vapeur. Les huiles sont d'abord réchauffées, puis filtrées plusieurs fois. Les résidus sont utilisés à la fabrication des cirages.

Le traitement des vieilles graisses consistantes est plus difficile; elles peuvent, du reste, renfermer des matières solides, telles que chiffons, débris de bois, de charbon, de fer. Ces graisses sont fondues, filtrées, malaxées et broyées. Avant la filtration et pendant l'ébullition, on ajoute environ 3 pour 100 de suif épuré.

Il est à remarquer, du reste, que chaque jour les applications de la graisse aux machines diminuent de plus en plus, et que, presque partout actuellement, l'huile est préférée comme commodité, et même par économie.

La question des chiffons gras est aussi intéressante, car l'on ne peut les brûler, pour s'en débarrasser, sans encrasser les grilles et les tubes de chaudières. Ces chiffons gras sont donc rachetés au prix de 5 ou 6 fr. les 100 kg. Ils sont épurés pour en retirer l'huile et la graisse, et revendus ensuite comme vieux chiffons. Par les procédés dont nous venons de parler, il est donc possible d'avoir de la graisse à 40 centimes le kg, et de l'huile à 30 centimes, au lieu de 70 à 80 centimes, et de 60 à 70 centimes. Quand la consommation journalière s'élève à plusieurs kilogrammes, l'économie qui en résulte mérite d'être prise en considération.

Huiles de graissage. — Les huiles minérales noires sont très largement utilisées par les Compagnies de chemins de fer et sont désignées en Amérique sous le nom « d'huiles noires » (black oils), « d'huiles de puits » (well oils) ou « d'huiles de résidus de pétrole » (petroleum stock oils). Leurs qualités lubrifiantes sont très variables, et il a fallu établir un cahier des charges pour les fournitures, ainsi qu'un contrôle sévère de chaque livraison, sans toutefois que les règles adoptées à cet égard soient uniformes.

Essai de l'inflammabilité. — Les huiles minérales de graissage doivent être divisées en deux classes au point de vue de cet essai : 1° les huiles qui s'enflamment au-dessous de 400° F. seront chauffées dans un vase ouvert; l'élévation de température sera de 10° F. par minute; l'essai commencera à 50° F. au-dessous du point d'éclair spécifié et sera renouvelé à toute élévation de température de 5° F.; 2° les huiles qui s'enflamment au-dessus de 400° F. seront chauffées à raison de 15° F. par minute; l'essai commencera à 50° F. au-dessous du point d'éclair spécifié et se renouvellera de 5° en 5° F. jusqu'à ce qu'il y ait inflammation.

Essai à froid. — Les méthodes suivies pour savoir comment les huiles se comportent sous l'action du froid ont été discutées, sans qu'on ait décidé celle qu'il convenait de préférer. L'importance de cet essai se comprend dans un pays où la rigueur des hivers, l'établissement de certaines lignes dans des régions très montagneuses et très élevées imposent l'emploi d'huiles qui conservent toutes leurs propriétés physiques, même à de basses températures.

Viscosité. — Dans ces dernières années, des études très complètes ont été faites de la viscosité des huiles minérales, et il résulte de nombreuses expériences que cette propriété est inséparable de la valeur du lubrifiant. L'essai de la viscosité paraît être le meilleur moyen de s'assurer de la qualité d'un produit de ce genre.

Huiles pour tiroirs et cylindres. (*Revue industrielle.*) — Ce sont en général des mélanges d'huiles minérales à point d'éclair élevé avec des huiles d'origine animale, ces dernières ajoutées pour augmenter l'adhérence de l'huile sur les surfaces humides et chaudes du métal. De l'examen des produits fournis par le commerce ou directement préparés par les Compagnies de chemins de fer, il ressort que celles-ci ont tout intérêt à acheter séparément les huiles et à faire ensuite leurs mélanges comme elles l'entendent. La présence d'acide libre dans les huiles du commerce exerce souvent une action fâcheuse sur les parois métalliques des tiroirs et des cylindres, comme on en a cité des exemples.

Essais mécaniques. — Sur ce point, on s'est borné à discuter les appareils connus et à comparer, d'après des photographies, les effets obtenus sur des pièces de laiton avec des huiles et des graisses de diverses provenances. En ce qui concerne le graissage des tourillons, l'avis général paraît être que la graisse donne de bons résultats quand les coussinets sont neufs, mais que l'huile est préférable quand les pièces ont pris leur jeu.

Qualités des charbons. — Dans le *Nord et le Pas-de-Calais*, les diverses qualités de charbons sont indiquées par les désignations suivantes, basées sur la quantité de matières volatiles contenues.

Maigres	4 à 9	pour 100.
Quart-gras.	9 à 13	—
Demi-gras	13 à 14	—
Trois-quarts-gras	18 à 24	—
Gras et forges	25 à 30	—
Flénus.	22 pour 100 et au delà.	

AU LABORATOIRE

MATIÈRES PREMIÈRES

Mercure pur pour les étalons de résistance. — En étudiant l'influence des impuretés du mercure sur sa résistance, et en particulier l'influence des métaux étrangers qu'il peut tenir en dissolution, M. *René Benoît* a trouvé que celle-ci se traduit, d'une manière générale, par une diminution de résistance. Il résulte de différents essais que du mercure purifié par l'action répétée de l'acide azotique à chaud, puis desséché sous une couche d'acide sulfurique concentré, et enfin passé, pour enlever toute trace d'acide, sur de la potasse caustique, paraît être toujours exactement comparable, quelle que soit son origine.

Filtration du mercure. — Le procédé le plus exact pour obtenir du mercure pur consiste à le distiller dans un courant d'hydrogène. Mais la manipulation est longue et présente quelques dangers pour des mains peu expérimentées. Aussi dans les laboratoires se contente-t-on souvent d'employer le moyen suivant : Le mercure sale est placé dans un vase plat et agité avec de l'acide azotique étendu ; les métaux étrangers sont dissous. Le mercure est ensuite lavé plusieurs fois à grande eau et séché avec du papier buvard. On obtient ainsi du mercure presque aussi pur que par distillation.

Néanmoins ce procédé est encore quelquefois trop long, surtout quand on a besoin seulement de mercure propre et non de mercure pur. On prend alors un tube de 1 m environ de longueur et terminé à sa partie inférieure par une partie évasée et à sa partie supérieure par un entonnoir. On ferme l'orifice inférieur par une peau de chamois bien tendue et l'on verse le mercure dans l'entonnoir. La pression exercée par la colonne de mercure force celui-ci à s'écouler au travers des pores de la peau de chamois ; quant aux impuretés, elles restent dans l'appareil.

On peut aussi mettre le mercure à filtrer dans une peau de chamois, relever les bords, les ficeler, et tordre la peau de chamois comme on tord un linge mouillé; le mercure s'écoule très rapidement. Ces différents procédés donnent de bons résultats, mais la distillation seule donne le mercure tout à fait pur.

Appareil pour distiller le mercure.

Distillation du mercure. — Pour obtenir du mercure parfaitement pur, *Stas* traitait la masse par l'acide nitrique, de manière à transformer en nitrate environ un dixième de la totalité; les métaux plus oxydables que le mercure se trouvaient certainement dans ce premier dixième que l'on séparait; l'attaque était ensuite continuée, de manière à laisser un résidu d'un dixième, qui contenait tous les métaux peu oxydables; le mercure pur était alors obtenu par réduction du nitrate. Ce procédé est malheureusement très coûteux et demande beaucoup de travail. Dans la pratique des laboratoires, on se contente de la première partie de la méthode, c'est-à-dire que l'on attaque par l'acide nitrique, de manière à enlever tous les métaux facilement oxydables ; on dessèche ensuite par de l'acide sulfurique et de la potasse fondue. Mais, si le mercure contient de l'or ou du platine, il les entraîne, et c'est par la distillation que l'on sépare ces métaux avec le plus de facilité.

Cette opération est aujourd'hui simple et pratique, grâce à un appareil construit sur les indications de M. *Gouy*, et représenté ci-contre. Le mercure du flacon A est soutiré, suivant les besoins, dans le réservoir B, dans lequel plonge le col d'un ballon C, qui sert d'alambic. A la partie supérieure du ballon, débouche un tube de verre, d'un diamètre constant, sur une certaine longueur, et qui se termine par une partie capillaire d'une longueur de 1 m environ. Ce dernier s'engage dans un flacon hermétiquement fermé, et que l'on peut mettre en communication avec une machine pneumatique. Lorsque le vide est suffisant, le mercure remonte dans le ballon, qu'il remplit à moitié. En chauffant avec une couronne de gaz, on provoque l'ébullition du mercure ; les vapeurs se condensent dans le tube de descente, et tombent en formant de grosses gouttes qui s'engagent dans le tube capillaire, en enfermant un petit espace qu'elles poussent de haut en bas ; de cette manière, les traces de gaz qui peuvent rester dans l'appareil sont entraînées en dehors, et le vide se maintient indéfiniment, condition indispensable si l'on veut éviter l'oxydation du mercure. (*La Nature.*)

Falsification du sulfate de cuivre. (*Cosmos.*) — La recherche des altérations ou falsifications du sulfate de cuivre est chose facile. Voici comment on y reconnaîtra la présence du sulfate de fer qui est l'impureté la plus fréquente : On dissoudra dans un verre d'eau claire une pincée du sulfate à essayer, préalablement pulvérisé, puis on ajoutera quelques gouttes d'ammoniaque. Si l'on a affaire à du sulfate de cuivre pur, on verra alors apparaître la magnifique coloration bleue connue sous le nom de bleu céleste (sulfate de cuivre ammoniacal) utilisée par les pharmaciens pour leurs flacons de devanture. Si l'échantillon contient du sulfate de fer, il se produira tout d'abord une coloration bleu sale foncée qui s'éclaircira peu à peu en même temps qu'une matière floconneuse bleu noir sale se déposera au fond du verre; le liquide qui surnage prendra alors la belle teinte du bleu céleste. Pour être de bonne qualité, le sulfate de cuivre ne doit pas contenir plus de 1 à 2 pour 100 de sulfate de fer et ne pas perdre plus de 36 pour 100 représentant l'eau de cristallisation; l'eau doit en dissoudre 35 pour 100.

Le sulfate de cuivre du commerce. (*Journal d'agriculture pratique.*) — On trouve dans le commerce trois sortes de sulfate de cuivre (vitriol bleu) : 1° le sulfate de cuivre pur ou presque pur; 2° le sulfate connu sous le nom de vitriol de Salzbourg, qui est verdâtre et est un sulfate double de cuivre et de fer, dont la composition est très variable; 3° le sulfate de cuivre mixte de Chypre, qui est bleu clair et est un sulfate double de cuivre et de zinc. Il est facile de distinguer ces différents produits les uns des autres.

Si le sulfate de cuivre contient du fer, et si on le fait bouillir avec de l'eau acidulée par l'acide nitrique, en ajoutant un excès d'ammoniaque pour redissoudre le précipité d'oxyde de cuivre, l'oxyde de fer se précipite sous forme d'une poudre rouge brun.

En versant du lait de chaux dans une solution au dixième de ce sulfate, on a un précipité d'un bleu rouillé. Le lait de chaux, dans les mêmes conditions, donne un précipité d'un blanc sale, si le sulfate contient du zinc. Enfin, s'il s'agit de sulfate de cuivre pur, le lait de chaux donne un précipité bleu de ciel.

Déceler la présence du sulfate de fer dans le sulfate de cuivre. — On prend 5 cm^3 de solution aqueuse du sulfate à examiner, obtenue en dissolvant une partie de sulfate dans 5 parties d'eau, et on la verse dans un tube d'essai avec 5 cm^3 d'une solution d'acide salicylique au dixième dans l'éther. Si le sulfate est pur, les solutions ne changeront pas de couleur, mais, s'il y a du sulfate de fer, on verra apparaître une belle couleur violette, dont l'intensité variera avec le quantum d'impureté. Cette méthode a l'avantage de n'exiger aucun réactif coûteux et de pouvoir être confiée à des mains inexpérimentées.

Vert-de-gris des doreurs. (*E. Reynier.*) — Les doreurs appellent *eau-forte* un bain d'acide nitrique dans lequel ils décapent le cuivre et ses alliages. Quand l'eau-forte est à peu près saturée de cuivre, *elle ne mord plus.* On la régénère alors par une addition d'acide sulfurique, qui forme un sulfate de cuivre impur, improprement appelé *vert-de-gris* et met l'acide nitrique en liberté. La composition du vert-de-gris est un peu variable. Voici les résultats d'une analyse faite par M. *Van Heurck* sur un échantillon d'origine parisienne :

Eau vaporisable à 15° C. (humidité et eau de cristallisation)	31,40
Matières volatiles au rouge (eau de combinaison et un peu d'acide nitrique). . . .	9,10
Oxyde de cuivre.	30,20
Acide sulfurique pour différence	29,30

Le sulfate de cuivre normal contenant :

Eau	36,30
Oxyde de cuivre.	32,32
Acide sulfurique.	31,18

Le *vert-de-gris* peut être avantageusement substitué au sulfate de cuivre ordinaire dans les piles du genre Daniell, d'autant mieux que les impuretés augmentent la conductibilité du liquide. Le vert-de-gris coûte environ 45 pour 100 moins cher que le sulfate de cuivre. L'industrie parisienne en produit plus de 100 000 kg par an.

Purification du graphite. (*Pelouze* et *Fremy.*) — Le graphite peut être purifié en le réduisant en poudre grossière et le mélangeant avec environ 1/14 de son poids de chlorate de potasse. Le mélange introduit dans un vase de fer et uniformément délayé dans de l'acide sulfurique concentré en proportion double de celle du graphite est chauffé au bain-marie jusqu'à ce que les vapeurs de gaz chloreux cessent de se dégager; après le refroidissement, on le jette dans l'eau et on le lave convenablement. Le graphite lavé et séché est ensuite chauffé au rouge; il augmente beaucoup de volume et se réduit en poudre d'une division extrême. Pour le purifier complètement, il faut le soumettre à la lévigation. Après cette opération, il peut être considéré comme du graphite pur, propre à une foule d'opérations industrielles.

Préparation des charbons pour la lumière électrique. — Le problème consiste à préparer un charbon plus conducteur que le charbon de bois calciné, et, sinon tout à fait pur d'hydrogène, au moins exempt de matières minérales. Pour atteindre ce but, trois moyens paraissent pouvoir être employés, savoir : 1° l'action du chlore sec, dirigé sur le carbone porté à la température du rouge blanc; 2° l'action de la potasse ou de la soude caustique en fusion; 3° l'action de l'acide fluorhydrique sur les crayons taillés, en opérant à froid et par voie d'immersion plus ou moins prolongée.

L'emploi du chlore convient parfaitement pour le charbon très divisé. Par la double influence du chlore et d'une température élevée, la silice, l'alumine, la magnésie, les oxydes alcalins, les oxydes métalliques sont réduits, transformés en chlorures volatils, et l'hydrogène resté dans le carbone se transforme en acide chlorhydrique qui est emporté avec les chlorures.

M. Jacquelain applique ce moyen au charbon en bloc, en dirigeant d'abord un courant de chlore sec, pendant trente heures au moins, sur quelques kilogrammes de charbon de cornue maintenus à la température du rouge blanc et taillés d'avance en crayons prismatiques.

Cette première opération laisse dans le carbone des vides nombreux qu'il faut combler, afin de restituer, autant que possible, aux charbons leur compacité, leur conductibilité et leur faible combustibilité primitive; on y parvient en soumettant les crayons qui ont subi la purification par le chlore à l'action carburante d'un carbure d'hydrogène, dont la vapeur circule lentement sur les crayons chauffés au rouge blanc, pendant cinq à six heures, dans un cylindre en terre réfractaire. La réduction en vapeur du carbure d'hydrogène (huile lourde de houille) doit se faire avec lenteur, afin que la décomposition se produise à la température la plus élevée et de manière à faire naître un dépôt de carbone peu abondant; autrement, tous les crayons se couvriraient d'une couche de charbon dur, assez épaisse pour les souder en un seul bloc, qu'il n'est plus possible d'utiliser.

La soude caustique à 3 équivalents d'eau, fondue dans des vases en tôle ou en fonte, offre une action plus prompte, en convertissant la silice et l'alumine en silicate et aluminate alcalins; par des lavages à l'eau distillée chaude, on entraîne l'alcali d'imbibition avec les silicates et aluminates; ensuite, par des lavages à l'eau chlorhydrique faible et chaude, on enlève tout l'oxyde de fer avec les bases terreuses; enfin quelques lavages à l'eau distillée chaude font disparaître l'acide chlorhydrique restant.

Enfin le procédé de purification du charbon de cornue par l'acide fluorhydrique est une opération des plus simples. Une immersion des crayons taillés dans de l'acide fluorhydrique étendu de deux fois son poids d'eau et mis à réagir pendant vingt-quatre ou quarante-huit heures, par une température de 15 à 25° C., dans un vase rectangulaire en plomb muni de son couvercle, conduit facilement au résultat cherché; reste à laver à grande eau, puis à l'eau distillée, à sécher et à soumettre ce carbone, ainsi purifié, à une carburation de trois à quatre heures, si les matières terreuses enlevées par l'acide fluorhydrique sont en faible proportion. Mais l'emploi de cet acide, même étendu de deux fois son poids d'eau, réclame beaucoup de précautions.

Purification de la résine. — 1° On fond la résine, on y fait passer un courant de chlore, on l'acidifie par l'acide sulfurique, on la fait bouillir avec de l'eau pure et ensuite avec de l'eau acidulée par l'acide nitrique.

2° On fait bouillir la résine dans une solution saturée de sel. On la fait bouillir ensuite dans de l'eau contenant de l'acide chromique (bichromate de potasse et acide sulfurique). Après, on la lave dans l'eau ammoniacale.

3° On chauffe la résine avec un mélange de carbonate de chaux, de bioxyde de manganèse et de bichromate de potasse.

On filtre et on chauffe avec la poudre de zinc et addition de bisulfite de soude.

4° On fait agir le chlorure de zinc et l'acide sulfurique sur la résine chauffée.

5° On chauffe la résine à 150° C., on l'additionne de 5 pour 100 de chlorure de zinc, on laisse trois heures et on ajoute 12 pour 100 de bichromate de potasse en poudre ; on laisse revenir à 100° C., et on filtre.

6° Enfin, on purifie la résine en la chauffant avec 4 pour 100 d'acide sulfurique anhydre, sous pression de 4 kg par cm². Ensuite, on fait bouillir avec de l'eau pour purifier et désacidifier.

On combine souvent les procédés au chlorure de zinc et à l'acide sulfurique.

Essai mécanique des isolants. (*Sabine.*) — Un conducteur recouvert de son isolant doit supporter plusieurs flexions successives sans se fendiller ; l'élasticité de l'isolant doit être celle d'un ressort ou d'un jonc, mais non celle d'un mastic ou d'une pâte. On détache une longueur de 50 cm à 1 m en fendant longitudinalement l'isolant avec un canif et l'on retire le conducteur. L'isolant attaché par un bout doit supporter par l'autre un certain poids déterminé. Le caoutchouc, pour une longueur de 61 cm, se brise avec un poids égal à 300 fois son propre poids. La gutta-percha supporte beaucoup plus. L'isolant détaché du conducteur et placé sur une enclume ne doit pas se briser lorsqu'on le frappe avec un marteau. Le bon caoutchouc reprend immédiatement sa forme ; la gutta-percha met un temps plus long. Vieux l'un et l'autre, ils éclatent et s'émiettent sous le marteau. Les isolants qui s'écaillent ou se fendillent sous le choc doivent être rejetés, car un choc accidentel pourrait produire les mêmes effets nuisibles et compromettre l'isolement des conducteurs.

Qualités de la gutta-percha. (*Lagarde.*) — *L'eau* diminue le pouvoir isolant de la gutta-percha et facilite son oxydation. Les *résines*, l'albane surtout, augmentent le pouvoir isolant, mais sont une cause de détérioration.

Une gutta se conserve d'autant mieux qu'elle contient moins d'eau et de résines. L'albane tend à faire fendiller la gutta couvrant un câble par un temps un peu froid. L'isolement électrique ne suffit pas pour déterminer la qualité d'une gutta; il faut avoir recours à l'analyse.

Il reste à déterminer si les guttas *pures* de diverses provenances ont les mêmes qualités électriques. Cela est probable, mais non encore établi.

Les quantités d'eau, de matières étrangères et d'albane, doivent être considérées comme des maxima, au point de vue de la qualité.

Le tableau ci-dessous résume les compositions de différentes guttas commerciales.

COMPOSITION EN POUR-CENT DES DIFFÉRENTES GUTTAS-PERCHAS (*Lagarde*).

NATURE DES GUTTAS-PERCHAS.	EAU.	IMPURETÉS.	RÉSINE TOTALE.	FLUAVILE.	ALBANE.	GUTTA PURE.
Gutta extraite de feuilles de l'*Isonandra* (procédé Serullas). . .	0	0,8	16,0	1,72	14,28	83
Gutta de très bonne qualité . . .	3	0,5	31,5	19,5	12,0	65
Gutta de bonne qualité	5	0,8	34,2	17,1	17,1	60
Gutta d'assez bonne qualité . . .	8	1,0	39.0	19,5	19,5	55

M. Lagarde n'a pu étudier la résistivité de la gutta-percha extraite des feuilles de l'*Isonandra*, n'ayant pas eu à sa disposition un échantillon de longueur suffisante. Il explique le grand pouvoir isolant attribué à cette gutta par l'absence d'eau et la grande quantité d'albane relativement à la fluavile. Ce manque d'eau doit rendre la gutta moins facilement oxydable et lui assure une plus grande conservation.

Conservation du caoutchouc. — Le caoutchouc non vulcanisé durcit avec le temps et perd son élasticité, en même temps qu'il s'oxyde superficiellement. Ses propriétés sont aussi modifiées par l'action de la lumière. Le caoutchouc vulcanisé est altéré par l'air et la lumière plus rapidement que le caoutchouc naturel; l'ozone l'attaque énergiquement et il se forme de l'acide sulfurique. Mais on peut attribuer à l'excès de soufre employé dans la vulcanisation la facilité de cette réaction; en effet, le caoutchouc préparé avec des sulfures métalliques résiste infiniment mieux aux causes d'altération naturelles, ce qui s'expliquerait en admettant que, dans le caoutchouc préparé avec du soufre, ce corps passe peu à peu de l'état amorphe à l'état cristallin, faisant perdre ainsi sa souplesse à la masse et la rendant cassante. Quoi qu'il en soit, il est établi que, pour conserver le caoutchouc, il faut le tenir, autant que possible, à l'abri de l'air et de la lumière; d'après le professeur V. Rauscher, on le conserve très bien dans des vases pleins d'eau bouillie.

M. Hempel réussit parfaitement à empêcher l'altération du caoutchouc en l'enfermant dans un grand vaisseau de verre, muni d'un couvercle, et où il place un petit récipient contenant du pétrole ordinaire; il arrive même à régénérer de vieux objets devenus durs et cassants en les exposant quelques instants aux vapeurs de sulfure de carbone, avant de les placer dans cet appareil.

M. Ed. Donath a réussi à rendre de nouveau utilisables des bouchons de caoutchouc en les faisant bouillir avec de la soude étendue, ou en les abandonnant pendant quelques jours dans de l'ammoniaque étendue, qui possède la propriété de faire gonfler le caoutchouc.

Essai du caoutchouc. — M. *Wladimiroff*, de l'Institut technique de Saint-Pétersbourg, a fait des recherches dans le but d'établir des règles ou des essais permettant d'apprécier la qualité du caoutchouc vulcanisé. Il est notoire que les méthodes classiques d'analyse ne donnent aucun résultat sûr; les essais doivent donc porter sur les propriétés physiques. M. Wladimiroff déduit d'une longue série d'expériences les conclusions suivantes, qui vont servir à l'établissement de règles pour le caoutchouc vulcanisé employé dans la marine russe.

1° Le caoutchouc ne doit pas donner le moindre signe de craquement quand on le plie à un angle de 180° après cinq heures d'exposition dans un bain d'air clos, à la température de 125° C., les échantillons pour essai ayant 6 cm d'épaisseur;

2° Le caoutchouc qui ne contient que la moitié de son poids d'oxydes métalliques devra s'allonger de cinq fois sa longueur avant de se rompre;

3° Le caoutchouc exempt de toute matière étrangère, autre que le soufre qui a servi à sa vulcanisation, doit s'allonger de sept fois au moins sa longueur avant rupture;

4° L'extension mesurée immédiatement après la rupture ne doit pas excéder 12 pour 100 de la longueur primitive de l'échantillon soumis aux essais. Ces échantillons auront de 3 à 12 mm de long, 30 mm de large et 6 au plus d'épaisseur;

5° La souplesse peut être déterminée en calculant le pourcentage de cendres obtenues par incinération, cette détermination peut fournir la base du choix à faire entre divers caoutchoucs pour certains usages;

6° Le caoutchouc vulcanisé ne doit pas durcir sous l'action du froid.

Analyse des produits fabriqués en caoutchouc. (*Kissling.*) — Avant d'examiner les procédés d'analyse, il convient d'examiner le but qu'elle doit atteindre et les objets auxquels il est nécessaire de l'appliquer : par exemple, un cordon en caoutchouc destiné aux joints des conduites d'eau ne doit pas avoir la même composition que celui des conduites de gaz; un clapet qui doit être exposé à l'action des acides ne doit pas être de la même espèce de caoutchouc que celui qui doit subir l'action des huiles minérales. En un mot, il règne sous ce rapport la plus grande incertitude et l'on n'a pas encore réglé les proportions des différentes substances qui doivent être alliées au caoutchouc pour une destination déterminée.

On n'a pas encore non plus établi de méthode appropriée pour analyser les diverses compositions de caoutchouc vulcanisé. L'analyse des cendres ne donne par elle-même aucune indication suffisante, car il se rencontre souvent dans les produits fabriqués, outre le caoutchouc, d'autres matières organiques qui ont les mêmes réactions chimiques avec les réactifs employés ordinairement.

On ne peut pas compter, d'autre part, pouvoir former des combinaisons chimiques définies entre le caoutchouc et les différents réactifs, ce qui aurait facilité la solution du problème. Mais si, faisant abstraction de ces difficultés, on ne veut pas renoncer complètement à l'analyse chimique, il vaut mieux se contenter de l'analyse des cendres et des composés que le caoutchouc peut former avec les réactifs tels que l'éther, le chloroforme, le sulfure de carbone, etc.

L'auteur, en partant de ce principe, a analysé plusieurs échantillons d'un même produit pris chez différents fabricants et en particulier les rondelles de joint des tubes de distribution d'eau. Il a fait simultanément l'analyse chimique et l'examen des caractères physiques : ainsi ces rondelles étaient soumises à l'action prolongée d'une température de 100 à 110° C., après quoi on mesurait la diminution de leur élasticité et l'augmentation de leur fragilité.

Les essais chimiques se faisaient de la manière suivante : on réduisait en poudre 5 g de l'échantillon au moyen d'une râpe, on les enveloppait de papier à filtre, puis on les mettait digérer dans le sulfure de carbone pendant sept à huit heures et ensuite dans l'éther pendant deux heures; après l'évaporation de la dissolution, on pesait le résidu qui se composait de soufre, de caoutchouc et de substances dissolvantes ou agglutinantes.

Pour doser les cendres, on calcinait 2,4 g du résidu dans une capsule de porcelaine, à la flamme d'une lampe Bunsen.

Après la calcination et le refroidissement de la matière, on y versait de l'azote d'ammoniaque. On faisait sécher, puis on chauffait jusqu'à la calcination complète de la partie carbonisée. Après addition de carbonate d'ammoniaque, on faisait sécher de nouveau jusqu'à ce que le poids restât invariable.

En faisant ces essais avec précaution sur différents échantillons, on obtient des chiffres comparables entre eux, ce qui n'a pas lieu par une calcination directe du caoutchouc.

Kissling a dressé un tableau des résultats fournis par ces expériences; les chiffres consignés ont donné lieu aux remarques suivantes :

La quantité de résidu laissé par le sulfure de carbone et l'éther varie de 7,5 à 10 pour 100 en général; les échantillons qui ont donné le plus de cendre avaient le moins de résidu, savoir : de 5 à 7 pour 100. Deux échantillons ont donné 11 pour 100 de résidu et se sont montrés les moins résistants à l'action prolongée d'une température de 110° pendant quarante-huit heures; en outre, la consistance de leurs résidus était liquide avec une apparence huileuse d'hydrocarbure, tandis que la consistance ordinaire des résidus des autres échantillons était visqueuse et agglutinative et composée de caoutchouc, de substance grasse et de soufre. C'est ainsi que les résultats de ces essais peuvent donner des indications précieuses sur les qualités de la matière. Il convient encore d'ajouter que les échantillons dont les résidus contenaient le plus de caoutchouc étaient moins fragiles après l'action de la chaleur que ceux dont les résidus contenaient du soufre en excès.

La comparaison des poids de cendres pour les mêmes rondelles de tuyaux de conduite d'eau a donné les résultats suivants : ce poids a varié de 48 à 72 pour 100. On a indiqué dans les tableaux les prix des échantillons, et ces prix sont en proportion inverse de la teneur en cendres, sauf quelques différences qui s'expliquent par la sophistication du produit au moyen de matières inertes comme le liège et autres.

L'examen de ces chiffres montre que le poids de cendres dépassant 50 pour 100 diminue beaucoup la résistance du produit, et que le prix de ce dernier n'est pas toujours en rapport avec ses qualités.

FABRICATION DES MIROIRS

Fabrication des petits miroirs. (Dr *J. B. Williams.*) — Prenez 5 ou 6 petits verres minces, semblables à ceux qui servent dans les études microscopiques ; lavez-les à l'acide nitrique et à la potasse ; rincez à l'eau distillée et séchez. Collez ensuite ces verres avec un peu de gomme sur une feuille de carton mince, pour les empêcher de se déplacer pendant la suite des opérations. Choisissez ensuite un bon miroir et tracez avec une pointe fine sur le tain de ce miroir des cercles un peu plus grands que les verres à étamer et grattez la partie comprise entre ces cercles. Vous détacherez facilement ces cercles du miroir en versant une goutte de mercure et en l'étalant avec le doigt ; au bout de quelques minutes, vous pourrez les faire glisser et les déposer sur les verres à étamer. Pressez légèrement avec les doigts pour chasser la majeure partie du mercure. Découpez enfin des cercles de papier d'étain et déposez-les pardessus l'alliage qui recouvre déjà les petits miroirs, et pressez fortement. Recouvrez ensuite d'une couche de gomme laque dissoute dans l'alcool et laissez sécher. L'opération est alors terminée.

Argenture des glaces. (*H. Bory.*) — La glace qu'on veut argenter doit être soigneusement nettoyée et ensuite placée bien horizontalement sur une table, dans un milieu chauffé à la température de 25 à 30° C. Si la température est plus faible, le précipité d'argent métallique est plus long à se produire, demeure insuffisant et finalement donne une mauvaise argenture. Pour argenter une surface de 1 m² on prépare les deux liqueurs suivantes :

A. Eau distillée	1 litre.
Sel Seignette (tartrate double de soude et de potasse)	10 grammes.

On met le sel de Seignette dans une casserole émaillée avec 1/4 de litre d'eau ; on ajoute à peu près 0,5 g de nitrate d'argent ; on porte à l'ébullition jusqu'à dissolution complète ; on ajoute le restant de l'eau et l'on verse dans un bocal, en filtrant :

B.	Azotate d'argent fondu blanc	5 grammes.
	Ammoniaque pure.	3 —
	Eau distillée.	1 litre.

On fait dissoudre le nitrate d'argent dans l'ammoniaque, en remuant jusqu'à solution complète ; on ajoute l'eau et l'on verse dans un bocal, en filtrant. Au moment de s'en servir, on mélange les deux liqueurs en versant alternativement le contenu des bocaux l'un dans l'autre ; on répand sur la glace, pour l'humecter, 20 cm^3 environ de ce mélange, qu'on étend avec une peau de chamois très propre ; on ajoute immédiatement toute la liqueur, qui s'étend d'elle-même sur la glace, sans s'écouler par les bords.

Après trente ou quarante minutes, au plus, l'argent est précipité à l'état métallique et adhère fortement à la glace. On enlève alors le liquide en soulevant la glace par un côté ; on l'éponge légèrement et on la rince avec un peu d'eau. On la fait égoutter en la plaçant debout, et, lorsqu'elle est sèche, on y passe avec un pinceau une couche de vernis ou de peinture préservatrice.

Pour éviter les taches et pour obtenir une réussite complète, il faut se servir d'eau distillée absolument pure.

Les liqueurs argentifères déjà employées doivent être recueillies et débarrassées de l'argent qu'elles renferment encore. Si l'on désire une surface argentée plus solide, on peut recommencer l'opération sur la même glace. Les ustensiles qui servent à l'argenture doivent être lavés à l'eau distillée.

Fabrication des miroirs métalliques par voie électrique. (*Elektrochemische Zeitschrift*, 2e année, n° 6.) — Ce procédé, dû à M. Hans Boas, de Kiel, repose sur une observation déjà ancienne. On sait que différents métaux, placés comme cathode dans un tube de Geissler ou un tube vide d'air analogue, se volatilisent par le passage d'une décharge électrique et se déposent sur les parois du tube, soit comme métal, soit comme oxyde. Si le tube ou le récipient contient un peu d'hydrogène à très basse pression, le métal se dépose absolument pur et adhère fortement à la paroi: il se produit alors un miroir d'un éclat bien supérieur à celui qu'on peut obtenir par les procédés usuels. Cet éclat extraordinaire provient de ce que les molécules métalliques se déposent régulièrement les unes sur et à côté des autres et qu'aucun polissage n'est nécessaire comme dans les miroirs métallisés chimiquement, polissage qui produit toujours, dans le métal, des rayures qui diminuent le pouvoir de réflexion.

La cathode se volatilise également dans toutes les directions; aussi la forme de la couche métallique déposée dépendra-t-elle de la forme de la cathode. Une cathode en forme de fil, placée perpendiculairement à la paroi du récipient, donnera un dépôt en forme de cône; une cathode plane, placée parallèlement à la paroi, donnera un dépôt uniforme sur toute la paroi. C'est cette dernière forme de dépôt qui est la plus importante dans la pratique.

La distance qui sépare la cathode de la surface qui recevra le dépôt a aussi une grande importance. En général, la rapidité avec laquelle le miroir se forme (abstraction faite de la valeur de l'intensité du courant et de la pression à l'intérieur du récipient) croît à mesure que la distance de l'électrode à la couche métallique formée diminue, mais cela n'est vrai que jusqu'à une certaine limite (2 mm environ), à partir de laquelle il n'y a plus aucune volatilisation.

Comme nous l'avons vu, la cathode se volatilise également dans toutes les directions. Comme la surface à recouvrir n'occupe qu'une partie de l'espace, il y a donc perte de métal dans les autres directions. On remédie à cet inconvénient en plaçant dans ces directions des plaques d'une matière isolante qui ne reçoivent aucun dépôt. Le flux des particules métalliques se porte entièrement sur la surface à recouvrir et l'épaisseur et la couche formée augmentent beaucoup dans le même temps. On obtient ainsi une économie importante de temps et d'énergie électrique.

Argenture du verre ou des glaces. (*Dr Delex.*) — Pour argenter soi-même, soit un morceau de verre, soit une glace, on commence par faire les deux solutions suivantes :

Solution n° 1. — On dissout 10 g d'azotate d'argent fondu dans 200 g d'eau distillée ; puis on ajoute de l'ammoniaque en quantité juste suffisante pour dissoudre le précipité : on verse alors peu à peu dans la liqueur 450 cm³ d'une lessive de soude pure (densité 1,035). Il se produit alors un abondant précipité brun noir qu'on fait disparaître au moyen de quelques gouttes d'ammoniaque. Enfin, on étend le mélange jusqu'à ce qu'il occupe un volume de 1450 cm³ ; on y verse alors goutte à goutte une dissolution étendue d'azotate d'argent jusqu'à ce que la dernière goutte ajoutée y fasse naître un précipité persistant.

Solution n° 2. — On fait dissoudre une partie de lactose dans 10 parties d'eau. La solution s'opère très bien à chaud.

Argenture. — Après avoir parfaitement nettoyé le verre à argenter à l'eau distillée, puis à l'alcool, on prend 10 volumes de liqueur argentique (n° 1) et l'on y verse 1 volume de la solution de lactose (n° 2) ; puis on met l'objet à argenter en contact avec le mélange. L'argent se dépose peu à peu sur le verre en une couche mince de 1/300e de millimètre (2,2 g d'argent par mètre carré). Lorsque le dépôt est terminé, on lave la pièce de verre soigneusement à l'eau distillée, on l'égoutte et on la sèche en évitant de la toucher, même avec un linge fin. On a alors un miroir parfaitement net. C'est à l'aide de ce procédé qu'on obtient les miroirs concaves des télescopes.

Argenture des glaces. — LIQUEUR DE ROCHELLE. (*Kohlrauch.*) — 1. Dissoudre 5 g de nitrate d'argent dans de l'eau distillée ; ajouter de l'ammoniaque en remuant jusqu'à ce que le précipité qui s'est formé disparaisse presque complètement ; filtrer et diluer dans 0,5 litre d'eau.

2. Dissoudre 1 g de nitrate d'argent dans un peu d'eau, et verser dans 0,5 litre d'eau bouillante. Ajouter 0,83 g de sel de Seignette, laisser bouillir un instant, jusqu'à ce que le précipité ait pris une teinte grise ; filtrer à chaud.

Les solutions doivent être conservées dans l'obscurité.

Pour l'usage, nettoyer parfaitement la surface à argenter : placer l'objet dans un vase de verre, la face à argenter étant, de préférence, tournée vers le bas ; verser les deux liquides en parties égales. L'opération peut être arrêtée quand on juge l'épaisseur du dépôt suffisante. Pour les dépôts épais, abandonner le bain pendant une heure environ, laver l'objet, et recommencer avec un bain frais. Lorsque le dépôt est parfaitement sec, on peut le polir en frottant très légèrement avec la paume de la main.

Argenture des miroirs. — Ce nouveau procédé, dû à MM. Lumière, de Lyon, consiste à réduire un bain ammoniacal d'argent à l'aide de la formaldéhyde ou formol. Une dissolution de 10 g de nitrate d'argent dans 200 g d'eau est exactement saturée avec de l'ammoniaque, c'est-à-dire jusqu'à ce que le précipité, qui se forme d'abord, soit exactement redissous. La solution de formol doit être diluée à 1 pour 100. Comme le formol commercial est à 40 pour 100, on fera dissoudre 2,5 g de formol dans 100 g d'eau, pour avoir la solution au titre voulu. Au moment d'argenter le miroir, on mélange les deux solutions et on verse le tout sur la glace. La seule précaution à observer, c'est qu'il faut que le liquide recouvre d'un seul coup la surface à argenter. Le dépôt se fait dans l'espace de cinq à six minutes. On lave ensuite à grande eau.

SUSPENSIONS

Fil de cocon. — Le cocon naturel se compose de deux fils irréguliers collés ensemble par une sorte de gomme; le diamètre de chacun des fils est d'environ 12,5 microns. Chaque fil peut porter 4 g avant rupture et supporter normalement 1 g, mais le couple de torsion est assez élevé et inconstant pour troubler le fonctionnement d'un appareil délicat. Il faut donc que les couples directeurs employés dans les mesures soient assez grands pour rendre négligeables ceux dus à la suspension.

Fabrication des suspensions en quartz filé. (*Vernon-Boys.*) — Le quartz filé constitue la suspension la plus délicate actuellement connue pour les instruments de mesure, car les fibres ne sont pas affectées par l'humidité, comme le fil de cocon. Les fibres ordinairement employées ont 2,5 microns de diamètre (0,002 mm) et présentent un coefficient de torsion 10000 fois plus petit que le verre filé le plus fin. A mesure que le diamètre de ces fibres diminue, leur résistance à la traction augmente beaucoup et arrive à dépasser celle des barres d'acier. Les fibres les plus fines supportent 130 kg:cm² de section, et les fibres ordinaires de 90 à 100 kg:cm². Ces fibres en *quartz filé* sont faites à l'aide d'une petite arbalète dont la flèche est constituée par une paille terminée par un point d'aiguille. On fixe à la queue de la flèche un petit cylindre de quartz dont l'extrémité a été fondue dans la flamme d'un chalumeau oxhydrique. En abandonnant la flèche, celle-ci est lancée vers le but, qu'on éloigne le plus possible. En vertu de son inertie, la partie fluide ne suit pas la flèche dans son mouvement; elle se développe entre le but et le chalumeau, sous la forme d'un long filament, plus fin qu'un fil de toile d'araignée, et qui, par le fait de sa finesse, ne retombe à terre que très lentement. On obtient par ce procédé des fibres de quartz de très grande longueur, d'une très grande régularité et d'une résistance à la traction absolument extraordinaire. Une fibre de quartz de 5 millièmes de millimètre de diamètre montée dans un instrument d'observation dont la partie suspendue pèse environ 2 g n'a qu'une section égale au $\frac{1}{5}$ de celle d'un fil de cocon. Le couple de torsion d'un fil de 50 cm de lon-

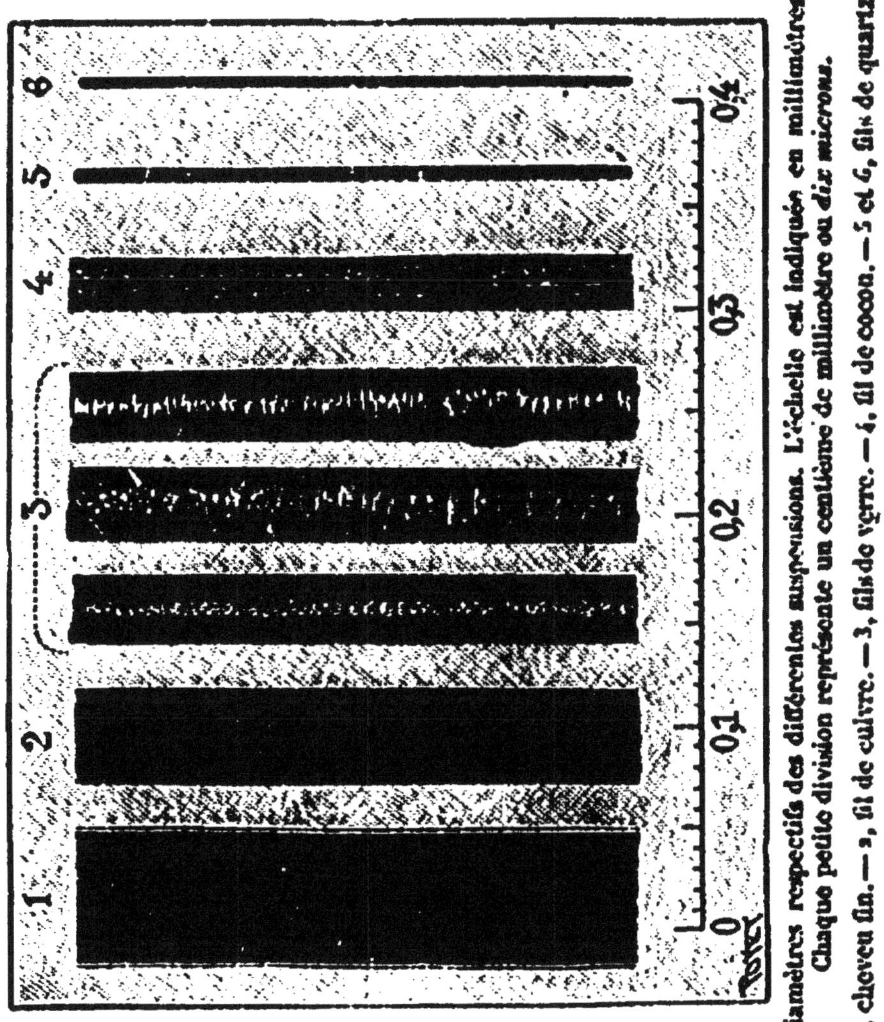

Diamètres respectifs des différentes suspensions. L'échelle est indiquée en millimètres. Chaque petite division représente un centième de millimètre ou *dix microns*.

1, cheveu fin. — 2, fil de cuivre. — 3, fils de verre. — 4, fil de cocon. — 5 et 6, fils de quartz.

gueur est si faible que s'il fallait remplacer la fibre de quartz filé par une autre en verre filé le plus fin, il faudrait lui donner 300 m de longueur.

Fixation des suspensions en quartz filé. (*Vernon-Boys.*) — Lorsque les fibres sont fabriquées d'après le procédé indiqué, on peut les fixer aux appareils en s'y prenant de la façon suivante : Après avoir choisi une fibre de quartz du diamètre voulu et plus longue qu'il n'est nécessaire, il faut d'abord fixer un petit morceau de papier gommé à l'une de ses extrémités. Ce papier sert à lester la fibre et facilite les opérations ultérieures.

Il faut ensuite fixer le bout supérieur de la fibre à un support. Le plus simple est d'employer une épingle ordinaire fichée dans un bouchon. Quel que soit le support adopté, il doit être bien appointi à sa partie inférieure. Si la pièce à supporter est extrêmement légère, et qu'elle soit très loin d'atteindre la charge de rupture de la fibre, le meilleur ciment à employer est le vernis à la gomme laque. On humecte l'aiguille avec le vernis sur une longueur de 5 mm environ : tenant alors la fibre près de son bout libre d'une main, et l'aiguille de l'autre main, les deux petits doigts restant en contact pour donner de la stabilité aux mains de l'opérateur, on applique immédiatement la fibre contre la partie de l'aiguille recouverte de vernis, et elle y adhère aussitôt. On tire alors la fibre sur une longueur d'environ 0,5 mm pour s'assurer que, lorsque tout sera sec, il ne se produira pas de courbure anormale. On applique ensuite contre l'aiguille de suspension un morceau de fer chaud, la lame d'un canif ou des presselles, pour chauffer le vernis par conductibilité, faire évaporer l'alcool et fondre la gomme laque. Après cette opération, la fibre est solidement fixée à son support.

Lorsque la pièce à supporter est lourde, le vernis ne convient pas aussi bien que la gomme laque fondue, mais celle-ci est d'un emploi plus difficile. Il faut chauffer l'aiguille, la barbouiller de gomme laque et y appliquer la fibre lorsque l'aiguille est encore chaude, en exerçant une légère traction. Il faut opérer en pleine lumière, devant une large fenêtre, en ménageant un fond bien noir pour rendre la fibre visible. Le velours, le papier et la peinture ne constituent pas un noir suffisant : le seul fond noir convenable est celui qu'on obtient dans un tiroir tiré de 3 à 5 cm.

L'extrémité supérieure de la fibre étant convenablement fixée, il faut déterminer sa longueur et la couper à cette longueur. Le mieux est de faire un dessin très exact de la suspension en vraie grandeur sur une planchette bien dressée, indiquant le bout de l'aiguille, l'extrémité inférieure de la pièce à supporter et la position du miroir ou de la partie qui délimite la longueur de la fibre. L'aiguille de suspension est alors soulevée jusqu'à ce que le petit morceau de papier se trouve suspendu en l'air : on applique la fibre délicatement contre la planchette disposée verticalement, et on la fait glisser doucement pour faire coïncider l'extrémité de l'aiguille avec sa place sur le dessin. La fibre est alors droite et le poids en papier doit se trouver au delà de la limite extrême de la suspension, bien que la fibre soit totalement invisible. On donne alors un coup de canif sur la planchette, à 5 mm environ au-dessous de la marque. La fibre se trouve ainsi coupée à la longueur voulue. On prend alors la pièce à suspendre et on la fixe comme on l'a fait pour l'aiguille de suspension.

Il faut, après l'opération, rapprocher la pièce finie du dessin fait sur la planchette pour s'assurer que tout est bien en place. On peut d'ailleurs parfaire l'ajustement en chauffant l'aiguille de suspension et en tirant ou en poussant légèrement sur la fibre. Le petit poids en papier peut être alors enlevé, numéroté et fixé sur une plaque de microscope de façon à permettre de déterminer facilement le diamètre de la fibre à un moment donné. Si la fibre de quartz illuminée par une lumière placée à une certaine distance a été tout d'abord examinée avec un prisme, et que les bandes du spectre obtenu soient droites et régulières d'un bout à l'autre, c'est que son diamètre est bien uniforme. Il ne faut employer pour les suspensions que les fibres présentant ces qualités.

Mode d'attache des fibres de quartz. (*C.-V. Boys.*)[1]. — L'attache à l'aide d'un vernis à la gomme laque ou, mieux, avec la gomme laque fondue, donne lieu à un lent déplacement

[1] *Philosophical Magazine*, mai 1894.

de l'attache, résultant de modifications lentes dans la gomme laque.

Le procédé actuel consiste à souder les bouts de la fibre à de petits ferrets en métal, si petits et si légers qu'ils peuvent être cueillis par la fibre sur la surface où ils reposent sans aucun risque de casser cette fibre. Ces ferrets, en clinquant de cuivre qui ont 5 mm de longueur, 1 mm de largeur dans la partie large, peuvent ensuite se fixer à la tête de torsion ou à la pièce à suspendre par du vernis à la gomme laque ou de la gomme laque fondue : la surface énorme et la raideur des ferrets suffisent pour faire disparaître tous les troubles dus au déplacement de la fibre dans son attache. On pourrait même, pour certaines applications, tailler les ferrets en forme de T s'appuyant sur deux V à la suspension et supportant la pièce suspendue également par deux V, supprimant ainsi tout ciment, mais l'auteur n'a pas utilisé cette disposition.

Voici la série des opérations qui donnent les meilleurs résultats :

1° Choisir une fibre de diamètre convenable pour obtenir la torsion désirée. La torsion dépendant de la quatrième puissance du diamètre, une petite variation de ce diamètre produit une variation quatre fois plus grande de la torsion, et une grande exactitude dans les mesures nécessite une torsion convenable. Couper une longueur de fibre dépassant de 2 ou 3 cm celle qui est nécessaire;

2° Fixer aux extrémités de la fibre, avec de la gomme laque fondue, deux petites masses d'or ou de platine suffisamment lourdes pour percer une surface liquide;

3° Suspendre la fibre sur une tige de bois ronde et horizontale, de 1 cm de diamètre, de manière que les deux petites masses pendent de chaque côté, au-dessus d'un vase contenant de l'acide nitrique concentré; soulever ce vase de façon à y faire plonger les extrémités de la fibre, qui se trouvent ainsi nettoyées. Le vase doit être assez large pour que les effets capillaires ne fassent pas adhérer les brins de la fibre aux bords du vase; on peut arriver au même résultat en remplissant le vase jusqu'au bord, mais ce moyen offre quelques inconvénients avec l'acide. Le vase doit être mû très rapidement de haut en bas, les masses restant dans le liquide; sans cette précaution, ces masses s'attireraient par suite des actions capillaires et les fils se tordraient;

4° Après une minute ou deux, opérer de même avec de l'eau distillée;

5° Quand on suppose l'acide enlevé, plonger de la même manière dans la liqueur à argenter de Rochelle (*Kohlrauch. Leitfaden der praktischen Physik*, p. 115) [1];

6° Laver comme au n° 4;

7° Remplir un verre de la dissolution cuivrique employée dans les mesures électrolytiques, c'est-à-dire non saturée et légèrement acide. Plonger l'extrémité du fil positif d'un élément de pile dans le liquide avec le fil négatif, bien lisse et bien propre, toucher l'une des extrémités pendantes de la fibre, en prenant le contact au-dessus du liquide, sur la partie supérieure de la couche d'argent, et faire plonger plus ou moins profondément cette extrémité par un mouvement doux. En quelques secondes, la petite masse et la portion immergée de la fibre deviennent rouges. La couche d'argent sur laquelle s'est déposé le cuivre a une résistance suffisante pour éviter un dépôt rapide et granuleux. Faire de même pour l'autre extrémité;

8° Couper la fibre à la longueur voulue en laissant 5 mm à chaque extrémité pour la jonction. Prendre des ferrets de clinquant de 3 ou 4 cm de longueur et de 3 ou 4 mm de largeur, ayant leurs extrémités recouvertes d'une très minime quantité de soudure et humectées de chlorure de zinc en dissolution. Sur cette surface humide placer l'extrémité de la fibre recouverte de cuivre en ayant soin qu'elle soit dans une bonne direction; les phénomènes capillaires aident cette opération. Chauffer rapidement le cuivre jusqu'au point de fusion de la soudure à l'aide d'une faible flamme maintenue de façon à ce que son extrémité soit distante d'environ 1 cm. Couper le ferret à la longueur voulue en tenant le métal avec une paire de pinces;

[1] Ce procédé est décrit à la page 109 des Recettes.

9° Laver à l'eau bouillante comme au n° 4, pour enlever le chlorure de zinc. La fibre est fixée, mais la couche d'argent et de cuivre empêche de bien limiter le point d'attache;

10° Plonger les ferrets dans la cire fondue jusqu'au point d'attache en prenant les précautions indiquées en 3, ou encore en opérant séparément sur chacun d'eux;

11° Plonger jusqu'à la partie supérieure de la couche d'argent et de cuivre dans l'acide nitrique concentré;

12° Laver dans l'eau bouillante, qui enlève l'acide et la cire, et laisse la fibre prête pour l'emploi;

13° Si la fibre doit être électriquement conductrice, comme c'est nécessaire quand elle est destinée à soutenir l'aiguille d'un électromètre à quadrants, on la recouvre d'une couche d'argent en la plongeant entièrement dans un long tube contenant le liquide à argenter, et on lave ensuite, car sans cette précaution la fibre serait parfaitement isolante.

Il convient de mentionner ici que l'on ne saurait espérer trouver aucune stabilité dans un appareil sensible dès que sa suspension traverse une surface liquide. Le seul moyen de communication consiste alors dans l'emploi d'une fibre argentée.

Précautions à prendre dans l'emploi des appareils de mesures électrostatiques. (*E. Mascart.*) — Il faut maintenir les appareils à l'abri de la poussière et éviter les dépôts de poussière qui troublent les résultats. Il faut essuyer les pièces soumises aux charges avec la main bien sèche. Éviter d'essuyer avec un linge les organes actifs, car on s'expose à y laisser des filaments qui ont ensuite une influence très fâcheuse.

Il est aussi nécessaire d'opérer dans des vases fermés. Les appareils dans lesquels on emploie un disque attractif sont assez délicats pour manifester l'influence d'un changement brusque de la pression atmosphérique, même très faible, comme celui qu'on provoque en ouvrant ou en fermant une porte.

PILES

PILES SANS DÉPOLARISANT

Le type est la pile de *Volta* constituée par une lame de cuivre et une lame de zinc plongeant dans une solution étendue d'eau acidulée sulfurique. On a substitué le charbon au cuivre pour faciliter le dégagement du gaz qui, recouvrant l'électrode, augmentait la résistance intérieure de l'élément. On a employé aussi de l'argent platiné (*Smée*), du charbon platiné (*Walker*). La f. é. m. est de 0,8 volt avec l'eau acidulée sulfurique.

La pile zinc-charbon est encore employée en électrotypie pour la fabrication des clichés de cuivre, mais là se limitent ses applications.

PILES A UN LIQUIDE A DÉPOLARISANT SOLIDE

Le type des piles de ce genre est la pile Leclanché constituée par une lame de zinc amalgamé et une plaque de charbon entourée de peroxyde de manganèse, le tout plongeant dans une solution de chlorhydrate d'ammoniaque. La f. é. m. est de 1,48 volt pour un élément neuf. Dans les premiers types à vase poreux (1868), le mélange de charbon et de peroxyde de manganèse était disposé dans un vase poreux. La résistance intérieure était très grande, de 4 à 10 ohms suivant les dimensions, et les éléments ne pouvaient servir qu'à actionner des sonneries et appareils télégraphiques. Les nouveaux types à plaques agglomérées mobiles et à cylindres agglomérés ont beaucoup moins de résistance intérieure et donnent un débit beaucoup plus intense.

Éléments Leclanché à plaques agglomérées mobiles (1878). — Le dépolarisant se compose d'une ou plusieurs plaques agglomérées maintenues autour du charbon par des jarretières en caoutchouc.

Élément	n° 2 à une plaque	$r = 1,5$ ohm.
—	n° 1 à deux plaques.	$r = 1,1$ —
—	*disque* à trois plaques. . . .	$r = 0,6$ —

Agglomérés. — Ils sont formés d'une pâte composée de 40 parties de bioxyde de manganèse, 52 de charbon, 5 de gomme laque et 3 de bisulfate de potasse, et comprimés à 300 atmosphères à la température de 100° C. Le bisulfate de potasse a été supprimé dans les nouveaux agglomérés.

Éléments Leclanché-Barbier. — Cylindre creux aggloméré en manganèse et plombagine, terminé à sa partie supérieure par une bague en plomb munie d'une borne; le zinc occupe la partie centrale. Le liquide est une dissolution concentrée de chlorure d'ammonium ou d'un mélange dont il est parlé ci-dessous. Il existe deux modèles, l'un dont le pôle positif complet pèse 600 g, l'autre 1,16 kg.

ÉLÉMENTS.	RÉSISTANCE INTÉRIEURE.	FORCE ÉLECTROMOTRICE INITIALE.	FORCE ÉLECTROMOTRICE APRÈS 24 HEURES DE TRAVAIL CONTINU SUR UNE RÉSISTANCE EXTÉRIEURE DE 10 OHMS.
Petit modèle. .	0,7 à 0,8	1,00	1,17
Grand modèle .	0,4 à 0,5	1,50	1,25

Dispositions à donner aux piles Leclanché. (*Muller.*) — Le zinc doit avoir une surface très réduite; cette condition est la mieux remplie par la section cylindrique, qui assure la plus grande section pour une surface donnée.

Le zinc est particulièrement attaqué et doit, par conséquent, être protégé au niveau du liquide, c'est-à-dire là où il est exposé à l'action simultanée de l'air et du liquide; le meilleur moyen consiste à recouvrir l'extrémité du zinc d'un petit tube en caoutchouc qui descend à 1 ou 2 cm au-dessous du niveau du liquide.

L'amalgamation du zinc ne diminue pas son usure, mais empêche, dans une grande mesure, l'adhérence des dépôts cristallisés. La formation de ces dépôts est très intense avec des solutions de 1 à 10 ou 1 à 15, tandis que les solutions concentrées et les solutions très aqueuses ne donnent lieu qu'à une formation peu importante; une solution de 2 à 3 pour 100 est celle qui convient le mieux.

Il est bon de munir l'élément d'un couvercle qui empêche l'évaporation de l'eau.

Le zinc subit une légère usure, même quand l'appareil est au repos; l'usure en elle-même est sans importance, mais l'action chimique qui la produit est la principale cause de la formation des dépôts cristallins.

Entretien des piles Leclanché. — Maintenir le niveau de l'eau aux deux tiers environ du vase en verre; mettre tous les six mois 60 à 100 g de sel ammoniaque suivant les dimensions de l'élément, à défaut du sel de cuisine; enlever les efflorescences.

Le chlorhydrate d'ammoniaque doit renfermer moins de 1 pour 100 de corps étrangers et moins de 5 millièmes de sels de plomb.

Le peroxyde de manganèse doit être sans poussière et de la sorte dite *manganèse aiguillé*. Il doit renfermer au moins 85 pour 100 du produit pur.

Durée des piles Leclanché. — Il est impossible d'apprécier, *par le temps seulement*, la durée des éléments Leclanché. Une pile Leclanché, chargée à neuf, représente une certaine provision de combustible, le zinc, et une certaine provision de comburant constitué ici, d'une part, par le chlorhydrate d'ammoniaque, et, d'autre part, par une partie de l'oxygène renfermé dans le bioxyde de manganèse.

Dès que l'un de ces corps, zinc, chlorhydrate d'ammoniaque ou bioxyde de manganèse, sera épuisé, la pile cessera de fonctionner, et il faudra renouveler la provision, c'est-à-dire recharger la pile, en remplaçant le zinc, la solution ou les agglomérés. Supposons, pour fixer les idées, que la provision de chlorhydrate soit suffisante pour fournir une quantité d'électricité égale à 25 000 coulombs, et que la pile soit consacrée exclusivement au fonctionnement d'une sonnerie domestique marchant à un quart d'ampère. La sonnerie dépensera un quart de coulomb par seconde; la pile pourra donc l'actionner pendant une durée totale de

$$25000 \cdot 4 = 100000 \text{ secondes.}$$

Si nous faisons en moyenne 25 appels par jour, de 4 secondes chacun, nous dépenserons juste 1 coulomb par appel et 25 coulombs par jour; la pile marchera donc 1 000 jours, c'est-à-dire près de 3 ans. Si nous faisons 100 appels par jour, la charge sera épuisée au bout de 8 mois, mais, dans tous les cas, lorsque la durée totale du fonctionnement aura été de 100 000 secondes ou, plus exactement, lorsque la pile aura fourni 25 000 coulombs d'électricité.

Si la ligne est mal isolée, qu'il s'y produise des fuites, des faux contacts, etc., la pile pourra s'épuiser lentement et d'une manière continue sans que le travail utile corresponde à la quantité totale d'électricité représentée par le poids de substances actives introduites dans la pile au moment de la charge. Le seul remède efficace est de *refaire* entièrement la ligne, en prenant toutes les précautions et les soins nécessaires.

Lorsque, dans une installation déjà établie, on substitue des éléments agglomérés aux éléments à vases poreux anciens, on observe un épuisement *plus rapide* de la pile qui fait quelquefois rejeter le nouveau modèle. Cela est dû uniquement à ce que les éléments à agglomérés présentant une résistance intérieure *moins grande* que les anciens éléments à vase poreux, fournissent, sur un circuit extérieur égal, un courant *plus intense*, et, par suite, s'épuisent plus rapidement. Le remède consiste, suivant les cas, dans l'emploi de sonneries plus résistantes, ou dans la diminution du nombre des éléments.

Warren de la Rue (1868). — Zinc non amalgamé, chlorhydrate d'ammoniaque, argent entouré de chlorure d'argent, $E = 1{,}03$ volt.

Skrivanow (1883). (*D. Monnier.*) — Le modèle de poche est constitué par une lame de zinc et par du chlorure d'argent enveloppé de papier parcheminé plongeant dans une solution formée de 75 parties de potasse caustique et 100 parties d'eau. L'élément pesant 100 g a une f. é. m. de 1,45 à 1,50 volt. Il peut débiter 1 ampère pendant une heure. Il faut renouveler le liquide potassique au bout de ce temps et remplacer le chlorure d'argent après deux ou trois renouvellements du liquide potassique.

Gaiffe. — Zinc non amalgamé, argent entouré de chlorure d'argent, solution de chlorure de zinc (voir aux étalons).

Marié-Davy (1859). — Zinc amalgamé, eau acidulée, charbon et pâte de sulfate de mercure, $E = 1,52$ volt.

De Montaud (1885). — Zinc allié amalgamé, vase poreux renfermant un mélange de charbon et de peroxyde de plomb. Solution d'eau acidulée sulfurique au $\frac{1}{20}$ en volume. F. é. m. : 2,25 volts. Le modèle moyen a une résistance intérieure d'environ 1 ohm. Puissance maxima : 1,25 watt.

Pile de Lalande. — Zinc; solution de potasse caustique à 30 ou 40 pour 100; bioxyde de cuivre en contact avec une lame de fer ou de cuivre. F. é. m. = 0,8 volt à 0,9 volt. La pile est presque hermétiquement fermée ou recouverte d'une couche de pétrole dense pour empêcher la carbonatation de la potasse.

PILES A UN LIQUIDE A DÉPOLARISANT LIQUIDE

Le type de ces piles est la pile au *bichromate de potasse* de *Poggendorff*. Les constructeurs ont modifié à l'infini les formes, les dimensions, la composition du liquide, etc., pour obtenir certains effets particuliers.

Formule de Poggendorff (1842). — 100 g de bicarbonate de potasse dissous dans 1 litre d'eau bouillante avec 50 g d'acide sulfurique.

Formule de Delaurier (1870). — Eau 200 g; bichromate de potasse 18,4 g; acide sulfurique 42,8 g. Cette formule est celle qui correspond aux équivalents chimiques. On obtient après épuisement une dissolution de sulfate de zinc et un alun de chrome.

Sel Dronier. — Mélange composé d'un tiers de bichromate de potasse et deux tiers de bisulfate de potasse. Ce mélange dissous dans l'eau fournit directement le liquide excitateur.

Dispositions particulières de la pile Poggendorff. — Pour les expériences de courte durée, M. *Grenet* lui a donné la forme d'une bouteille dans laquelle on fait plonger le zinc au moment de l'expérience. MM. *Trouvé, Gaiffe* et *Ducretet* établissent les éléments sur des *treuils* qui permettent de les plonger dans le liquide ou de les en retirer à volonté.

Élément Trouvé (1875). — Un zinc et deux charbons, surface active : 15 cm de côté. Pendant le coup de fouet (au début) : $E = 2$ volts; $r = 0{,}0016$ ohm.

Après le coup de fouet : $E = 1{,}9$ volt; $r = 0{,}07$ à $0{,}08$ ohm.

Élément Tissandier (1882). — Pile à grand débit pouvant fournir 100 ampères sur une résistance extérieure de 0,01 ohm. La solution est ainsi composée :

Eau	100	parties en poids.
Bichromate de potasse. . .	16	—
Acide sulfurique à 66°	37	—

Le bichromate doit être réduit en poudre très fine, en prenant soin de ne pas respirer les poussières, qui produisent des inflammations dans les muqueuses des narines. On dissout en partie le bichromate dans de l'eau à 40° C. environ dans une terrine en grès, et l'on ajoute l'acide en agitant énergiquement jusqu'à dissolution complète. Attendre pour s'en servir que la température descende à 35° C. A une température inférieure à 15°, le liquide fonctionne mal. La pile peut fournir plus de 1 kgm par seconde disponible par kgm de poids pendant deux à trois heures.

PILES A DEUX LIQUIDES

De toutes les combinaisons voltaïques proposées jusqu'ici, il n'en reste plus aujourd'hui que trois types employés en pratique :

La pile *Daniell*, au sulfate de cuivre;

La pile *Bunsen*, à l'acide azotique;

La pile au bichromate.

Daniell (1836). — Zinc, eau acidulée, baudruche ou vase poreux, cuivre, solution saturée de sulfate de cuivre. Elle dépense même en circuit ouvert. On entretient la saturation en ajoutant du sulfate de cuivre. La solution dans laquelle baigne le zinc peut être de l'eau pure, de l'eau salée ou une dissolution de sulfate de zinc avec ce dernier liquide et du zinc amalgamé. $E = 1,079$ volt. La pile Daniell a reçu un grand nombre de modifications. En voici quelques-unes :

Pile à auge. — Eléments aplatis disposés dans une boîte unique.

Pile à sable (1863). — Due à Minotto. Le vase poreux est remplacé par une couche de sable, le cuivre à la partie inférieure, le zinc à la partie supérieure.

Pile sans diaphragme ou *à gravité.* — La séparation des deux liquides s'opère par leur différence de densités, sans vase poreux. On l'attribue en Allemagne à *Meidinger* (1859) et en France à *Callaud* (1861). Elle est aussi connue sous ces deux noms.

Sir W. Thomson (1872) emploie des éléments horizontaux à grande surface, zinc en forme de grille garnie de papier parcheminé à sa partie inférieure. Les éléments ont ainsi peu de résistance intérieure.

Lorsqu'on emploie du sulfate de cuivre pur, celui-ci doit contenir moins de 1 pour 100 de sulfate de fer et moins de 24 pour 100 de cuivre pur.

Pile Bunsen. — La pile de Bunsen est un dérivé de la pile Grove dans laquelle le platine a été remplacé par du charbon artificiel moulé. (Voyez les consommations dans le *Formulaire de l'Électricien.*)

Liquide dépolarisant d'Arsonval (au lieu et place de l'acide azotique (1879).

Acide nitrique.	1	partie.
— chlorhydrique	1	—
Eau.	2	—

S'emploie avec des piles à écoulement, zinc dans le vase poreux, pôle positif formé par une couronne de crayons de charbon de 1 cm de diamètre. Le courant est constant, la résistance intérieure réduite au minimum, et la surface de dépolarisation très grande. Un élément de 20 cm de hauteur donne jusqu'à 40 ampères en court-circuit.

Charbons des piles Bunsen. (*D'Arsonval.*) — Les charbons artificiels sont supérieurs aux charbons de cornue, ils sont très conducteurs, et leur densité empêche les acides de grimper et de ronger les attaches par capillarité. On évite complètement cet inconvénient par le procédé suivant : la tête du charbon est plongée pendant quelques minutes dans de la paraffine bouillante; après refroidissement, elle est recouverte de cuivre par la galvanoplastie, et enfin immergée dans l'alliage d'imprimerie fondu. On assure ainsi des contacts parfaits et indestructibles.

Pile zinc-charbon d'Arsonval. — Elle diffère de l'élément Bunsen par la composition des liquides :

Liquide baignant le zinc ou excitateur.

Eau.	20	volumes.
SO^4H *à l'huile*.	1	—
HCl ordinaire.	1	—

Liquide baignant le charbon ou dépolarisant.

Acide azotique ordinaire.	1	volume.
— chlorhydrique ordinaire.	1	—
Eau acidulée au $\frac{1}{20}$ par SO^3	2	—

L'élément ne se polarise pas en court-circuit; sa f. é. m. initiale atteint 2,2 volts.

On a proposé d'autres combinaisons aujourd'hui abandonnées

Piles au bichromate. — Les piles à deux liquides sont montées avec une solution acidulée sulfurique dans le vase poreux renfermant une lame de zinc amalgamée et une solution acide de bichromate de potasse ou de soude, dans laquelle plongent des plaques de charbon.

La composition des solutions est très variable avec les auteurs.

Pour les piles à zinc immergé servant à des éclairages discontinus, M. Radiguet emploie les solutions suivantes :

Vase extérieur.	Eau	1300 cm³.
	Acide sulfurique *au soufre*. . .	425 —
	Bichromate de potasse. . . .	200 g.
Vase poreux.	Eau	650 cm³.
	Acide sulfurique *au soufre*. . .	65 —

La solution bichromatée épuise 4 ou 5 vases poreux d'eau acidulée. La quantité d'électricité produite dépend du volume des solutions. Voici les chiffres relatifs à un modèle spécial usant des déchets de zinc à l'aide d'un support à amalgame spécial :

Force électromotrice initiale	2,12	volts.
— — normale.	2	—
Débit normal. . . . . 1 à	1,5	ampère.
Potentiel moyen utile aux bornes. . . .	1,7	volt.
Résistance intérieure moyenne.	0,2	ohm.

Ces éléments, spécialement destinés à la charge des accumulateurs, permettent d'utiliser le bichromate de soude jusqu'à épuisement, et peuvent donner 300 ampères-heure par kilogramme de bichromate de soude.

Les piles au bichromate de soude à deux liquides ne donnent qu'une action locale peu importante. Avec une solution dépolarisante renfermant 1 kg de bichromate de soude du commerce, 1,8 kg d'acide sulfurique ordinaire et 10 kg d'eau, on consomme 2,5 g de bichromate par ampère-heure et 1,26 g de zinc amalgamé avant épuisement. On peut donc admettre en pratique qu'il faut, par ampère-heure :

Bichromate de soude	3 g.
Zinc.	1,3 g.

Pile au bichromate de potasse d'Arsonval. — Vase poreux plein de fragments de charbon de cornue concassé; inutile d'aciduler le liquide dans lequel baigne le zinc. Le liquide dépolarisant est formé de :

Eau saturée à froid de bichromate de potasse .	1	volume.
Acide chlorhydrique ordinaire	1	—

Le liquide doit s'écouler d'une façon continue; l'élément ne dégage aucune odeur et est toujours prêt à servir.

Conditions théoriques d'une pile parfaite. — Voici les qualités qu'une telle pile devrait présenter :

1° Grande f. é. m.; 2° résistance intérieure faible et constante; 3° force électromotrice constante, quel que soit le débit de la pile; 4° substances consommées d'un prix peu élevé; 5° action chimique toujours proportionnelle au débit, et, par suite, pas de dépense lorsque la pile est en circuit ouvert; 6° dispositions pratiques telles qu'on puisse facilement surveiller l'état de la pile et ajouter de nouveaux produits lorsque cela est nécessaire. Aucune pile ne réalise toutes ces conditions à la fois; dans chaque cas, il faut choisir l'élément qui possède le mieux les qualités requises par l'application qu'on a en vue.

Défauts des piles. — Lorsqu'une pile ou une batterie ne donne pas les effets qu'on en attend, il faut l'attribuer à l'une des causes suivantes : 1° solutions épuisées, par exemple, sulfate de cuivre de la pile Daniell usé et liquide décoloré; 2° mauvais contacts entre les électrodes et les prises de courant, pinces oxydées, mal serrées, etc.; 3° éléments vides en totalité ou en partie; 4° filaments constitués par des dépôts métalliques établissant de courts-circuits entre les électrodes à l'intérieur de la pile. Les secousses imprimées aux piles augmentent temporairement leur f. é. m. en faisant dégager les gaz qui recouvrent les électrodes. Les fils flottants et les électrodes brisées produisent aussi, par l'agitation, des faux contacts qui font varier brusquement le courant fourni par une pile.

Choix des piles suivant les applications.

Dépôts électrochimiques. — Daniell, Smée, Bunsen, au bichromate de Lalande.

Dorure et argenture. — Daniell, Smée, Bunsen.

Lumière électrique. — Bunsen, au bichromate, Carré, Reynier, de Lalande. Piles à écoulement. Pile O'Keenan.

Expériences de cours et de laboratoire. — Pile au bichromate, modèle bouteille ou modèle à treuil de Lalande. Accumulateurs Leclanché à grande surface.

Piles médicales. — Trouvé, Onimus, Seure, Leclanché, Fontaine-Atgier, au bichlorure de mercure, au chlorure d'argent.

Grandes lignes télégraphiques. — Daniell, Callaud, Meidinger, Fuller, Leclanché, de Lalande.

Sonneries et usages domestiques. — Leclanché, sulfate de mercure, sulfate de plomb, Maiche.

Téléphonie. — De Lalande, Leclanché.

Torpilles. — Leclanché, au bichromate (modèle spécial).

Mesures électriques. — Leclanché, au bichromate, Daniell.

Composition moyenne de certains zincs du commerce. (*Culley*) :

Zinc	99,27	98,76	97,85	98,89
Plomb	0,67	1,28	2,05	1,13
Fer.	0,06	0,06	0,10	0,02

L'échantillon le plus pur était du zinc de Silésie. Le zinc des piles, laminé ou étiré, doit renfermer au moins 98,5 pour 100 de métal pur et au plus 0,5 pour 100 de fer.

Amalgamation du zinc. — 1° Placer dans une assiette un peu de mercure et d'acide sulfurique du commerce. Frotter les zincs avec un chiffon ou un gratte-bosse, pour étendre le mercure qui s'étale comme un étamage. Laver ensuite à grande eau. 2° Tremper trois secondes le zinc dans une solution de bichromate pour piles, puis tremper dans du mercure. Retirer et essayer. L'amalgamation est parfaite. Si l'on n'a pas de solution de bichromate de potasse, employer de l'acide chlorhydrique.

Empêcher l'entrainement des vapeurs acides par le dégagement d'hydrogène dans les piles. (*F. Higgins.*) — Chacun sait combien l'entraînement des vapeurs acides rend désagréable le voisinage des accumulateurs en charge ou des piles sans dépolarisant. Ces vapeurs sont projetées sous forme de petits globules par les bulles d'hydrogène qui crèvent à la surface du liquide. Il suffit de disposer au-dessus de la surface du liquide une sorte d'écran pour arrêter ces projections, avant que l'atmosphère ne puisse absorber ces vapeurs acides. Dans ces conditions, il ne se produit plus qu'un dégagement d'hydrogène inodore, le voisinage des accumulateurs ou des piles devient moins désagréable et il ne se produit plus de corrosion des pièces métalliques placées à proximité. Une seule épaisseur du calicot le plus léger suffit pour intercepter la vapeur acide, aussi bien que pourrait le faire l'écran le plus épais.

Purification de l'acide sulfurique ordinaire du commerce. (*M. A. d'Arsonval.*) — On le purifie simplement par agitation avec de l'huile à brûler ordinaire, à raison de 4 à 5 cm^3 d'huile par litre. Les corps étrangers, arsenic, plomb, etc., qui attaqueraient le zinc, sont précipités.

Amalgamation des zincs dans la masse. (*E. Reynier.*) — Lorsqu'on ne doit préparer qu'une petite quantité de zinc, on pèse séparément le zinc et le mercure, et l'on ajoute ce dernier au zinc lorsqu'il est fondu, en ayant soin de le plonger au fond du creuset à l'aide d'une cuillère en fer. Le mercure doit être chauffé et bien séché à l'avance pour éviter des projections qui pourraient être dangereuses. L'amalgame se produit très rapidement, et il faut couler dans les moules le plus vite possible afin d'éviter l'évaporation du mercure, ce qui diminuerait inutilement la richesse de l'amalgame, et présenterait des dangers pour la santé de l'opérateur.

Lorsqu'il s'agit de fabriquer le zinc amalgamé dans la masse en grandes quantités, il vaut mieux préparer par avance, et avec soin, par la méthode indiquée ci-dessus, un alliage riche, renfermant, par exemple, 1 de mercure pour 2 de zinc. On prépare ensuite des lots de zinc auxquels on ajoute des quantités convenables d'alliage riche, et l'on fait fondre graduellement en mettant les morceaux lot par lot dans le bain fondu.

Il convient également de couler le plus rapidement possible les pièces à fabriquer dès que toute la masse est fondue.

Siphonnage des piles. — M. le docteur Foucault nous signale l'application de la *sonde œsophagienne* employée pour le lavage de l'estomac au siphonnage des piles. Cette sonde se compose d'un tube de caoutchouc de 40 cm de long, terminé d'un côté par un tube de verre qu'on plonge dans le vase à siphonner et de l'autre par un entonnoir. Pour vider un vase, on commence par verser de l'eau dans l'entonnoir en le tenant un peu élevé, puis on le baisse rapidement avant que toute l'eau contenue dans l'entonnoir ait eu le temps de s'écouler. Cet appareil a l'avantage de pouvoir être construit très facilement et avec peu de frais; de plus, son emploi ne présente aucun danger. Nous recommandons ce procédé économique aux amateurs.

Empêcher les siphons des piles à écoulement de se désamorcer. — Lorsqu'on emploie des piles à écoulement, à un ou deux liquides, il arrive souvent que les siphons se désamorcent. Ce désamorcement est produit par les bulles de gaz dégagées au sein du liquide, bulles qui pénètrent dans le tube, viennent s'accumuler à sa partie supérieure et produisent ainsi l'inconvénient que nous signalons. On évite ce désamorcement d'une façon très simple en retournant les siphons à chaque extrémité, de telle façon que l'ouverture du tube ne laisse plus pénétrer les bulles de gaz à l'intérieur.

Empêcher les grimpements de sels dans les piles. — On fait fondre 50 g de vaseline pure et 25 g de paraffine pure. Quand le mélange est sur le point de se solidifier, on le coule dans de petits moules en papier. On a ainsi une pommade qui se conserve indéfiniment sans rancir. Il suffit d'enduire légèrement le bord intérieur des vases de piles Leclanché de cette pommade pour empêcher les sels de grimper. On peut ainsi enduire les bords du récipient d'un mélange de 2 parties de vaseline pour 1 partie de paraffine, ou simplement de paraffine.

Substitution du bichromate de soude au bichromate de potasse. — Si, théoriquement, il suffit de 892 g de bichromate de soude pour remplacer 1000 g de bichromate de potasse, il n'en est pas de même pratiquement. Le bichromate de soude fabriqué en Angleterre et en Allemagne ne contient que la quantité d'acide chromique que renferme un poids égal de bichromate de potasse. Il faut donc substituer un sel à l'autre, poids pour poids, sans entrer dans la considération des équivalents. Il convient aussi de signaler, pour expliquer certains mécomptes, qu'on trouve dans le commerce certains bichromates renfermant 25 à 30 pour 100 de sulfate de soude, et d'autres échantillons qui contiennent 25 pour 100 de chromate neutre.

Épuisement des solutions de bichromate de potasse. — Pour reconnaître si une solution de bichromate de potasse ou de soude est épuisée, il suffit d'en prendre quelques cm^3 dans un verre à expérience et d'y faire tomber quelques gouttes d'une solution étendue d'azotate d'argent. La présence d'une petite quantité d'acide chromique sera accusée par la formation d'un précipité de chromate d'argent rouge caractéristique. Avec des piles à écoulement, la solution sulfurique de bichromate peut être employée jusqu'à ce qu'elle ne donne plus, ou presque plus, de précipité par le sel d'argent.

PILES ÉTALONS

Préparation de l'élément Clark. — *Spécifications rendues légales en Angleterre par acte du 23 août 1895.* — Définition de l'élément. — L'élément se compose de zinc ou d'un amalgame de zinc et de mercure dans une solution neutre de sulfate de zinc et de sulfate mercureux dans l'eau, préparé avec du sulfate mercureux en excès.

Préparation des matières. — 1. *Mercure.* — Pour assurer sa pureté, il devra être d'abord traité par l'acide à la manière ordinaire, puis distillé dans le vide.

2. *Zinc.* — Prenez un morceau d'une baguette d'un zinc pur redistillé, soudez à une extrémité un morceau de fil de cuivre, nettoyez le tout au papier de verre ou un brunissoir en acier en enlevant très soigneusement toutes les écailles du zinc. Au moment de monter l'élément, plongez le zinc dans une solution acidulée sulfurique, lavez-le avec de l'eau distillée et séchez-le, avec un linge propre ou du papier-filtre.

3. *Sulfate mercureux.* — Prenez du sulfate mercureux acheté comme pur, mêlez-le avec une petite quantité de mercure pur et lavez le tout à l'eau distillée froide par agitation dans une bouteille; décantez et répétez l'opération au moins deux fois. Après le dernier lavage, enlevez autant d'eau que possible.

4. *Solution de sulfate de zinc.* — Préparez une solution neutre saturée de sulfate de zinc recristallisé en mêlant dans une bouteille de l'eau distillée avec deux fois son poids environ de cristaux de sulfate de zinc pur, et en ajoutant environ 2 pour 100 en poids d'oxyde de zinc pour neutraliser tout acide libre. Les cristaux seront dissous à l'aide d'une douce chaleur, mais la température à laquelle la solution sera élevée ne doit pas dépasser 30° C. Le sulfate mercureux, traité comme on l'a décrit en 3, sera ajouté dans la proportion de 12 pour 100 environ aux cristaux de sulfate de zinc, pour neutraliser tout oxyde de

zinc libre, et la solution filtrée encore chaude dans une bouteille. Il devra se former des cristaux par refroidissement.

5. *Pâte de sulfate mercureux et de sulfate de zinc.* — Mélangez le sulfate mercureux lavé avec la solution de sulfate de zinc en ajoutant suffisamment de cristaux de sulfate de zinc pris dans la bouteille pour assurer la saturation, et une petite quantité de mercure pur. Mélangez bien jusqu'à former une pâte présentant la consistance de la crème. Chauffez la pâte, mais pas au-dessus de 30° C. Maintenez la pâte pendant une heure à cette température en l'agitant de temps en temps, et laissez-la refroidir : continuez à l'agiter quelques fois pendant qu'elle refroidit. Des cristaux de sulfate de zinc peuvent être alors distinctement visibles distribués à travers la masse pâteuse ; s'il n'en est pas ainsi, ajoutez de nouveaux cristaux pris dans la bouteille et répétez l'opération.

Ce procédé assure la formation d'une solution saturée de sulfates de zinc et mercureux dans l'eau.

Montage de l'élément. — La pile peut être convenablement montée dans un petit tube d'expérience d'environ 2 cm de diamètre et 4 ou 5 cm de hauteur. Placez le mercure au fond du tube sur une hauteur de 0,5 cm. Coupez un bouchon d'environ 0,5 cm de hauteur pour boucher le tube ; sur un côté du bouchon percez un trou à travers lequel la baguette de zinc puisse passer à frottement sur le côté opposé, percez un autre trou pour le tube de verre qui couvre le fil de platine ; sur le bord du bouchon faites une entaille à travers laquelle l'air puisse passer lorsque le bouchon est enfoncé dans le tube. Lavez soigneusement et laissez-le plongé dans l'eau pendant quelques heures avant emploi. Laissez dépasser la baguette de zinc d'environ 1 cm à travers le bouchon.

Le contact est obtenu à l'aide d'un fil de platine du n° 22 (0,7 mm de diamètre). Ce fil est protégé du contact avec les autres produits de la pile en le scellant dans un tube de verre. Les bouts du fil dépassent ceux du tube : une des extrémités forme la borne, l'autre extrémité et une partie du tube de verre plongent dans le mercure.

Nettoyez soigneusement le tube de verre et le fil de platine, chauffez l'extrémité du fil de platine au rouge et plongez-la dans le mercure du tube d'essai en prenant soin que tout le platine soit recouvert de mercure.

Agitez la pâte et introduisez-la sans contact avec la partie supérieure du tube d'essai en remplissant le tube au-dessus du mercure à une épaisseur d'un peu plus de 1 cm.

Placez alors le bouchon et la baguette de zinc en passant le tube de verre à travers le trou qui lui est réservé. Poussez doucement le bouchon jusqu'à ce que sa face inférieure vienne presque en contact avec le liquide. L'air sera ainsi presque entièrement expulsé, et l'élément devra être abandonné à lui-même pendant au moins vingt-quatre heures avant d'être scellé de la manière suivante :

Fondez un peu de glu marine jusqu'à ce qu'elle soit assez fluide pour couler par son propre poids, et coulez-la sur le tube d'essai au-dessus du bouchon en quantité suffisante pour couvrir complètement le zinc et sa soudure. Le tube de verre contenant le tube de platine doit dépasser d'une certaine quantité le niveau de la glu marine.

La pile peut être scellée d'une façon plus permanente en recouvrant la glu marine lorsqu'elle est sèche avec une solution de silicate de soude, et en la laissant sécher.

La pile ainsi terminée peut être montée d'une façon convenable. Il est bon de disposer la monture de telle façon que la pile puisse être immergée dans un bain d'eau jusqu'au niveau de la face supérieure du bouchon. Sa température peut alors être déterminée plus exactement que si l'élément plongeait dans l'air. En employant la pile, on doit éviter autant que possible les brusques variations de température.

La forme du récipient contenant l'élément peut être variée. Dans la forme en H, le zinc est remplacé par un amalgame de 10 parties en poids de zinc et 90 de mercure. Les autres substances seront préparées comme on l'a décrit précédemment. Un contact est fait avec l'amalgame dans une jambe de l'élément, et avec le mercure dans l'autre, à l'aide de fils de platine scellés dans le verre. (Voy. page suivante.)

Étalon Latimer-Clark, forme en H. — La forme la plus simple, la plus commode et la plus pratique de l'étalon Latimer-Clark est probablement celle connue sous le nom de *pile en H*.

L'une des jambes de l'H est remplie en partie d'un amalgame de zinc, A, obtenu en mettant du zinc pur dans du mercure pur distillé dans le vide; l'autre jambe, M, renferme du mercure pur, distillé de même et recouvert de sulfate mercureux MS.

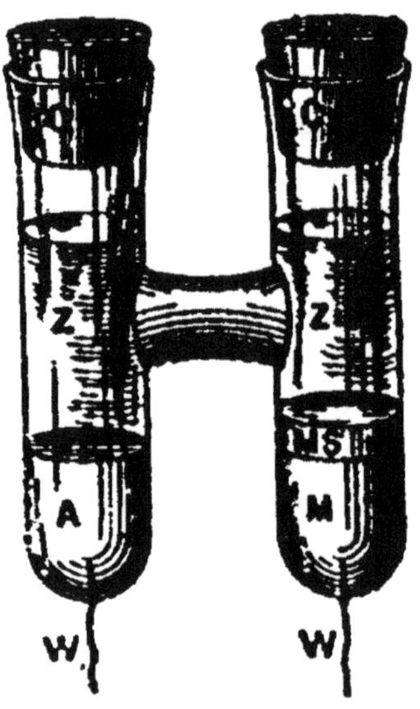

Étalon *Latimer-Clark*. Forme en H.

Le contact avec le mercure est établi par un fil de platine qui descend dans un tube de verre soudé à l'intérieur du vase et qui plonge au-dessous de la surface du mercure, ou, mieux encore, par un petit tube de verre soufflé sur le côté du vase et s'ouvrant près du fond. Le sulfate mercureux (Hg^2SO^4) peut être obtenu dans le commerce; on peut d'ailleurs le préparer en dissolvant un excès de mercure dans de l'acide sulfurique chaud, à une température inférieure au point d'ébullition; le sel, qui est une poudre blanche presque insoluble, doit être lavé à l'eau distillée; on doit avoir soin de l'obtenir bien exempt de sulfate mercurique (bisulfate), dont on reconnaît la présence à ce que le mélange tourne au jaune par une addition d'eau. Il est essentiel de laver soigneusement le sel, la présence d'acide libre ou de bisulfate produisant un changement considérable dans la f. é. m. de l'élément.

Le tout est alors rempli jusqu'au-dessus du tube horizontal d'une solution saturée de sulfate de zinc pur à laquelle on ajoute quelques cristaux pour éviter la sursaturation.

On évite l'évaporation par des bouchons paraffinés, C, et les contacts sont établis avec l'amalgame A et le mercure M à l'aide de fils de platine, WW, soudés dans le verre.

On peut aussi employer de la glu marine, ou mieux fermer hermétiquement à la lampe.

D'après les expériences de lord Rayleigh, cette pile donne une f. é. m. très constante, après quelques semaines de repos, à la condition de n'être utilisée qu'avec l'électromètre ou à la charge de condensateurs de faible capacité. Sa f. é. m. est :

$$E = 1,438\,[1 - 0,00077\,(\theta - 15)] \text{ volt international,}$$

θ étant la température de l'élément en degrés C.

Pile étalon du Post-Office de Londres. — Elle appartient au type de Daniell. Elle se compose d'une boîte renfermant trois vases distincts : celui de gauche renferme une lame de zinc Z plongée dans l'eau, celui de droite ou vase poreux plat et rectangulaire C′, contenant une lame de cuivre, le vase poreux plonge dans l'eau et est rempli d'une solution saturée de sulfate de cuivre. Le vase du milieu renferme une solution à moitié saturée de sulfate de zinc, et au fond un petit cylindre de zinc X dans un petit compartiment spécial. Lorsqu'on veut se servir de la pile, on retire le vase poreux de sa place de repos ainsi que le zinc et on les met tous deux dans le vase du milieu: la pile est alors prête à fonctionner. On les retire et on les met dans leurs vases de repos respectifs lorsqu'on a fini de s'en servir; le peu de sulfate de cuivre qui a traversé le vase poreux pendant le travail vient se déposer sur le cylindre de zinc X; la solution reste ainsi toujours très claire. Dans de bonnes conditions, avec une pile nouvellement montée, la f. é. m. est de 1,08 volt international.

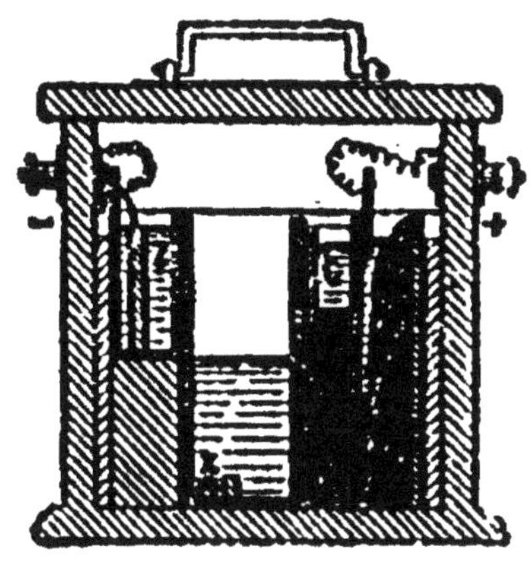

Pile étalon du Post-Office de Londres.

Étalon de M. J.-A. Fleming. — Un tube en U de 18 à 20 mm de diamètre porte quatre ajutages : A et B correspondent à des réservoirs, C et D à des tubes de vidange fermés par des robinets de verre. Le réservoir de gauche est rempli avec la solution de zinc et le réservoir de droite avec la solution de cuivre traversant des bouchons en caoutchouc P et Q qui assurent une fermeture hermétique aux extrémités du tube U.

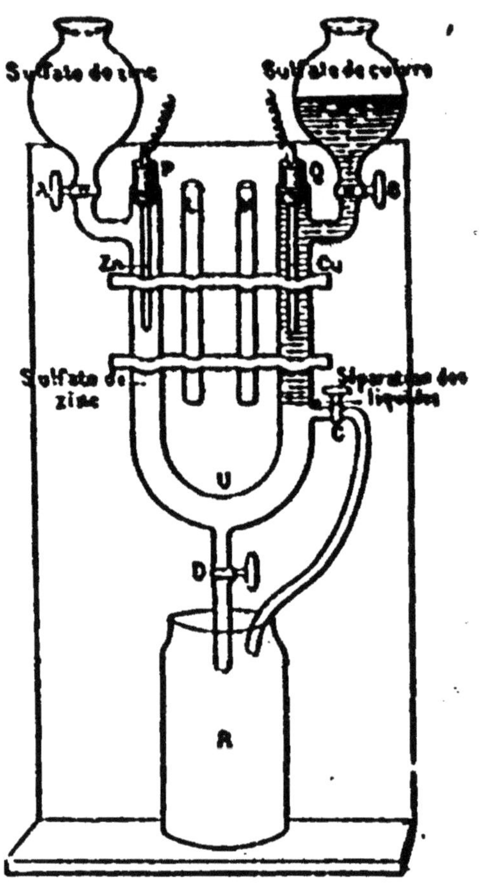

Étalon de *M. J.-A. Fleming.*

Pour amorcer la pile, on ouvre le robinet A et l'on remplit le tube de la solution la plus dense; on introduit la tige de zinc et l'on fixe le bouchon en caoutchouc P. En ouvrant le robinet C, le niveau du liquide descend dans la branche de droite; dès qu'il commence à baisser, on ouvre un peu le robinet B, et la solution de sulfate de cuivre coule lentement pour remplacer le sulfate de zinc; on peut mener l'opération de telle façon que la ligne de séparation des deux liquides reste parfaitement définie et atteigne le niveau du robinet C. A ce moment, tous les robinets sont fermés et la tige de cuivre mise en place sur le tube de droite.

Il est impossible d'empêcher la diffusion de produire un mélange lent des liquides à la surface de séparation; mais lorsque cette surface cesse d'être nettement définie, le liquide mélangé peut être retiré par le robinet C et de la solution neuve puisée dans les réservoirs. On peut ainsi maintenir la solution pure et non troublée autour des deux électrodes. Lorsque la pile

8.

n'est pas en service, les tiges de zinc et de cuivre peuvent être retirées et mises dans les tubes d'essai L et M remplis de leurs solutions respectives. Le robinet inférieur D sert à vider la pile.

Les électrodes sont formées de zinc et de cuivre le plus purs possible; les tiges ont 10 cm de long et 6 mm de diamètre. Le zinc le meilleur est celui qui a été distillé deux fois et coulé en baguettes: le cuivre est obtenu par dépôt électrolytique sur un fil de cuivre fin jusqu'à l'épaisseur voulue.

M. J.-A. Fleming monte la pile avec deux solutions de densités différentes que nous désignerons par A et par B :

Solution A. — Solution de sulfate de cuivre sensiblement saturée à 15° C; densité : 1,2. Solution de sulfate de zinc de densité égale.

Solution B. — Solution de sulfate de cuivre de densité 1,1 à 15° C. Solution de sulfate de zinc de densité 1,4.

Pour une différence de température de 20° C, l'expérience a montré une petite chute de f. é. m. dans l'élément chauffé. Cette chute ne dépasse pas *trois millièmes* pour une différence de 20° C. C'est une variation *cinquante* fois moins grande que celle de l'élément Clark pour une même différence de température.

On peut donc dire que, *pratiquement, la f. é. m. de l'élément Daniell est indépendante de la température, dans les limites naturelles à l'air de nos climats.*

L'élément normal de M. Fleming (solution B), construit avec du zinc pur amalgamé, du cuivre électrolytique fraîchement déposé, des liquides non mélangés, donne les résultats suivants (moyenne de 50 observations) :

Solution A.	1,102	volt légal.
Solution B.	1,072	—

Pile étalon au chlorure de plomb de MM. Baille et Féry. — Les deux électrodes de cet élément sont enfermées dans des tubes de verre TT' percés de trous latéraux *b* et *c*, et sont constituées l'une par un fil de plomb entouré de chlorure cristallisé P, l'autre par un amalgame de zinc A dont la saturation est maintenue par un fil de même métal Z. La solution est du chlorure de zinc neutre de densité 1,17. Le fond du vase est également recouvert d'amalgame de zinc *a* maintenant toujours le liquide exempt de chlorure de plomb. Dans ces conditions, la f. é. m. est exactement de 0,5 volt à 15° C.

La f. é. m. augmente avec la température, de 0,0004 par degré C. entre + 33° C. et — 6° C. La polarisation est également très faible et se dissipe rapidement; aussi la pile peut-elle *fournir un courant constant* et être employée sur des résistances galvanométriques même très petites. La résistance du modèle ordinaire est de 60 ohms environ.

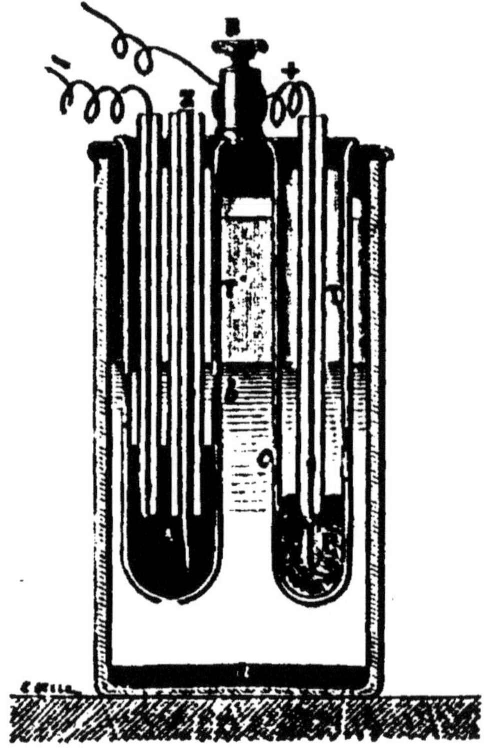

Pile étalon de *MM. Baille et Féry.*

Élément étalon de M. Gouy. — La pile étalon de M. Gouy est formée de zinc amalgamé, sulfate de zinc en solution, mercure et bioxyde de mercure précipité. Un fil de platine isolé plonge dans le mercure et forme le pôle positif. Cet étalon, très constant lorsqu'il ne fournit pas de courants intenses, a une force électromotrice pratiquement indépendante de la température dans les limites ordinaires d'emploi, et égale à 1,39 volt légal. Voici quelques indications relatives à sa construction que nous empruntons à un article publié par M. Gouy dans le *Journal de physique* (novembre 1888).

Si la pile est destinée à une longue durée, il convient de prendre quelques précautions pour éviter l'évaporation et le contact du mercure et du zinc. On peut employer un flacon à deux tubulures; l'une d'elles laisse passer un petit cylindre de zinc, qui est protégé par un tube de verre plus large, fermé à sa partie inférieure et percé d'un trou latéral de 0,5 mm de diamètre; l'élément peut ainsi être agité et renversé sans avaries. Le mercure forme au fond du vase une couche de 1 cm environ, dans laquelle plonge l'extrémité du fil de platine, scellée dans un tube de verre fixé à l'autre tubulure; cette extrémité peut être façonnée en hélice ou en spirale pour mieux assurer le contact. Au-dessous, le bioxyde forme une couche de quelques millimètres. Le flacon est rempli de la solution de sulfate de zinc à $\frac{1}{10}$, et les tubulures soigneusement fermées au moyen de mastic ou de bouchons de caoutchouc paraffinés.

Ces éléments possèdent une résistance de 1000 à 2000 ohms qui importe peu pour les méthodes de réduction à zéro, mais qui est trop grande pour les mesures faites par la méthode galvanométrique directe. Ces mesures se font en effet le plus souvent avec le galvanomètre Deprez d'Arsonval et une résistance de 5000 à 10000 ohms. On peut construire des éléments à faible résistance en supprimant le tube de verre qui entoure le zinc, et protégeant celui-ci par une enveloppe de toile; on emploie aussi une solution plus concentrée, par exemple une solution saturée étendue de son volume d'eau. L'élément possède alors une résistance de 10 à 20 ohms, qu'on peut négliger devant celle du reste du circuit.

Des mesures faites sur un élément de 6 cm de diamètre ont montré que la polarisation est insensible, au degré d'approximation cherché ($\frac{1}{1000}$), si l'on ne laisse pas le circuit fermé inutilement; elle se dissipe d'ailleurs très vite en agitant la pile [1].

Pour la charge des électromètres, on peut réduire beaucoup les dimensions et supprimer le mercure; le pôle positif est alors formé d'un bout de fil de platine, scellé à la partie inférieure d'un petit tube de verre, long de 4 cm, qui constitue l'élément. A sa partie supérieure est mastiqué un fil de zinc, recourbé en crochet, par lequel l'élément est suspendu à une boucle formée

[1] Les éléments peuvent être fermés en court circuit sans être mis hors de service; en effet, au bout de quelques minutes, ils ne débitent guère que 0,005 ampère.

par le fil de platine du précédent. Les éléments forment ainsi des séries verticales de dix ou quinze, placées chacune dans un gros tube de verre. Des éléments de ce genre, construits et employés depuis plus d'un an, ne paraissent pas avoir subi d'altération, et diffèrent très peu des éléments au mercure.

Un assez grand nombre d'essais ont été faits sur la préparation des substances qui entrent dans la pile; je vais indiquer les procédés qui m'ont paru les plus simples et les plus sûrs.

Mercure. — Du mercure neuf, en couche mince dans un cristallisoir, est laissé pendant huit jours au contact de l'acide azotique étendu, puis lavé à grande eau, séché et filtré jusqu'à ce que sa surface soit parfaitement nette. Le mercure redistillé ne m'a pas paru donner de résultats différents, après la purification par l'acide azotique, qui est presque toujours nécessaire.

Zinc. — On trouve dans le commerce, en baguettes de dimensions convenables, du *zinc distillé pur* et du *zinc chimiquement pur* provenant de la réduction de l'oxyde. Ces deux variétés conviennent également, et je n'ai pas remarqué de différence entre les diverses provenances. Il est bon de s'assurer que le métal s'attaque difficilement dans l'acide sulfurique étendu, et s'y dissout sans résidu. Le zinc peut être employé tel quel, mais il est préférable de l'amalgamer; il doit être ensuite lavé avec soin pour enlever toute trace d'acide.

Sulfate de zinc. — Le sel pur du commerce contient quelquefois des traces d'acide libre, de chlore, et de métaux précipitables par le zinc, qui peuvent altérer la force électromotrice. Pour le purifier rapidement, on peut faire bouillir une heure la solution concentrée avec quelques millièmes de son poids d'oxyde d'argent : il se forme du sulfate d'argent, du sulfate basique de zinc, peu soluble à chaud, qui sature l'acide libre, et du chlorure d'argent. Le liquide refroidi est filtré et laissé vingt-quatre heures au contact des feuilles de zinc, qui précipitent l'argent et les traces de quelques autres métaux; il ne reste qu'à filtrer la solution et à l'étendre à la densité 1,06.

Bioxyde de mercure. — Le bioxyde précipité, préparé par divers procédés, donne des résultats à peu près identiques; néanmoins la méthode suivante me paraît préférable : elle consiste à précipiter le sulfate mercurique en solution acide par un grand excès de carbonate de soude, vers la température de 40°. Dans ces conditions, le carbonate de mercure qui se forme d'abord se décompose presque aussitôt, en donnant du bioxyde pur.

A 4 parties d'eau on ajoute 1 partie d'acide sulfurique pur, et dans ce mélange on dissout à saturation le sulfate basique jaune $3HgO, SO^3$, préparé en faisant bouillir deux ou trois fois avec de l'eau le *bisulfate de mercure* du commerce; la solution est filtrée [1]. D'autre part, on fait dissoudre, en chauffant un peu, du carbonate de soude cristallisé, pur et exempt de chlore, dans la moitié de son poids d'eau. Le liquide étant chauffé à 40° environ, on y verse la solution mercurique, à raison de 1 g pour 1200 g de carbonate de soude cristallisé. Le mélange s'étant un peu refroidi, on le réchauffe quelques instants à 40° pour terminer la réaction, en agitant, jusqu'à ce que le précipité ait pris une belle nuance orangée. Le bioxyde est ensuite lavé à froid, en terminant avec la solution du sulfate de zinc au titre voulu. Les quantités indiquées donnent environ 200 g de bioxyde, qui suffisent pour une centaine d'éléments.

Le bioxyde ainsi préparé est pur, et en grains assez gros pour que le mercure ne le divise pas dans la pile par l'agitation, ce qui est préférable, surtout pour les éléments à faible résistance. La préparation par le bichlorure et la potasse, usitée dans les laboratoires, donne aussi de bons résultats, mais le produit retient toujours un peu de chlore [2].

[1] Ce mode opératoire n'a d'autre but que de purifier le produit du commerce; si l'on avait du sulfate mercurique pur, on pourrait le dissoudre directement, en diminuant de moitié la proportion d'acide sulfurique. Inutile de dire que dans toutes ces opérations on doit faire usage d'eau distillée.

[2] Au début de ce travail, on a fait usage aussi de sels basiques de bioxyde de mercure, tels que le sulfate $3HgO, SO^3$, et les carbonates $3HgO, CO^2$ et $4HgO, CO^2$. Ces sels se comportent à très peu près comme le bioxyde, mais donnent peut-être des résultats un peu moins réguliers. D'autres essais, en vue de remplacer le sulfate de zinc par d'autres sels, n'ont pas donné jusqu'ici de résultats bien satisfaisants.

VOLTAMÈTRES

Voltamètre à argent. — *Spécifications rendues légales en Angleterre le 23 août 1891.* — Dans les spécifications ci-dessous, l'expression voltamètre à argent désigne la combinaison des appareils par lesquels un courant électrique traverse une solution d'azotate d'argent dans l'eau. Le voltamètre à argent mesure la quantité totale d'électricité qui a passé pendant le temps de l'expérience, et en notant ce temps on peut en déduire le courant moyen, et si ce courant a été maintenu constant, le courant lui-même. En employant le voltamètre à argent pour mesurer des courants d'environ un ampère, on devra adopter les dispositions suivantes. La cathode sur laquelle l'argent devra prendre la forme d'une capsule en platine d'au moins 10 cm de diamètre et de 4 à 5 cm de profondeur. L'anode devra être une plaque d'argent pur d'environ 30 cm^2 de surface et de 2 à 3 mm d'épaisseur.

Elle sera supportée horizontalement dans le liquide près du haut de la solution par un fil de platine passant dans des trous percés dans la plaque en deux coins opposés. Pour prévenir la chute de l'argent désagrégé de l'anode sur la cathode, cette anode devra être enveloppée dans du papier-filtre pur, fixé par derrière avec de la cire à cacheter. Le liquide sera composé d'une solution neutre d'azotate d'argent pur, contenant environ 15 parties d'azotate en poids, et 85 parties d'eau.

La résistance du voltamètre change quelquefois lorsque le courant passe. Pour empêcher que ces changements produisent de trop grandes variations dans le courant, on devra insérer dans le circuit une résistance autre que le voltamètre. La résistance métallique totale du circuit ne devra pas être inférieure à 10 ohms.

Méthode de mesure. — La capsule de platine est lavée à l'acide nitrique et à l'eau distillée, séchée par la chaleur et mise à refroidir dans un dessiccateur. Lorsqu'elle est bien sèche, elle est soigneusement pesée.

Elle est presque remplie de solution et reliée au reste du circuit en la plaçant sur un support en cuivre bien propre auquel est fixée une borne. Ce support en cuivre doit être isolé

L'anode est alors plongée dans la solution qui doit la recouvrir entièrement et elle est maintenue dans cette position; les connexions sont faites avec le reste du circuit.

On établit le contact avec la clef, en notant l'époque du contact. On laisse passer le courant pendant au moins une demi-heure et l'on note l'époque à laquelle le circuit est rompu. On doit veiller à ce que l'horloge employée marche exactement pendant la mesure. La solution est alors retirée de la capsule, le dépôt lavé à l'eau distillée et mis à sécher pendant au moins six heures. Il est alors rincé successivement avec de l'eau distillée, puis de l'alcool absolu et séché dans un bain d'air chaud à la température d'environ 160° C. Après refroidissement dans un dessiccateur, la capsule est pesée de nouveau. L'accroissement de poids donne l'argent déposé.

Pour déterminer le courant en ampères, ce poids, exprimé en grammes, doit être divisé par le temps, en secondes, pendant lequel le courant a passé et par 0,001 118. Le résultat sera le courant moyen, si ce courant a varié pendant l'expérience.

En déterminant par cette méthode la constante d'un instrument, le courant doit être maintenu aussi constant que possible, et les lectures faites à de fréquents intervalles de temps. Ces observations fournissent une courbe dont on peut déduire la lecture correspondant au courant moyen. Le courant, calculé par le voltamètre, correspond à cette lecture.

Renseignements pratiques sur l'emploi du voltamètre à argent. (*Anderson.*) — On forme la cathode avec une capsule en platine de 3 à 8 cm de diamètre, suivant l'intensité des courants à déterminer. L'anode est un disque de 5 mm d'épaisseur ou un *fil d'argent chimiquement pur.* Cette anode est suspendue à un système qui permet de l'élever et de la centrer à l'intérieur de la capsule. On protège la cathode de la chute de petites parties détachées de l'anode en l'enveloppant d'un papier-filtre attaché avec un brin de fil blanc. La capsule en platine repose sur un anneau métallique par lequel le courant retourne à la source.

L'électrolyte est une solution de 15 à 30 pour 100 d'azotate d'argent pur. Avec une capsule de 7 à 8 cm de diamètre, on peut faire passer un courant de 1 ampère pendant une heure. Si la solution est trop faible, le dépôt est irrégulier et non adhérent. Les courants qui ne dépassent pas 1,5 ampère peuvent être mesurés avec une capsule de 7,5 cm; on arrête l'opération au bout de vingt minutes. La même capsule permet de mesurer un courant de 4 ampères passant pendant dix à quinze minutes dans une solution à 40 ou 50 pour 100. La température n'exerce pas d'influence appréciable dans les limites ordinaires pratiques.

Le nettoyage et le pesage de la capsule en platine avant et après l'opération demandent quelques précautions spéciales. Des traces de matières organiques ou étrangères rendent l'opération illusoire; on doit donc éviter de toucher la capsule avec les doigts et ne la saisir, après le nettoyage, qu'avec du papier-filtre ou des presselles platinées. On ne doit faire usage que d'eau distillée et d'acide azotique chimiquement pur.

On enlève le dépôt d'argent en le dissolvant dans l'acide nitrique. Si quelques parties extérieures de la capsule ne sont pas propres après ce traitement, il faut les frotter avec de la pierre ponce et les rincer à l'alcool ou à l'eau chaude. Après rinçage, on fait égoutter et l'on sèche au-dessus d'une lampe à alcool ou d'un bec de gaz ou à l'étuve. Ce n'est qu'après ces diverses opérations qu'on détermine le poids de la capsule.

Après l'électrolyse, on retire le liquide et l'on rince la capsule à grande eau pendant une heure ou deux; il est même préférable de laisser tremper une nuit entière pour enlever tous les sels des pores du dépôt. Après nouveau rinçage, on fait sécher à la flamme d'un bec de gaz ou dans un courant d'air chaud. Il faut éviter de porter la capsule au rouge, le platine et l'argent s'alliant à cette température. On fait alors la seconde pesée de la capsule et l'on fait les calculs en partant du chiffre donné par lord Rayleigh, que 1 ampère-heure dépose 4,0246 g d'argent.

Règles pratiques pour l'emploi du voltamètre à cuivre dans les étalonnages de galvanomètres. — Le voltamètre à cuivre est plus facile à manier que le voltamètre à argent et il permet une densité de courant plus grande. En prenant les précautions indiquées ci-dessous, on obtiendra des résultats aussi exacts qu'avec les autres procédés d'étalonnage.

La solution de sulfate de cuivre doit être complètement exempte de fer. On la compose d'un mélange de 3 parties de solution saturée et 2 parties d'eau distillée. Cette dilution évite le dépôt mécanique de cristaux de sulfate de cuivre sur les électrodes. On prendra l'anode en cuivre un peu plus petite que la cathode en platine. Cette lame en platine doit être, avant l'emploi, maintenue quelque temps dans de l'acide azotique bouillant, lavée avec soin à l'eau distillée, desséchée entre des feuilles de papier-filtre, et enfin passée dans la partie non lumineuse de la flamme d'un bec Bunsen, refroidie et pesée.

La densité du courant ne doit pas dépasser 3 ampères par dm^2 de cathode. Le dépôt est alors parfait; il faut éviter de toucher avec les doigts les lames de platine, car le dépôt présente alors des taches. M. le docteur *Kittler*, à qui ces renseignements sont empruntés, place quelquefois la lame de platine entre deux lames de cuivre; le courant se divise et les deux faces de la lame se recouvrent également. Lorsque le courant à mesurer est intense, on augmente la surface des électrodes ou l'on monte plusieurs voltamètres en dérivation.

Le poids de cuivre déposé ne doit pas être inférieur à 1 g, afin que les erreurs de pesée ne puissent fausser les résultats.

Quand l'essai voltamétrique est terminé, on enlève rapidement la lame de la solution, on la sèche entre des feuilles de papier-filtre et on la pèse au bout de plusieurs heures.

D'après les dernières déterminations de lord Rayleigh ramenées à l'ohm international, 1 coulomb dépose 0,32709 mmg de cuivre

Voltamètres à gaz. — On ne doit jamais employer de caoutchouc pour fermer les voltamètres à gaz, lorsqu'on veut appliquer une méthode de pesée, parce que l'ozone dégagé dans l'électrolyse détruit rapidement cette substance. Il faut faire usage de paraffine et de bouchons à l'émeri.

RECETTES DIVERSES

Nettoyage de la peau de chamois. — La peau de chamois qui sert à nettoyer les objets métalliques et le verre est d'un prix assez élevé, et il est utile de savoir la nettoyer lorsqu'elle est salie. Pour cela, placez la peau à laver dans une solution faible de soude, dans de l'eau où vous aurez jeté du savon râpé. Laissez pendant deux heures, puis frottez jusqu'à nettoyage complet. Rincez ensuite dans de l'eau tiède savonneuse — pas dans de l'eau pure, — car la peau durcirait en séchant. Le lavage terminé, tordez dans un linge et faites sécher rapidement. On peut encore frotter à sec et brosser jusqu'à ce que la peau ait repris sa douceur.

Nettoyage des appareils en verre. — Les appareils de verre employés dans les laboratoires sont souvent difficiles à nettoyer. L'emploi de préparations oxydantes permet d'arriver facilement au résultat cherché.

Un premier procédé consiste à se servir du liquide suivant :

Eau	100 parties.
Bicarbonate de potasse.	40 —
Acide azotique ordinaire.	20 —

M. H. *Tarnoe* conseille d'employer la solution visqueuse obtenue en dissolvant à saturation le permanganate de potasse dans l'acide sulfurique. Après l'action du liquide oxydant, on lave à grande eau.

Mesure du volume d'un corps solide. (*M. Kleemann.*) — Ce petit instrument permet de mesurer le volume d'un corps solide, sans le plonger dans l'eau et sans le peser. Il se compose d'un tube gradué, en verre, d'environ 3 cm de diamètre, qu'on peut fermer à son extrémité supérieure à l'aide d'un bouchon en caoutchouc, tandis qu'il s'assemble à sa base avec une boîte en cuivre de 6 cm sur 10 cm de diamètre. On commence par mettre du sable dans l'appareil jusqu'au zéro de la graduation. Alors on le renverse et on dévisse le fond de la boîte, puis on introduit le corps dont on veut mesurer le volume. Après avoir refermé la boîte, on remet l'appareil dans sa position normale. Il suffit alors d'observer le niveau auquel monte le sable dans le tube de verre ; le volume cherché se lit sur l'échelle graduée.

Papier à filtrer résistant. — En imprégnant d'acide nitrique D = 1.42 et en lavant ensuite à l'eau, on communique au papier à filtrer une résistance au moins dix fois supérieure à celle qu'il possède dans les conditions habituelles, sans que la filtration se trouve notablement ralentie. Ce procédé peut rendre des services dans la préparation des filtres à succion. On plonge l'extrémité du filtre dans de l'acide nitrique et on lave aussitôt.

Empêcher les robinets de fuir. — On fait fondre parties égales de gomme-résine et de suif, puis on les mélange à chaud et l'on ajoute une ou deux pincées, suivant la quantité, de graphite en poudre. On coule alors en bâtons dans des moules quelconques en fonte ou en marbre. Si le robinet fuit, sans que pour cela sa clef soit usée jusqu'à la corde, on la retire, puis on fait chauffer légèrement un des bâtons et on le promène le long de ladite clef, de façon à l'oindre du mélange préservateur. Le robinet ne fuira plus pendant pas mal de temps ; s'il revient à ses mauvaises habitudes, on recommence.

Les vétérans emploient tout simplement du suif, mais ils sont obligés d'en remettre tous les jours.

Les malins d'usine, les *bifins*, préparent dans le même but un mélange poisseux de graphite et de caoutchouc. Cela est fort délicat ; si l'on n'est qu'un apprenti bifin, on réalise par ce procédé une colle endiablée qui rive la clef dans le robinet, à la joie des assistants. Mieux vaut s'en tenir à la première formule, qui est celle de la prudence.

Fixation des étiquettes parcheminées. — Cette solution gommeuse permet de fixer sur verre ou sur toute autre surface les étiquettes imprimées sur parchemin végétal ou sur papier parcheminé.

On fait macérer dans un peu d'eau 50 g de gomme adragante ; lorsque cette gomme forme une solution visqueuse, on y mélange une solution épaisse de 120 g de gomme arabique, on passe sur un linge fin, puis on ajoute 120 g de glycérine dans laquelle on a fait dissoudre 2,5 g d'huile de thym; le volume est amené à un litre avec de l'eau distillée. Cette colle se conserve dans des flacons bien bouchés.

Bouchons en paraffine pour les flacons contenant des liqueurs alcalines caustiques. — Les flacons bouchés à l'émeri, lorsqu'ils contiennent des liqueurs alcalines caustiques, contractent avec leur bouchon une adhérence progressivement croissante et que la précaution qu'on prend de les graisser avec de l'huile ou du suif n'empêche pas qu'on ne soit souvent obligé de sacrifier des flacons de valeur. L'usage du bouchon de liège est avec raison généralement rejeté, et il est à désirer qu'on trouve un procédé réellement convenable. Or, la paraffine n'étant ni saponifiée ni attaquée par les alcalis caustiques, peut être employée fort avantageusement à cet usage, parce qu'elle rend suffisamment onctueux les bouchons en verre. En prenant de la paraffine de première qualité, on peut composer entièrement, avec cette matière, des bouchons offrant tous les avantages des bouchons à l'émeri, mais présentant l'inconvénient de se briser facilement.

Ouverture des flacons à bouchon de cristal. — Faire tenir vigoureusement et solidement le flacon par une autre personne, enrouler une ou deux fois autour du goulot une bonne ficelle dont on tient un bout dans chaque main et tirer rapidement cette ficelle à droite et à gauche, comme si l'on voulait l'user contre le verre. Ce mouvement rapide échauffe le col de la bouteille, qui se dilate, et laisse échapper le bouchon au bout d'une ou deux minutes de cet exercice violent. Ce procédé ne présente aucun danger.

Vide-touries. — Tous ceux qui manient les touries en connaissent les inconvénients. Ces vases volumineux sont susceptibles de se briser ou de se renverser en répandant le liquide qu'ils renferment. Quand celui-ci est formé d'acides ou de liqueurs corrosives, il peut en résulter de véritables dangers pour le manipulateur. Voici un système très simple, dû à M. G. Lufbery, qui permet de soutirer le liquide que contient la

Vide-touries de *M. Lufbery.*

tourie sans avoir l'embarras de la déplacer ou de la pencher, sans qu'il soit même nécessaire de la déboucher.

Le petit appareil, au moyen duquel on obtient ce résultat,

consiste en un bouchon représenté à la droite de la figure ci-contre : il est percé de deux trous à travers lesquels s'engagent deux tubes A et B; le premier forme l'extrémité d'un siphon, le second est destiné à amorcer ce siphon, en déterminant à la surface du liquide une augmentation de pression qu'on produit par insufflation.

Le siphon est muni d'une pince C qui le tient fermé par l'action d'un anneau en caoutchouc formant ressort. Quand on veut déterminer l'écoulement du liquide, il suffit de serrer la pince avec les deux doigts à sa partie supérieure. Le tube compressible formant l'extrémité inférieure du siphon n'est plus étranglé; le liquide s'écoule. Quand on en a prélevé une quantité suffisante, on retire les doigts de la pince que ferme le tube. Celui-ci reste toujours amorcé; il est prêt à fonctionner une seconde fois, et ainsi de suite sans interruption.

Vide-touries. — M. *Serrin* a combiné un vide-touries qui permet à un seul ouvrier de manœuvrer sans aide les touries d'acide les plus lourdes. Il se compose d'une plate-forme et de deux demi-roues reliées entre elles par des entretoises disposées en triangle pour assurer la solidité de l'outil. Un bâton de frêne, muni d'une pointe de fer à chaque extrémité, s'accroche aux dents d'une crémaillère afin de rendre la tourie solidaire de l'appareil. Grâce à la longueur des crémaillères, l'appareil peut recevoir indifféremment la tourie, la demi-tourie ou la bonbonne en verre.

L'appareil fonctionne de la manière suivante : la plate-forme n'ayant que 3 cm d'épaisseur et reposant sur le sol, il est facile d'y placer une tourie, quelque lourde qu'elle soit. Pour cela, au lieu d'enlever celle-ci, comme avec les anciens appareils, il suffira de la faire pivoter sur elle-même, après l'avoir inclinée légèrement et de l'engager, par le même mouvement, sur la plate-forme où, au moyen du bâton de frêne, on la fixe définitivement. Ensuite en faisant basculer l'appareil sur des courbes, la tourie s'incline de plus en plus jusqu'au renversement complet, de façon à rendre cruchée par cruchée tout le liquide qu'elle contient.

Siphon pour liquides corrosifs. — Voici un modèle de siphon, très pratique pour le transvasement des liquides corrosifs qui, d'après le Dr G. Zunge, est très employé dans les usines de produits chimiques aux États-Unis. La petite branche *c* de ce siphon débouche dans un renflement sphérique A, de capacité suffisante, dont le tuyau terminal *b* est fermé par une boule de verre légère, formant soupape. Pour amorcer le siphon, il suffit d'insuffler de l'air par le tuyau latéral *l* au moyen de la bouche ou mieux d'une poire en caoutchouc, après avoir immergé la sphère A dans le liquide à transvaser. La soupape à boule se ferme aussitôt et le liquide contenu dans l'espace A est refoulé dans *c*. Dès qu'il a dépassé le coude *m*, on cesse de souffler dans *l*, la soupape se relève et le siphon est amorcé.

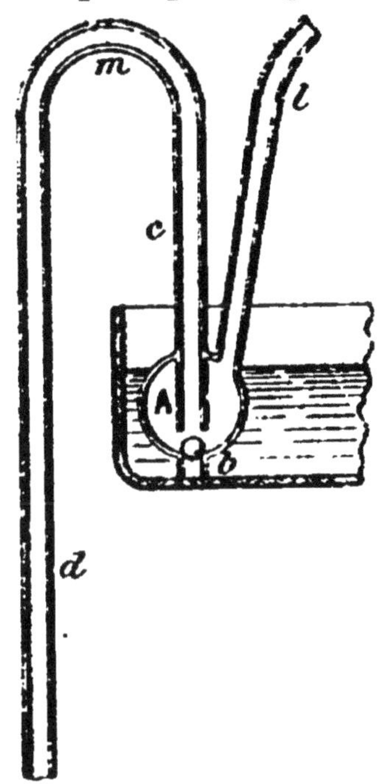

Siphons pour liquides corrosifs.

Aspirateur universel pour siphons. (M. *Émile Muller.*) — Tous ceux qui ont manipulé industriellement les gros produits chimiques savent combien il est délicat, pénible même quelquefois, de transvaser des liquides désagréables ou dangereux. Le siphon joue un grand rôle dans ces manipulations, mais la première opération nécessaire, l'amorçage, rebute souvent l'opérateur.

On a essayé de modifier le siphon primitif en y ajoutant certains organes accessoires, robinets, soupapes, etc., mais l'appareil s'est compliqué sans grands avantages pratiques.

Le nouvel aspirateur de M. É. Muller laisse au siphon proprement dit sa simplicité première et, s'adaptant à tous les siphons possibles, permet un soutirage facile, élégant même, de n'importe quel liquide, neutre ou acide, sans perte ni danger. La manœuvre de l'appareil est des plus simples.

L'aspirateur est adapté à un siphon quelconque, tube de caoutchouc ou autre. Pour amorcer le siphon, il suffit de boucher avec le doigt le bec coudé A et de soulever le piston. (Il est bon, une fois le siphon amorcé, de redescendre tout doucement le piston pour éviter les coudes trop brusques du tube de caoutchouc.)

Le liquide s'écoulant par le bec, on accroche celui-ci dans le

Aspirateur universel pour siphons de *M. É. Muller.*

vase à remplir. Pour interrompre la marche du siphon, il suffit d'élever la pompe à la hauteur du niveau du liquide supérieur (pas plus haut), l'écoulement s'arrête naturellement, mais le siphon reste amorcé et il suffit de baisser la pompe à nouveau pour que le liquide recommence à couler.

Des modèles spéciaux, tout en verre, avec piston en amiante, sont construits pour les acides forts.

Désaimantation des montres. — Le flux de force magnétique produit par les machines dynamo-électriques puissantes a pour effet d'aimanter fortement le spiral des montres et d'immobiliser ses mouvements. L'aimantation des axes et celle du ressort moteur n'ont qu'une importance secondaire, et le plus souvent il suffit que le spiral soit désaimanté pour que la montre reprenne sa marche normale. Voici les moyens préventifs ou curatifs de ces accidents :

Moyens préventifs. — Le plus simple est de laisser sa montre chez soi ou au vestiaire avant de s'approcher des machines dynamo-électriques. Il n'est pas toujours applicable.

Un autre moyen préventif consiste à modifier la nature du spiral en l'établissant avec un métal non magnétique suffisamment élastique. Nous possédons une montre ainsi construite par M. Webster, de Londres, qui reste insensible aux actions perturbatrices des champs magnétiques produits par les machines les plus puissantes. Le spiral est en *palladium*. D'autres métaux ou alliages donnent également de bons résultats et sont employés par d'autres constructeurs.

Un dernier moyen préventif consiste à enfermer la montre dans une boîte entièrement en fer : les lignes de force du champ magnétique de la dynamo trouvant un chemin incomparablement plus facile à travers la boîte en fer qu'à travers la montre elle-même passent toutes dans l'enveloppe et ne forment pas de champ magnétique à l'intérieur : la montre ne peut donc s'aimanter.

Moyens curatifs. — Lorsqu'on n'a pas pris les précautions nécessaires pour empêcher l'aimantation, il faut forcément la détruire pour remettre la montre dans son état primitif.

Un procédé radical, mais long et pénible, est souvent employé par les horlogers : on démonte l'instrument pièce par pièce, on détrempe ces pièces en les chauffant, ce qui fait disparaître l'aimantation, et on les retrempe à nouveau.

En 1881, M. Hiram-Maxim a construit une machine à désaimanter les montres, décrite dans le *Scientific American* du 27 août de la même année. Cette machine se compose en principe d'un électro-aimant droit horizontal, tournant autour d'un axe vertical passant par son milieu et d'un châssis dans lequel on place la montre à désaimanter. Ce châssis est susceptible de deux mouvements : l'un autour de son axe vertical, l'autre d'éloignement lent de l'électro-aimant tournant. On commence par placer le châssis portant la montre à désaimanter très près de l'électro et l'on met la machine en mouvement à l'aide d'une manivelle : la rotation de l'électro, celle de la montre et son éloignement, produisent des aimantations contrariées dans tous les sens et graduellement décroissantes. Sous l'action de ces variations d'aimantation rapides, la montre conserve une aimantation nulle et perd celle qu'elle avait accidentellement acquise.

Le principe de la machine de M. Maxim peut s'appliquer très simplement sans aucun appareil. Il suffit, pour désaimanter une montre, de l'approcher d'un des pôles d'une machine dynamo et de l'éloigner lentement en la faisant tourner entre les mains *dans tous les sens.* On produit les mêmes effets qu'avec la machine, et la montre se trouve désaimantée.

Brûlures par les alcalis caustiques. — Il arrive assez fréquemment que les ouvriers éprouvent des brûlures assez douloureuses, soit avec la soude, soit avec la potasse, à l'état caustique, qui attaquent le tissu cutané avec une extrême violence. C'est surtout lorsque ces alcalis sont solides, et en petits fragments, qu'ils présentent le plus de danger ; car, dans ce cas, ils agissent comme de véritables cautères en s'attachant à la peau sur laquelle ils produisent des escarres qui occasionnent, au bout de peu de temps, une suppuration abondante sous la moindre pression, et il s'ensuit que la guérison est souvent fort longue. Quand, au contraire, les alcalis caustiques sont en dissolution, ils ont beaucoup moins d'effet ; cependant, en pénétrant sous les ongles, ils causent une douleur très vive et désorganisent les parties cornées à un tel point qu'elles se contournent à leur extrémité.

Le meilleur remède est, dès qu'on s'aperçoit d'une brûlure, de se laver abondamment avec du vinaigre. L'acide acétique réagit d'une façon immédiate; il se combine à l'hydrate d'oxyde de sodium ou à celui de potassium pour former de l'acétate de soude ou de potasse, qui ne présente aucun inconvénient, et l'on est ainsi préservé de tout accident.

Un contrepoison du mercure. — La manipulation de grandes quantités de mercure amène fatalement, au bout d'un temps plus ou moins long, un empoisonnement qui se manifeste par une salivation abondante. Le principal remède employé jusqu'alors était le repos au grand air. M. Triquet, de la maison Pulsford, Triquet et Cie, ayant été victime de cet empoisonnement, étudia sur lui-même l'action de l'iodure de potassium comme antidote, et reconnut qu'au bout de peu de temps tout symptôme d'empoisonnement avait disparu. Absorbé quotidiennement à la dose de 0,25 g dissous dans 400 cm^3 de lait, l'iodure de potassium constitue un excellent préservatif de l'empoisonnement par le mercure. M. Triquet en a fait alors prendre à ses ouvriers chargés de la manœuvre des pompes à mercure pour faire le vide dans les lampes à incandescence, et n'a jamais plus constaté de cas d'empoisonnement.

Traitement des brûlures par l'acide picrique. — Un médecin attaché à l'hospice de la Charité, à Paris, le docteur Thierry, vient de découvrir, par hasard, un moyen de guérir presque instantanément les brûlures étendues et superficielles. Voici comment il raconte sa découverte :

« Étant interne, je m'occupais spécialement des opérations chirurgicales et j'employais l'acide picrique comme antiseptique. Par suite, j'avais les mains imprégnées constamment de cette solution.

« Un jour, en allumant une cigarette, je laissai tomber du phosphore enflammé sur mes mains; j'aurais dû ressentir une vive douleur, je ne ressentis rien absolument. Plus tard, en cachetant une lettre, la cire en fusion tomba encore sur ma main; résultat : une légère trace de brûlure, mais pas de douleur. Je cherchai la cause de cette immunité et je découvris que je la devais à l'acide picrique, qui resserre les tissus.

« A partir de cette époque (c'était il y a deux ans), je fis des expériences dans différents hôpitaux : à l'Hôtel-Dieu, à la Pitié, à la Charité. Je traitai les brûlures par des solutions saturées d'acide picrique. J'ai obtenu des résultats convaincants.

« Toute douleur était supprimée instantanément après avoir baigné la blessure dans une solution de cet acide, les plaies ne se formaient plus, les phlyctènes, vulgairement appelées ampoules, ne se produisaient pas, et la guérison complète était l'affaire de quatre ou cinq jours. En outre, l'emploi de l'acide picrique ne présente que le petit inconvénient de teindre la peau en jaune; mais, grâce à des lavages à l'acide borique, ces taches disparaissent rapidement; cet acide n'est du reste ni odorant, ni caustique, ni irritant, ni toxique. »

M. le docteur Thierry conseille d'appliquer cette découverte où elle doit surtout rendre de grands services, dans les mines et les usines, où les brûlures sont des accidents fréquents. Comme l'acide picrique agit d'autant plus efficacement qu'il est appliqué aussitôt après l'accident, il voudrait que l'on obligeât tout chef d'exploitation à avoir chez lui constamment une solution toute prête. La fixité de la composition de cet acide, la facilité avec laquelle il se conserve en solutions saturées pour lesquelles il n'est besoin d'aucune pesée, le bon marché de ce produit permet aux patrons de conserver, sous le faible volume d'un flacon ou d'un paquet, des litres de la solution médicamenteuse.

Ne pourrait-on pas installer dans chaque atelier une barrique d'eau dans laquelle on ferait dissoudre 3 kg d'acide picrique, ce qui reviendrait à la somme minime de 12 fr?

Lorsque, par exemple, un jet de vapeur ébouillanterait un ouvrier ou que le grisou ferait explosion et couvrirait le mineur de brûlures, ce qui arrive trop souvent, on n'aurait qu'à jeter le blessé dans cette barrique, puis le sortir au bout de quelques minutes et le laisser sécher. Par ce moyen on éviterait d'atroces souffrances, malheureusement suivies trop souvent de la mort, et on assurerait une guérison prompte et certaine. L'usage s'en devrait étendre aux compagnies de pompiers.

Emploi des cordons souples avec les voltmètres. — Le choix d'un cordon souple destiné à relier un voltmètre à plusieurs points d'une canalisation ne présente aucune difficulté spéciale et ne soulève aucune objection lorsque l'appareil de mesure présente une certaine résistance, plus de 2000 ohms, par exemple. Mais il n'en est pas de même lorsqu'on se sert de certains petits appareils établis pour mesurer des différences de potentiel ne dépassant pas 30 volts. La résistance de ces appareils est relativement faible, et, dans ces conditions, la résistance du fil souple peut cesser d'être négligeable devant celle du voltmètre et causer ainsi de sérieuses erreurs. Nous avons eu à nous servir d'un voltmètre dont la résistance ne dépassait pas 175 ohms, qui se trouvait relié à des crochets Sieur par un conducteur double de 75 cm de longueur seulement. Mais ce conducteur formé d'un fil souple téléphonique avait une résistance de 10 ohms, c'est-à-dire un dixième de la résistance du voltmètre qu'il faisait ainsi retarder de 5,7 pour 100. On était tenté d'attribuer aux accumulateurs que le voltmètre était destiné à examiner une force électromotrice plus faible que celle qu'ils avaient en réalité, et à chercher ainsi des défauts imaginaires dont les fils souples trop résistants étaient seuls cause.

Construction d'un condensateur de 1 microfarad. (*Culley.*) — Il faut 37 feuilles de bon papier d'étain de 18 cm sur 15 cm séparées les unes des autres par 2 feuilles très minces de papier destiné à la fabrication des billets de banque, comprimées à chaud. Les deux séries se composent respectivement de 18 à 19 feuilles d'étain, celle de 19 feuilles forme l'extérieur du condensateur et est reliée à la terre. Le papier doit être bien desséché et imbibé de paraffine, soit qu'on le plonge dans un bain, soit qu'on l'étende au pinceau.

Pour construire le condensateur, on prend une plaque de fonte un peu plus large que les feuilles de papier et montée sur quatre pieds pour pouvoir la chauffer par-dessous au moyen d'un bec de gaz : sa surface doit être plane et polie, et son bord garni d'une rainure destinée à recevoir la paraffine en excès. On découpe le papier en feuilles assez larges pour déborder les feuilles d'étain de 25 mm environ en tous sens, et l'on rogne les deux angles supérieurs de chaque feuille : on rogne de même l'un des angles des feuilles métalliques, on les dresse avec soin et on les réunit en deux séries, l'une de 18, l'autre de 19 lames, en soudant les angles non rognés opposés aux angles rognés du même côté des lames, pour en faire deux livrets distincts.

On place une feuille de papier sur la plaque de fonte chauffée, on la recouvre de paraffine fondue avec un pinceau très soyeux en poil de chameau ; on dispose au-dessus la première feuille d'étain du livret de 19 lames, on recouvre la feuille d'un vernis ; on pose au-dessus deux feuilles de papier imprégnées de paraffine en les mettant en place ; on pose sur ce papier la première feuille de la série de 18 lames, de manière que les coins soudés correspondent aux coins rognés du papier et se trouvent en face des coins soudés de l'autre série.

On applique alors une couche de vernis et deux feuilles de papier comme précédemment ; on place une seconde lame de la série des 19, et ainsi de suite, en ayant soin de bien dresser chaque feuille en la mettant en place. Lorsque l'appareil est construit, on le place entre deux plaques métalliques chaudes et on le soumet à une pression d'environ 400 kg pour faire écouler la paraffine en excès et former un tout compact. On évite ainsi l'altération que produirait dans la capacité du condensateur un changement dans la distance des plaques métalliques. On emploie deux épaisseurs de papier pour assurer l'isolement, qui pourrait se trouver détruit s'il existait quelque petit trou ou déchirure dans le papier. Il faut avoir soin de disposer entre les deux séries métalliques un galvanomètre et une pile de 10 à 20 éléments pour vérifier si l'isolement reste complet pendant la construction.

Les condensateurs de *Varley* se composent de feuilles très minces d'argent battu recouvertes de paraffine ou de feuilles d'étain.

Les condensateurs de *Clark* sont formés de feuilles d'étain et de feuilles de mica recouvertes de paraffine ou de gomme laque.

Les condensateurs de *W. Smith* ont pour diélectrique des feuilles d'une gutta-percha spéciale renfermant une grande proportion de gomme laque.

Le diélectrique employé dans les condensateurs industriels de M. Swinburne est une sorte de papier parcheminé connu en Angleterre sous le nom de *butter-skin*. Le condensateur est comprimé et mis à l'étuve à 100° C. pendant plusieurs jours; il est ensuite mis sous la cloche d'une machine pneumatique et l'on introduit de l'huile de paraffine qui remplit tous les espaces libres entre les feuilles de papier et d'étain.

Électroscope à feuille d'or de Sir William Thomson. — Le but de cet appareil est de permettre de mesurer approximativement des différences de potentiel au-dessus de 500 volts, dans les cas où il n'est pas nécessaire d'obtenir autant de précision qu'avec un électromètre, et pour lesquels la dépense relative à l'achat de cet électromètre serait une considération sérieuse. L'appareil est constitué par une étroite lame d'or oscillant autour d'un axe horizontal fixé sur une large plaque de laiton. Cette plaque de laiton est montée sur un bloc isolant de vulcanite et porte une barre de communication avec l'extérieur. La boîte de l'instrument est entièrement métallique, à l'exception de sa face d'avant, qui est en verre; la partie placée au-dessous de la feuille d'or affecte une forme cylindrique, pour obtenir, par son action inductive, une grande échelle de sensibilité. Une graduation est gravée sur le fond de la boîte; une seconde graduation est placée en avant, contre la glace; elle permet les lectures des déviations de la feuille d'or sans erreur de parallaxe. Un châssis à charnières est fixé à la plaque de répulsion, peut tourner autour de l'axe et vient s'appliquer contre la feuille d'or pour éviter tout accident pendant le transport. Lorsque le châssis est dans la position représentée sur la figure, il agit par répulsion comme protecteur, et empêche la feuille d'or de venir toucher la boîte dans le cas où cette feuille d'or se trouverait accidentellement portée à des potentiels très élevés. L'instrument peut être utilisé comme indicateur continu, indiquant la grandeur de la différence de potentiel entre la terre et chacun des conducteurs primaires d'une distribution à haute tension.

Souder la corne. — Après avoir suffisamment fait chauffer la corne au-dessus du feu, on gratte bien l'extérieur des deux feuilles que l'on veut réunir, de façon que les surfaces puissent reposer exactement l'une sur l'autre en biseau sur un chanfrein d'environ 5 millimètres. Les feuilles étant ainsi préparées, l'ouvrier saisit les pinces chaudes et les appuie le long du bord des deux feuilles, qu'il a soin de se faire présenter conjointives et de faire légèrement humecter. Après un fort coup de pince, suivi de deux ou trois autres plus faibles pour régulariser la prise, les deux feuilles se trouvent parfaitement recollées. On gratte légèrement au racloir pour enlever les aspérités, on passe la jointure au tripoli, et, finalement, il faudrait être quelque peu sorcier pour deviner que l'objet que l'on vous présente a été cassé et réparé.

Ce procédé ne s'applique malheureusement pas à l'écaille.

Raccommoder les objets en ambre. — Pour recoller, ou plutôt pour ressouder les parties d'un morceau d'ambre cassé, il suffit d'humecter les surfaces de la cassure avec une solution de potasse caustique ; on réunit les morceaux exactement, on les presse fortement et on chauffe légèrement. La réunion est parfaite, et souvent ne laisse voir aucune trace de l'accident.

Moyen d'augmenter la résistance d'isolement des piliers d'ébonite. — Pour augmenter la résistance d'isolement d'un support ou pilier en ébonite sans le faire trop long ni trop mince, M. *W. E. Ayrton* recommande de le strier transversalement à sa surface et d'y pratiquer des tailles triangulaires analogues à celles d'un filetage, mais faites simplement au tour ordinaire. On allonge ainsi la longueur de la couche de poussière et d'humidité qui rendent le pilier conducteur à sa surface et le système est plus facile à nettoyer avec un linge propre, surtout aux arêtes vives, ce qui améliore l'isolement. Si ces arêtes sont salies par une cause extérieure, les parties profondes sont moins sujettes que les autres à cet accident, et il y a moins de chances qu'une ligne continue de poussière s'établisse du haut en bas du pilier, ce qui se produirait probablement si la surface du pilier était parfaitement lisse.

Serre-fil économique. (*Gillard.*) — Voici un moyen de fabriquer rapidement et à peu de frais un serre-fil d'un emploi commode, surtout lorsqu'il s'agit de faire le montage d'éléments dont les électrodes sont terminées par des lames de cuivre.

On prend un morceau de tube en caoutchouc de 3 à 4 cm de longueur et de 10 à 12 mm de diamètre. On y introduit deux lames de cuivre un peu moins larges que le diamètre intérieur, mais un peu plus longues que le tube, et on recourbe les extrémités de ces lames sur les faces extérieures du tube pour les maintenir solidement. On forme ainsi un serre-fil dans lequel il suffit d'introduire, par chaque extrémité, les lames à réunir préalablement décapées : l'élasticité du caoutchouc assure le contact. Lorsqu'on doit assurer le joint entre deux fils, on forme, à l'extrémité de chacun d'eux une petite boucle allongée et on l'introduit dans le serre-fil aux lieu et place de la lame.

ÉLECTROCHIMIE

GALVANOPLASTIE

Moules. — Le corps le plus anciennement employé est le plâtre, mais comme il est poreux, il faut l'imperméabiliser, ce qui complique son emploi. On moule aujourd'hui à la stéarine, à la cire, à la glu marine, à la gélatine, à la gutta-percha et aux alliages fusibles.

Le moulage s'opère à la presse, au contre-moule, au four ou par affaissement, à la main ou au pétrissage, et par coulage. Lorsque les moules sont creux, on dispose à l'intérieur une carcasse métallique en fils de platine reliée à l'anode, qui sert à répartir le courant et à égaliser le dépôt; ces fils sont entourés d'une spirale de caoutchouc pour empêcher tout contact entre la paroi du moule et l'anode. M. Gaston Planté a substitué des fils de plomb aux fils de platine employés avant lui, et réalisé ainsi une économie importante.

En recouvrant plusieurs pièces à la fois, il est prudent de relier chacune d'elles au pôle négatif par un fil de fer ou de plomb, de grosseur appropriée à la pièce; ce fil fond s'il se produit un contact intérieur dans la pièce correspondante et retire ainsi automatiquement cette pièce du circuit. On métallise les moules à l'aide de plombagine pure, de plombagine dorée ou argentée; on doit frotter le moule avec une brosse dite d'*horloger* ou une brosse à reluire; la cire demande des pinceaux très doux. On métallise aussi par voie humide (solution d'azotate d'argent étendue sur l'objet à 2 ou 3 reprises et réduite par la vapeur d'une solution concentrée de phosphore dans le sulfure de carbone). La voie humide convient aux pièces délicates et fouillées, dentelles, fleurs, feuilles, mousse, lichens, insectes, etc. On peut, sans métallisation, reproduire un camée en agate en l'entourant simplement d'un fil de cuivre et le portant au bain.

Nous décrivons plus loin en détail le nouveau procédé de M. *Pellecat* (p. 169).

Galvanoplastie du cuivre. — Quelle que soit l'opération qu'on ait en vue, moulage, métallisation, électrotypie, etc., le bain est toujours le même; voici comment on le prépare :

Bain. — On place dans un vase une certaine quantité d'eau, à laquelle on ajoute, par petites quantités à la fois et en agitant constamment, 8 à 10 pour 100 en volume d'acide sulfurique; on fait ensuite dissoudre dans cette eau acidulée autant de sulfate de cuivre qu'elle en peut prendre à la température ordinaire, en agitant. Le bain saturé doit avoir une densité de 1,21; il s'emploie toujours à froid et doit être maintenu saturé par l'addition de cristaux ou l'emploi d'anodes convenables. Il doit être mis dans des vases en grès, porcelaine, verre, faïence dure ou gutta-percha; pour les grands bains, faire usage de cuves en bois recouvertes intérieurement d'une couche mince de gutta-percha, de glu marine ou de feuilles de plomb verni. Ne jamais doubler les cuves de fer, de zinc ou d'étain.

Conduite générale des bains et des courants. — Lorsque la solution est trop faible et le courant trop dense, le dépôt est *noir*; lorsque la solution est trop concentrée et le courant trop faible, le dépôt est *cristallin*. On obtient un dépôt convenable et un métal flexible nommé par Smée *réguline* en se plaçant dans des conditions moyennes. Les stratifications du liquide et la circulation qui se produit à l'intérieur du bain, par la décomposition de l'anode et le dépôt sur la cathode, produisent de longues lignes verticales semblables à des points d'exclamation. Il faut agiter les pièces le plus possible pour conserver le bain bien homogène. Les bains de grand volume sont avantageux à ce point de vue. Une grande distance entre les anodes et les cathodes produit un dépôt plus régulier; elle est nécessaire surtout pour les petits objets, mais elle fait perdre sur la rapidité du dépôt ou demande une source électrique plus puissante.

Le même bain peut servir à plusieurs objets reliés chacun à une source électrique distincte, à la condition d'employer une seule anode reliée à tous les pôles positifs des différentes sources.

La surface de l'anode doit être, en général, égale à la surface de la cathode; une anode trop petite appauvrit la solution, une anode trop grande l'enrichit.

Clichés de cuivre ou électrotypes. (*Stæser.*) — Moulage à la cire. Durée moyenne de l'opération galvanique : vingt-quatre heures. L'épaisseur moyenne est de 0,3 mm; elle correspond à une couche de 25 g par dm², soit un dépôt d'environ 1 g par heure et par dm². On peut doubler l'intensité du courant et produire un dépôt de même épaisseur en douze heures sans changer la qualité. La durée du travail de vingt-quatre heures est commode pour la préparation des moules pendant la journée et la mise au bain le soir.

Plombagine dorée. (*Tabouret.*) — Pour la métallisation des moules. On fait dissoudre 10 g de chlorure d'or dans 1 litre d'éther sulfurique et l'on y délaye 500 à 600 g de plombagine : on verse le tout dans un grand plat et l'on expose à l'air et à la lumière. L'éther se volatilise : on remue de temps en temps avec une spatule de verre. On achève la dessiccation à l'étuve et l'on conserve pour l'usage.

Nickelage à épaisseur. — Composition du bain :

Sulfate de nickel pur	1	kg.
Tartrate d'ammoniaque neutre. . .	0,725	—
Acide tannique à l'éther.	0,005	—
Eau.	20	litres.

Le tartrate neutre d'ammoniaque s'obtient par saturation d'une dissolution d'acide tartrique à l'aide de l'ammoniaque; le sulfate de nickel doit être aussi neutralisé. Dans ces conditions, on fait dissoudre le tout dans 3 ou 4 litres d'eau et l'on fait bouillir pendant un quart d'heure environ; on ajoute ensuite le complément d'eau pour faire 20 litres, on filtre ou l'on décante. Ce bain se remonte indéfiniment, par addition des mêmes produits dans les mêmes proportions.

DÉPÔTS ADHÉRENTS

Les dépôts adhérents s'obtiennent aujourd'hui sur et avec tous les métaux. Nous ne nous occuperons ici que des plus importants, qui sont : le cuivrage, le laitonisage, la dorure, l'argenture et le nickelage. Tous ces dépôts ne s'obtiennent qu'après une série d'opérations qui constituent le *décapage* et ont pour but de préparer la surface métallique à recevoir l'action électrochimique et à assurer une adhérence aussi parfaite que possible entre les deux métaux ou alliages.

Décapage du cuivre et de ses alliages. (*Roseleur.*) — Série d'opérations très importantes ayant pour but de nettoyer les pièces soumises aux actions électrochimiques pour assurer l'adhérence des deux couches métalliques. Il comprend une série d'opérations que nous allons indiquer rapidement.

1° *Recuisson ou dégraissage.* — A pour but d'enlever les corps gras. Chauffer les pièces sur un feu doux de poussier de charbon, de braise de boulanger, ou mieux dans un four, jusqu'au rouge sombre. Pour les objets délicats ou soudés, faire bouillir dans une solution alcaline de potasse caustique dissoute dans 10 fois son poids d'eau.

2° *Déroché.* — Le bain de déroche se compose de 100 parties d'eau ordinaire et de 5 à 20 parties d'acide sulfurique à 66° B. On peut y plonger les objets *à chaud* en général ; les laisser dans le bain jusqu'à ce que la surface prenne une teinte rouge ocreux. Les objets dégraissés à la potasse devront être lavés et rincés à grande eau avant de passer à la déroche. A partir de ce moment, les objets ne doivent plus être touchés avec la main ; il faut faire usage de crochets en cuivre, ou mieux en verre, et, pour les menus objets, de passoires en grès ou porcelaine.

3° *Passé à l'eau-forte vieille.* — C'est de l'acide azotique très affaibli par de précédents décapages. On y laisse les objets jusqu'à ce que la couche rouge disparaisse pour ne présenter, après rinçage, qu'une teinte métallique uniforme. Rincer.

4° *Passé à l'eau-forte vive.* — Les objets, bien secoués et égouttés, sont plongés dans un mélange de :

Acide azotique à 36° B (eau-forte *jaune*).	100	volumes.
Chlorure de sodium.	1	—
Suie grasse calcinée (bistre).	1	—

Les pièces ne doivent séjourner dans le bain que *quelques secondes*. Éviter l'échauffement ou l'emploi d'un bain trop froid. Rincer à l'eau froide.

5° *Passé à l'eau-forte à brillanter ou à mater.* — Pour les objets qui doivent présenter un beau *brillant*, plonger pendant une ou deux secondes, en agitant, dans un bain *froid* de :

Acide azotique de 36°.	100	volumes.
Acide sulfurique à 66°	10	—
Sel de cuivre, environ	1	—

Rincer très vivement et à grande eau.

Lorsqu'on veut un aspect *mat*, le bain est composé de :

Acide azotique à 36° Baumé.	200	parties.
Acide sulfurique à 66° Baumé.	100	—
Sel marin.	1	—
Sulfate de zinc . . . . 1 à	5	—

La durée d'immersion varie de trois à vingt minutes, suivant le mat à obtenir. Il faut laver longtemps à grande eau. Les objets présentent un aspect terreux et désagréable qui disparaît en les plongeant rapidement dans le bain à brillanter et en rinçant ensuite vivement.

6° *Passé à l'azotate de bioxyde de mercure.* — Plonger pendant une ou deux secondes les objets décapés dans un bain de :

Eau ordinaire.	10	kg.
Azotate de bioxyde de mercure.	10	grammes.
Acide sulfurique	20	—

Agiter avant de s'en servir. Le bain devra être plus riche en bioxyde si les objets sont lourds, moins riche s'ils sont légers. Un objet mal décapé sortira teinté de diverses nuances et sans éclat métallique. Il vaut mieux jeter un bain épuisé que de le remonter. Après le passé au bioxyde, il faut rincer à grande eau et porter au bain d'or ou d'argent.

Décapage des surfaces métalliques à recouvrir par galvanoplastie. — Pour débarrasser les surfaces métalliques à recouvrir par galvanoplastie d'un métal, or, argent, nickel, etc., on les décape, en général, dans un bain d'acide faible qui dissout les traces d'oxyde, obstacle à l'adhérence du métal déposé par voie galvanique. Les bains servant à ce décapage s'épuisent vite et doivent être renouvelés assez souvent. M. Richard Heatfield a imaginé de suspendre la pièce métallique à décaper comme anode dans un bain d'acide étendu; le métal dissous se dépose au fur et à mesure sur la cathode, et le bain reste actif pendant fort longtemps, surtout si l'on y dispose une ou plusieurs anodes insolubles, en charbon par exemple, au contact desquelles se dégage de l'oxygène pendant le passage du courant. Ce procédé réalise une économie sensible sur le décapage purement chimique.

Inconvénients de la sciure de bois en galvanoplastie. — Il est préférable de traiter les objets par le blanc de Meudon plutôt que par la sciure de bois; c'est que pour les dépôts blancs, tels que l'argent et surtout le nickel, il faut éviter le séchage à la sciure de bois, qui contient ordinairement des matières résineuses et quantité de poussières qui altèrent l'éclat du dépôt. Les sciures de chêne, de châtaignier, de buis ont surtout ce défaut, et il n'y a que celle de sapin qui puisse être employée, et encore seulement pour les objets cuivrés ou dorés. Les sciures sont placées habituellement dans des caisses à plusieurs compartiments et sont chauffées de manière à faire disparaître leur humidité; cette chaleur fait exsuder du bois des essences qui altèrent ensuite les objets en contact.

Cuivrage. — Le cuivrage s'opère toujours par un sel double, à froid ou à chaud, dans un bain dont la composition varie avec la nature des corps à cuivrer. Nous donnons ci-après les formules recommandées par un praticien très estimé, M. *Roseleur*, tout en faisant observer que ces formules varient à l'infini avec les auteurs.

Pour un bain de 25 litres on fait dissoudre l'acétate de cuivre dans 5 litres d'eau, l'ammoniaque et les autres corps dans les autres 20 litres. On mélange et il doit se produire une décoloration; dans le cas contraire, ajouter du cyanure jusqu'à décoloration et un peu en excès. Les bains les plus vieux marchent le mieux. Agiter les objets le plus possible. Quand le bain est trop vieux, on le *remonte* en ajoutant de l'acétate de cuivre et du cyanure de potassium par poids égaux.

Bains de cuivrage. (*Roseleur.*) — (Les poids exprimés en grammes se rapportent à un volume d'eau de 25 litres.)

PRODUITS.	FER ET ACIER.		ÉTAIN, FONTE ET ZINC.	MENUS OBJETS DE ZINC.
	A froid.	A chaud.		
Bisulfite de soude	500	200	300	100
Cyanure de potassium	500	700	600	700
Carbonate de soude	1000	600	»	»
Acétate de cuivre	475	600	350	450
Ammoniaque	350	300	200	150

Dépôt de cuivre sur le verre. — On recouvre celui-ci d'une solution de gutta-percha dans la térébenthine ou le naphte, ou bien de cire dans la térébenthine. On passe ensuite à la plombagine et l'on porte au bain. On peut aussi rendre la surface du verre rugueuse en l'exposant aux vapeurs d'acide fluorhydrique, mais cela est rarement nécessaire.

Métallisation des fleurs et des insectes. — Pour recouvrir électrolytiquement d'une mince couche de métal les corps organiques délicats, fleurs et insectes, on traite tout d'abord les objets par un liquide albumineux facile à préparer, en lavant dans l'eau pure des colimaçons et des limaces pour les débarrasser de toutes les matières terreuses et calcaires, et les plaçant ensuite dans un vase rempli d'eau distillée assez longtemps pour qu'ils abandonnent leur matière albumineuse. Le liquide ainsi chargé d'albumine est filtré et porté à l'ébullition pendant une heure. On ajoute après refroidissement assez d'eau distillée pour remplacer l'eau perdue par l'ébullition et l'on y ajoute environ 3 pour 100 de nitrate d'argent. Le liquide est mis dans des bouteilles hermétiquement bouchées et tenues dans l'obscurité.

Pour employer cette préparation sur les objets, on en prend 30 g environ et on les dissout dans 100 g d'eau distillée. On y plonge les objets pendant quelques instants, avant de les porter dans un bain formé d'eau distillée avec 20 pour 100 de nitrate d'argent. On réduit par le gaz hydrogène sulfuré le nitrate adhérant à la pellicule albumineuse. Les objets sont alors prêts à recevoir un dépôt électrolytique, qui est bien supérieur par la finesse du grain et la netteté des empreintes à tous ceux qu'on obtient ordinairement.

Laitonisage ou cuivrage jaune. (*Roseleur.*) — A chaud (50° à 60° C.) pour le fil de fer ou de zinc en bottes et l'*or faux*, à froid pour les autres articles.

Fer, fonte et acier. — Dissoudre dans 8 litres d'eau douce :

Bisulfite de soude.	200	grammes.
Cyanure de potassium à 70 pour 100 .	600	—
Carbonate de soude.	1000	—

Et, d'autre part, dans 2 litres d'eau :

Acétate de cuivre.	125	grammes.
Protochlorure de zinc neutre.	100	—

Ajouter la seconde liqueur à la première. Éviter l'ammoniaque.

Zinc. — Dissoudre dans 20 litres d'eau :

Bisulfite de soude.	700	grammes.
Cyanure de potassium à 70 pour 100 .	1000	—

Et, d'autre part, dans 5 litres d'eau :

Acétate de cuivre.	350 grammes.
Protochlorure de zinc.	350 —
Ammoniaque.	400 —

Ajouter la seconde liqueur à la première. Filtrer.

Employer anodes de laiton ; mettre plus de zinc pour verdir le dépôt et plus de cuivre pour le rougir. Courant trop faible produit un dépôt rouge, courant trop fort donne un dépôt blanc ou blanc bleuâtre. On remédie en variant la pile et en employant anodes de cuivre ou de zinc. La densité du bain peut varier sans inconvénient de 5° à 12° Baumé.

Cyanure de potassium. — Il en existe plusieurs qualités : le n° 1 renferme de 96 à 98 pour 100 de cyanure pur ; le n° 2, pour les cuivreurs et les laitoniseurs, en renferme de 65 à 70 pour 100 ; le n° 3, employé par les photographes, de 40 à 50 pour 100.

Dorure. (*Roseleur.*) — A chaud pour les menus objets, à froid pour les grandes pièces.

Bain au cyanure double d'or et de potassium à froid :

Eau distillée	10 litres.
Cyanure de potassium *pur*	200 grammes.
Or vierge.	100 —

L'or vierge transformé en chlorure est dissous dans 2 litres d'eau, le cyanure dans 8 litres d'eau ; on mélange les deux solutions qui se décolorent et l'on fait bouillir pendant une demi-heure. On entretient la richesse du bain, suivant les besoins, en ajoutant parties égales de cyanure de potassium pur et de chlorure d'or, quelques grammes à la fois. Si le bain est trop riche en or, le dépôt est noirâtre ou rouge foncé ; s'il y a trop de cyanure, la dorure est lente et le dépôt gris. L'anode doit plonger *entièrement* dans le bain, suspendue à des fils de platine, et être retirée dès que le bain ne fonctionne plus.

Dorure à chaud. — Pour le zinc, l'étain, le plomb, l'antimoine et les alliages de ces métaux, il vaut mieux les recouvrir d'un cuivrage préalable. Voici les formules pour les autres métaux, pour 10 litres d'eau distillée :

Produits.	Argent, cuivre, et alliages riches en cuivre.	Fonte, fer, acier.
	Grammes.	Grammes.
Phosphate de soude cristallisé. . . .	600	600
Bisulfite de soude.	100	125
Cyanure de potassium *pur*.	10	5
Or vierge transformé en chlorure . .	10	10

Dissoudre à chaud le phosphate de soude dans 8 litres d'eau, laisser refroidir le chlorure d'or dans 1 litre d'eau, mélanger peu à peu la seconde solution à la première; dissoudre le cyanure et le bisulfite dans 1 litre d'eau et mélanger cette dernière solution aux deux autres.

La température du bain peut varier entre 50° et 80° C. Il suffit de quelques minutes pour produire la dorure et lui donner une épaisseur convenable. On emploie une anode en platine; l'anode peu enfoncée dans le bain donne dorure pâle; très enfoncée, elle donne dorure rouge. On peut remonter le bain par additions successives de chlorure d'or et de cyanure de potassium, mais après long usage il fournit dorure rouge ou verte, suivant qu'il a servi à dorer beaucoup de cuivre ou beaucoup d'argent. Il est préférable de renouveler le bain au lieu de l'enrichir.

Dorure verte, blanche, rouge et rose. — On obtient ces différentes couleurs par des mélanges de bains combinés avec des courants plus ou moins intenses. On obtient le *vert* en ajoutant au bain d'or une solution très étendue d'azotate d'argent, le *rouge* avec un bain de cuivre, le *rose* par un mélange de bains d'argent, d'or et de cuivre.

Rapidité du dépôt. (*Delval.*) — Dans un bain renfermant 1 g d'or par litre, on peut déposer environ 30 cg par heure et par dm^2; mais ce chiffre moyen peut varier beaucoup sans inconvénient.

Chlorure d'or. — 1 g d'or métallique correspond à 1,8 g de chlorure neutre et à 2 ou 2,2 g environ de chlorure acide comme celui qu'on trouve chez les fabricants de produits chimiques.

Argenture. — Pour les amateurs, il suffit de faire un bain renfermant 10 g d'argent par litre, en pesant 150 g d'azotate d'argent, ce qui correspond à 100 g d'argent vierge, en faisant dissoudre dans 10 litres d'eau et en ajoutant 250 g de cyanure de potassium *pur*. Agiter jusqu'à dissolution complète et filtrer.

On argente à *froid*, en général, sauf les objets de petites dimensions. Le fer, l'acier, le zinc, le plomb et l'étain, préalablement cuivrés, s'argentent mieux à *chaud*. Les objets décapés sont passés à l'azotate mercurique et agités constamment dans le bain. Lorsque le courant est trop intense, les pièces grisonnent, noircissent et laissent dégager des gaz. Employer anode de platine ou anode d'argent dans les bains à froid. Les bains vieux sont préférables aux bains neufs. On vieillit artificiellement les bains en ajoutant 1 à 2 millièmes d'ammoniaque liquide. On remonte les bains d'argent en ajoutant parties égales de sel d'argent et de cyanure de potassium. Si l'anode noircit, le bain est pauvre en cyanure, le dépôt est trop lent; si elle blanchit, il y a trop de cyanure, le dépôt est rapide mais n'adhère pas. La marche est normale et régulière lorsque l'anode grisonne par le passage du courant et reblanchit lorsque celui-ci est interrompu. La densité du bain peut varier sans inconvénient entre 5° et 15° B.

M. *Delval* indique comme moyenne, comme densité de courant pour un bain renfermant 30 g d'argent par litre, un dépôt de 2 g par heure et par dm^2.

Nickelage. (*A. Gaiffe.*) — Le nickel s'applique surtout sur le cuivre, le bronze, le maillechort, le fer, la fonte et l'acier.

Dégraissage des pièces. — Les frotter avec une brosse préalablement trempée dans une bouillie chaude de blanc d'Espagne, d'eau et de carbonate de soude. Le dégraissage est parfait lorsque les pièces se mouillent facilement à l'eau ordinaire.

Décapage des pièces. — Le *cuivre* et ses alliages se décapent en quelques secondes; on les trempe dans un bain composé (en poids) de 10 parties d'eau et 1 partie d'acide azotique. Pour les pièces *brutes*, il faut un bain plus énergique composé de : eau, 2 parties; acide azotique, 1 partie; acide sulfurique, 1 partie.

Le fer, l'acier et la fonte polis se décapent dans un bain composé de 100 parties d'eau et 1 partie d'acide sulfurique; on les laisse dans le bain jusqu'à ce qu'elles prennent un ton gris uniforme. On frotte ensuite avec de la poudre de pierre ponce mouillée qui met le métal à nu.

Le fer, l'acier et la fonte bruts doivent séjourner trois ou quatre heures dans le bain de décapage, puis être frottés avec de la poudre de grès bien tamisée et mouillée; on recommence les deux opérations jusqu'à disparition complète de la couche d'oxyde.

Pile. — La plus commode pour les amateurs est la pile-bouteille au bichromate. On règle le courant en enfonçant plus ou moins le zinc.

Bain. — Faire dissoudre à saturation dans de l'eau distillée chaude du sulfate double de nickel et d'ammoniaque exempt d'oxydes de métaux alcalins et alcalino-terreux. La dissolution se compose en poids de :

Sulfate double de nickel et d'ammoniaque .	1	partie.
Eau distillée.	10	—

Filtrer après refroidissement.

Cuve et mise au bain. — La meilleure cuve est une cuve en verre, en porcelaine ou en grès, ou caisse revêtue intérieurement d'un mastic imperméable. Employer une plaque de nickel comme anode soluble et suspendre les pièces à des crochets de cuivre nickelé. Les pièces préparées sont plongées pendant un instant dans un bain de même composition que celui qui a servi à les décaper, lavées rapidement à l'eau ordinaire, puis à l'eau distillée. On les porte alors *rapidement* au bain, on les immerge et on les accroche aussitôt.

Rapidité du dépôt. — *M. Delval* indique comme moyenne, pour un bain renfermant 10 g de nickel par litre, un dépôt de 1,8 g par heure et par dm^2. Il ne faut pas s'éloigner sensiblement de ce chiffre pour obtenir un bon dépôt, avec un bain présentant cette richesse.

Conduite du courant et durée de l'opération. — Si le courant est trop intense, le nickel se dépose sous forme de poudre noire ou grise. Une heure ou deux suffisent pour une couche moyenne, cinq ou six heures pour une couche très épaisse. Au sortir du bain, laver dans l'eau ordinaire et sécher dans de la sciure de bois chaude.

Polissage des pièces. — Les frotter par un rapide mouvement de va-et-vient sur une mèche de lisière de drap enduite préalablement d'une bouillie claire de poudre à polir et d'eau, accrochée à un clou et tendue de la main gauche ; les parties creuses avec des tampons de drap fixés au bout de bâtonnets. Les objets polis sont lavés à l'eau, qui enlève les traces de bouillie et les poils de laine, puis séchés dans de la sciure de bois. Pour fournir un beau poli, les pièces doivent avoir été parfaitement polies elles-mêmes *avant* le nickelage.

Préparations des objets à nickeler. — On commence par polir les pièces avec beaucoup de soin ; c'est une des principales conditions à remplir pour obtenir un bon nickelage. Une fois polis, les objets sont soumis au dégraissage. On prépare à cet effet une solution chaude contenant 1 partie en poids de potasse pour 10 d'eau ; on y plonge les pièces suspendues à des crochets pendant une à deux minutes ; puis on lave à grande eau. On passe ensuite dans un lait de chaux et on lave. Enfin on plonge dans un bain contenant 4 g d'acide chlorhydrique par litre d'eau et on lave une dernière fois à l'eau pure. Les pièces sont ensuite portées rapidement dans le bain de nickel.

Utilisation des rognures de nickel. (*Société de laminage du nickel.*) — Les rognures de tôles nickelées sont décapées à l'acide, de manière à dissoudre le métal sur lequel le nickel a été déposé ; le dernier reste à l'état de rognures ou de copeaux plus ou moins fins.

Ces copeaux, constitués par du nickel pur, peuvent être réunis dans des sachets en toile, en coton, en laine ou en soie, pour former les anodes des bains de nickelage ; ils peuvent être aussi groupés dans des tamis ou dans des toiles de nickel. Outre les avantages des anodes ordinaires, les rognures de nickel présentent une surface considérable relativement à un faible poids.

Cet état de division est également favorable à la fabrication des sels de nickel employés industriellement.

Dénickelage. (*Watt.*) — Lorsqu'il y a lieu de dénickeler une pièce, soit pour lui rendre son aspect primitif, soit pour la nickeler à nouveau, il est nécessaire d'enlever ce qui reste de l'ancienne couche de nickel. Pour cela, on la plonge dans le bain suivant :

Acide nitrique.	500 grammes.
Eau	500 —
Salpêtre raffiné	50 —
Acide sulfurique.	4 litres.

Les précautions habituelles sont recommandées pour l'emploi des acides, qui doivent être contenus dans des vases de grès, de verre ou de porcelaine et placés sous le manteau de tirage d'un fourneau de laboratoire ou de cuisine. Les deux acides sont d'abord mélangés, puis on ajoute peu à peu l'eau, dans laquelle on a fait dissoudre préalablement le salpêtre.

Nickelage des rouleaux d'impression. — Les rouleaux sont gravés comme d'habitude et peuvent être nickelés soit au sortir de la gravure, soit après avoir déjà imprimé ; mais dans les deux cas un nettoyage parfait est de rigueur. On emploie pour cela la térébenthine, des acides étendus et de la potasse chaude. Ces opérations demandent à être faites avec le plus grand soin : la réussite en dépend. En dernier lieu, on nettoie la surface avec du cyanure de potassium à 10° B. ; mais, vu le danger que présente ce produit, il est nécessaire de prendre de grandes précautions pour le manipuler. Il est essentiel, pendant ces divers nettoyages, d'empêcher que des parties de métal viennent à sécher, car le nickel ne prendrait pas en ces endroits. Un moufle roulant facilite les transports d'un bain à l'autre. Après avoir bien lavé à l'eau froide, on amène le rouleau dans le bain, mais en ayant soin d'opérer promptement et de ne pas toucher le métal avec la main.

Le bain est contenu dans une cuve en bois doublée de plomb, ayant 1,55 m de long, 0,61 m de large et 0,88 m de haut. Il est composé de 680 litres d'eau, dans lesquels on a fait dissoudre 57 kg de sulfate double de nickel et d'ammoniaque, ainsi que 2 kg de sel de cuisine servant d'excitateur. Le bain marque de 5 à 8° B.

On se sert comme anodes de plaques de nickel laminées suspendues à égale distance et en lignes parallèles au rouleau à nickeler. Les bains neufs ne fonctionnent jamais bien. Ils ont besoin d'être électrolysés, c'est-à-dire traversés pendant quelque temps par le courant électrique, pour donner un dépôt satisfaisant. Il importe d'éviter que le bain soit alcalin, car dans ce cas le dépôt est noir, quelle que soit l'intensité du courant. Dans les bains trop acides, au contraire, le dépôt prend un aspect cristallin et manque de solidité. Il faut, pour un bon fonctionnement, un bain un peu acide, c'est-à-dire rougissant légèrement le papier de tournesol.

Le courant est produit par une machine dynamo disposée spécialement pour donner une grande intensité et une faible f. é. m. On admet 1 ampère par dm^2 de surface à nickeler, ce qui donne environ 30 ampères pour les rouleaux de dimensions ordinaires. Pendant toute l'opération le rouleau est mis en mouvement et une brosse frotte sur la surface pour la maintenir propre et enlever les bulles d'hydrogène qui se déposent sur le métal. Il est bon, pour conduire la dynamo, d'avoir un petit moteur spécial, afin de pouvoir régler la vitesse d'après l'intensité du courant nécessaire et aussi pour être indépendant des arrêts de la transmission. Car une fois l'opération commencée, il est impossible de l'interrompre, sans quoi la couche de nickel se détache. Il faut environ 1 h 30 m de marche non interrompue pour recouvrir un rouleau d'une couche suffisante. La température du bain n'a pas grande influence sur le résultat, à condition de rester dans des limites raisonnables.

Nickelage du zinc. — Le zinc ne peut être nickelé directement; on obtient généralement le nickelage en cuivrant le zinc et en nickelant ensuite la couche de cuivre dans un bain de sulfate double de nickel et d'ammoniaque.

Ce procédé a de sérieux inconvénients. Le bain de cuivre, qui contient du cyanure double de cuivre et de potassium, est d'un maniement dangereux et ne donne de bons résultats que lorsqu'une foule de conditions sont strictement observées; enfin lorsque l'usure du nickel se produit, elle met à nu une couche de cuivre qui la rend bien plus apparente que ne le ferait la surface blanche du zinc.

M. Meidinger traite préalablement le zinc au mercure et nickèle directement la surface amalgamée. L'opération en question permet d'obtenir sur le zinc un dépôt de nickel bien adhérent et susceptible d'un beau poli. Ce procédé exclut complètement l'emploi du cyanure : il n'y a qu'un reproche à lui faire : sous l'influence du mercure, certains métaux, le zinc entre autres, deviennent cassants, aussi l'amalgamation exige-t-elle certaines précautions. La solution du sel de mercure (chlorure ou nitrate) employé doit être très étendue et l'immersion ne doit durer que peu d'instants. La pratique seule peut apprendre le bon maniement de cette opération.

Cette réserve faite, le nouveau procédé donne d'excellents résultats.

Zingage électrolytique de la fonte, du fer et de l'acier. (*Moniteur industriel.*) — On sait que la galvanisation, par l'électrolyse, des objets en fer n'avait pas encore réussi. Le dépôt obtenu par l'emploi de bains d'un sel de zinc n'était ni solide ni durable, le fer s'oxydant par suite de l'acidité de la solution; même sur les surfaces unies, ce dépôt n'était pas régulier; pour peu que les pièces de fonte traitées présentassent des creux atteignant la profondeur de 2 cm, le dépôt s'y formait en boue grise qu'il suffisait d'essuyer pour mettre le fer à nu.

S'il faut en croire les termes d'un brevet pris en Allemagne par M. A. Schaag, de Berlin, et l'usine Gaggenaut (Baden), le problème serait aujourd'hui résolu.

Les inventeurs additionnent le bain d'une certaine proportion de sels solubles de magnésium et de mercure. Par l'addition du sel de magnésium le bain acquerrait la concentration et par la suite la conductibilité nécessaires, sans devenir en même temps fortement acide dans le cas d'une solution de sel de zinc seul. Le dépôt de zinc contient une minime quantité de magnésium, uniformément répartie, ce qui le rend notablement plus dur et plus résistant. L'addition du sel de mercure augmente la régularité du dépôt et lui donne une belle couleur blanche; cette régularité est parfaite, même pour les objets de fonte les plus compliqués. Il serait possible d'obtenir une couche de zinc absolument adhérente, uniforme et solide, et de n'importe quelle épaisseur.

Dépôt électrolytique d'aluminium. (*Scientific American.*) — On prépare d'abord les deux solutions suivantes :

1° Alun d'ammoniaque.		2 kg.
Eau.		10 litres.
2° Carbonate de potassium		2 kg.
Eau.		10 litres.
Carbonate d'ammoniaque . .	8 à	10 grammes.

Ces deux solutions mélangées donnent un précipité d'alumine qu'on lave soigneusement et qu'on met en digestion dans une solution composée de :

3° Alun d'ammoniaque.	4 kg.
Eau.	35 litres.
Cyanure de potassium pur.	2 kg.

Faire bouillir le tout dans un vase en fer pendant une demi-heure, ajouter ensuite une dissolution de 2 kg de cyanure de potassium dans 20 litres d'eau, bouillir de nouveau pendant quinze minutes, filtrer pour séparer le précipité formé, et conserver le liquide pour constituer le bain.

L'objet à recouvrir d'aluminium est suspendu à l'électrode positive ; l'électrode négative est constituée par une plaque d'aluminium. Le bain doit être maintenu à une température comprise entre 25 et 65°. Lorsque le dépôt présente une teinte grisâtre, il suffit, pour lui donner le brillant, de le plonger dans une dissolution de soude. On peut obtenir des dépôts de couleurs variées en prenant comme anode une plaque d'or, de nickel, de cuivre ou d'argent.

Argenture et dorure de l'aluminium. (*Vienne frères.*) — On passe dans un bain d'argent ainsi composé :

Argent.	20	grammes.
Cyanure de potassium.	60	—
Eau.	1000	—

L'argent est dissous dans l'acide azotique sans excès et traité par le cyanure ; l'argenture se fait à froid. Le bain d'or est préparé avec de l'or dissous à la manière ordinaire, avec addition de différents sels :

Or.	20	grammes.
Sulfate de soude.	20	—
Phosphate de soude.	660	—
Cyanure de potassium.	40	—
Eau.	1000	—

Ce bain doit être à une température de 20 à 25° C.

Argenture et dorure de l'aluminium. — L'action de l'aluminium sur les cyanures d'or et d'argent empêche le dépôt direct. Il faut donc au préalable recouvrir l'aluminium de cuivre. A cet effet on frotte les pièces d'aluminium à l'émeri, et on les décape dans une solution de lessive de soude, jusqu'à ce que l'hydrogène commence à se dégager sur toute la plaque. La pièce est ensuite traitée par l'acide azotique concentré, et enfin mise dans le bain de cuivrage formé par une solution de sulfate de cuivre additionné d'acide azotique. La cathode et l'anode en cuivre sont distantes de 5 cm. Il faut environ 4 volts aux bornes de la cuve pour produire le dépôt de cuivre. Ce dépôt, très peu épais, est ensuite doré ou argenté par les procédés connus.

Argenture du fer et de l'acier. — Après avoir décapé l'objet dans l'acide azotique dilué chaud, on le porte dans un bain d'azotate mercureux où il sert de cathode. Il s'y couvre d'une couche mince de mercure. Dans cet état l'objet peut être argenté de la façon ordinaire. Il suffit ensuite de l'exposer pendant quelque temps à une température de 300° C. pour faire évaporer le mercure et obtenir une couche d'argent beaucoup plus adhérente que celle qu'on dépose ordinairement sur une couche intermédiaire de cuivre.

Platinage. (*Walh*, 1890.) — Procédé basé sur la solution de l'hydrate de platine dans les alcalis et les acides, ce qui permet de maintenir la composition du bain constante.

Préparation des bains. — Pour les bains alcalins la solution se compose de :

Hydrate de platine	12,48	grammes.
Potasse caustique	50,00	—
Eau distillée.	1000,00	—

Dissoudre la moitié de la potasse caustique dans 250 g d'eau, ajouter l'hydrate de platine en agitant avec une baguette de verre. Quand la solution est effectuée, dissoudre l'autre moitié de la potasse dans 250 g d'eau, puis mélanger les deux solutions. Pour activer la dissolution la potasse peut être légèrement chauffée, mais ce n'est pas indispensable, vu la grande solubilité de l'hydrate de platine. Employer une f. é. m. de 2 volts pour décomposer le bain; le dépôt sera brillant, dur et très fin. Pour obtenir un dépôt épais, il est bon d'ajouter quelques gouttes d'acide acétique. L'anode peut être en charbon ou en platine. Les objets d'acier, de nickel, de zinc, d'étain, de maillechort doivent être recouverts au préalable d'un dépôt de cuivre produit par un bain de cyanure. La température du bain ne doit pas dépasser 40° C. Le dépôt est suffisamment épais pour la plupart des applications.

Le bain à l'acide oxalique se prépare de la façon suivante : Dissoudre 6,24 g d'hydrate de platine dans 25 g d'acide oxalique et étendre la solution à 1 litre. L'acidité de la solution doit être entretenue par des additions d'acide oxalique. On peut ensuite disposer au fond du bain une certaine quantité d'hydrate de platine pour maintenir la richesse de la solution. Les oxalates doubles sont moins solubles que les oxalates simples; il faut donc employer une plus faible différence de potentiel. Les dépôts avec les oxalates sont plus durs que ceux provenant des bains de potasse.

Les bains à l'acide phosphorique doivent être ainsi préparés :

Acide phosphorique sirupeux ($D = 1,7$) .	56	grammes.
Hydrate de platine . . . . 12 à	15	—
Eau distillée.	1000	—

L'acide doit être étendu avec un peu d'eau et la dissolution de l'hydrate doit être faite à 100° C. Il faut avoir soin de rajouter de l'eau au fur et à mesure de son évaporation. La dissolution faite, il faut amener le volume à 1 litre. Le bain peut être employé à chaud ou à froid avec un courant un peu plus énergique que pour les bains ci-dessus. Le dépôt est très dur et très adhérent.

Palladiumage galvanique. — Le palladium est un métal plus blanc que le platine, moitié moins dense et plus facilement fusible. Il est inaltérable à l'air et aux émanations sulfhydriques. Il sert à confectionner des instruments de précision et d'astronomie. Par économie, on emploie souvent des objets en cuivre palladiumé électrolytiquement.

Le bain de palladiumage est composé de :

Eau	1	litre.
Chlorure de palladium.	5	grammes.
Phosphate de soude	100	—
Sel ammoniac.	20	—
Borax.	10	—

L'iridiumage et le palladiumage se pratiquent comme le platinage.

En 1886, M. Bulle a indiqué différents bains de palladiumage dont nous allons donner la composition.

On commence par préparer le chlorure de palladium en attaquant 5 g de palladium par 12 g d'eau régale composée de 9 g d'acide chlorhydrique et de 3 g d'acide nitrique concentré. Lorsque l'attaque est terminée, on évapore à consistance de sirop, on étend avec 100 g d'eau. On a ainsi une solution normale de chlorure de palladium.

Pour préparer l'hydrate de palladium, on précipite la solution de chlorure par l'ammoniaque sans en mettre un excès; on filtre, on recueille le précipité et on le lave à l'eau à plusieurs reprises.

Premier bain. — Dans 2 litres d'eau, on fait dissoudre 200 g de phosphate d'ammoniaque, on y délaye le précipité d'hydrate de palladium provenant de 5 g de métal, et l'on fait bouillir jusqu'à cessation de dégagement d'ammoniaque. Ce bain convient pour le fer, l'acier, l'argent, l'or, le cuivre, le nickel et leurs alliages. A froid, il donne un dépôt gris perle; à chaud, le dépôt est blanc.

Deuxième bain. — Dans 2 litres d'eau, on fait dissoudre 100 g de tartrate neutre d'ammoniaque, on y délaye l'hydrate de palladium provenant de 5 g de métal et l'on fait bouillir un quart d'heure; ce bain convient pour tous les métaux indiqués ci-dessus, sauf le fer et l'acier. Ce bain neutre donne un dépôt blanc à 50° C.

Troisième bain. — C'est un bain acide qui se compose comme le second bain en employant le bitartrate d'ammoniaque à la place du tartrate neutre. Il donne un dépôt gris foncé.

Quatrième bain. — C'est un bain alcalin qui convient pour tous les métaux et qui donne un dépôt gris perle.

La dissolution de chlorure de palladium est précipitée par une dissolution de cyanure de mercure ou de cyanure de potassium; on chauffe; il se forme un précipité qu'on recueille en filtrant le liquide. Ce précipité est dissous dans une solution de 100 g de phosphate d'ammoniaque dans 2 litres d'eau.

M. Pilet recommande le bain de palladiumage suivant :

Chlorure de palladium	10 grammes.
Phosphate d'ammoniaque.	100 —
Phosphate de soude..	500 —
Acide benzoïque.	5 —
Eau	2 litres.

Ce bain convient pour tous les métaux, sauf pour le zinc, qui a besoin d'être cuivré.

Le palladiumage a pris une grande importance pour recouvrir les rouages et les différentes pièces d'horlogerie. D'après M. Pilet, 4 mg de palladium suffisent pour recouvrir tout le mouvement d'une montre ordinaire.

Cobaltage. — Le cobalt peut être substitué au nickel pour recouvrir le laiton, le cuivre, etc. Il est moins dur que le nickel; mais le dépôt se fait très facilement, et un faible courant suffit. Le bain qu'on emploie est composé d'un sulfate double de cobalt et d'ammoniaque.

On fait dissoudre 31 g de ce sel par litre d'eau ; le liquide a une densité de 1,015 à 15°. Il faut une tension de 2 volts. Les anodes sont formées de plaques de cobalt laminé ayant 5 cm de large sur 18 à 25 cm de longueur, espacées d'environ 9 à 10 cm.

La surface relative des anodes et des cathodes a une grande importance; pour obtenir un bon dépôt, il faut que l'anode ait à peu près le tiers de la surface de l'objet à recouvrir.

Le dépôt peut se faire sur le cuivre, le laiton, le fer, l'acier et les opérations sont les mêmes que pour le nickelage.

Inoxydation du fer. Procédé de Méritens (1886). — On fixe à l'anode les pièces à oxyder dans un bain d'eau distillée à 70° ou 80° C., une lame de cuivre, de fer ou de charbon servant de cathode. La magnétite se forme directement sous l'action du courant. Après une heure ou deux, l'opération est terminée. Si le courant est trop intense, l'oxyde déposé est pulvérulent et sans adhérence, et il pique les pièces polies au travail. Une pièce de fer oxydée et traitée par le même procédé retransforme tout le Fe^2O^3 en Fe^3O^4. L'acier le plus dur est celui qui se recouvre le plus facilement. Pour le fer doux, il faut, après une première opération, porter la pièce à la cathode, afin de réduire l'oxyde et reporter de nouveau à l'anode. On obtient alors un dépôt très adhérent.

Dépôts de fer, cuivre, etc., sur le fer inoxydé. (*De Méritens.*) — Une pièce de fer protoxydée par le courant et placée immédiatement dans un bain composé d'un sel de cuivre, d'argent, d'or, d'aluminium, etc., se recouvre d'une couche parfaitement adhérente de ce métal.

C'est là un moyen de dorer, argenter, etc., directement le fer, sans passer par un cuivrage intermédiaire.

Dépôt de fer. (*Barthell et Müller*, 1890.) — Faire dissoudre 600 g du sulfate ferreux $FeSO^4$ dans 5 litres d'eau; ajouter 2400 g de carbonate de soude dissous également dans 5 litres d'eau; laisser reposer, décanter et dissoudre le précipité de carbonate de fer dans une quantité d'acide sulfurique juste suffisante pour redissoudre le précipité; étendre ensuite à 20 litres avec de l'eau distillée. La dissolution doit être très légèrement acide. Employer une anode en fer pur.

Recouvrir le zinc d'un alliage de platine et d'aluminium. (*Villon.*) — On se sert d'un bain électrolytique composé de cyanure double de potassium et de platine et d'aluminate de soude. On fait une solution d'aluminate pur, de manière qu'elle renferme 130 grammes d'aluminium métal pour 4 litres, soit 500 grammes d'aluminate du commerce. A cette solution on ajoute la solution platinique, préparée en faisant dissoudre 6 grammes de platine dans l'eau régale et diluant à 200 grammes avec de l'eau. Plus simplement, on peut faire dissoudre 12 grammes de chlorure de platine du commerce dans la même quantité d'eau distillée. On ajoute à la solution de platine une solution de cyanure de potassium jusqu'à ce que le précipité qui se forme d'abord se redissolve. La solution d'aluminate de soude est additionnée de 60 grammes de cyanure de potassium, chauffée à 70 degrés centigrades et mêlée avec la solution platinique. Comme anode on se sert de charbon ou de platine, tandis que la cathode est occupée par l'objet en zinc à recouvrir. L'alliage aluminium-platine se dépose sous forme d'une belle couleur d'or. Il renferme 5 pour 100 de platine environ.

Déposer électriquement un alliage de cadmium-argent. — Le cadmiage galvanique, c'est-à-dire le dépôt électrolytique du cadmium sur un métal quelconque, l'acier, par exemple, est peu important. Le dépôt ressemble à l'étamage. Il n'en est pas de même du procédé permettant de déposer un alliage cadmium-argent, dû à M. Cowper-Coles. Ce bain est composé d'une solution de cyanure double de cadmium et de potassium. Comme anode, on se sert d'un alliage cadmium-argent au titre voulu. Ainsi, pour préserver les pièces d'acier contre l'oxydation, les pièces de bicycles par exemple, on fait usage d'un alliage contenant 7,5 pour 100 de cadmium. Pour préserver les barils, à la place du plombage, on se sert d'un dépôt semblable ; il en est de même pour les articles de ménage. Le cadmium durcit les dépôts d'argent, comme on le verra dans le tableau ci-après, donnant la dureté respective des dépôts électriques le plus généralement employés :

	Dureté.
Dépôt de nickel	10,0
— d'antimoine	9,0
— de palladium	8,0
— de platine	6,0
— de cadmium-argent	5,0
— de cadmium	4,5
— d'argent	4,0

Dans le bain, on varie les proportions de cadmium et d'argent selon la nature du dépôt à obtenir. Le bain doit renfermer environ 25 grammes de métal par litre de bain.

Reconnaître l'argent, le nickel et l'étain déposés en couches minces sur des objets métalliques. — On trouve aujourd'hui dans le commerce beaucoup d'objets métalliques, principalement en laiton, dont la surface blanche est due à une simple coloration obtenue par le dépôt galvanique d'une couche très mince d'argent, de nickel ou d'étain. Bien que ces trois métaux présentent dans les conditions ordinaires de masse des caractères différentiels faciles à saisir à première vue, en couche mince ils sont très difficiles à distinguer, et l'on conçoit cependant combien cette distinction est importante au point de vue commercial.

Les difficultés proviennent : de ce qu'on ne dispose souvent que d'une quantité assez limitée des objets à examiner; de ce que le métal à caractériser ne s'y trouve déposé qu'à l'état de traces infiniment faibles, à peine quelques milligrammes par mètre carré de surface; de la nature même du métal ou de l'alliage servant de support, celui-ci pouvant contenir, soit comme partie constituante, soit comme simple impureté, le métal à caractériser.

M. L. Loviton est arrivé à tourner les difficultés qu'offre l'application des méthodes analytiques ordinaires par l'emploi de procédés aussi simples dans l'exécution que sûrs dans les résultats. En voici le résumé, d'après le *Bulletin de l'Association des anciens élèves de M. Frémy.*

Le premier de ces procédés consiste à flamber l'objet, à examiner, dans la flamme oxydante d'un bec Bunsen, et à observer la série des phénomènes de colorations auxquels sa surface donne lieu sous l'action progressive de la chaleur. Cette série est constante et nettement caractéristique pour chacune des trois espèces de surfaces considérées. Le deuxième procédé consiste à mettre l'objet pendant quelques minutes dans une solution concentrée et bouillante de chlorure de sodium. La façon dont sa surface se comportera permettra de tirer une conclusion certaine sur sa nature. Pour l'application du premier procédé, on saisit l'objet avec des pinces métalliques et on le passe dans la flamme en ménageant son échauffement. On a généralement à examiner des pièces de petites dimensions; s'il en était autrement, on en prélèverait une partie seulement pour faire l'essai. La condition la plus favorable est d'opérer avec une surface plane de quelques millimètres de largeur.

Dans ces conditions on observe successivement les phénomènes suivants :

Surface blanchie au nickel. — Coloration gris jaunâtre; reflets franchement violets; coloration bleue avec reflets noirs très vifs (caractéristique); enfin teinte grise uniforme avec reflets verts.

Surface blanchie à l'étain. — Coloration gris jaune terne; reflets légèrement violacés passant rapidement; teinte grise, surface pointillée; surface rugueuse avec taches nettement jaunes.

Surface blanchie à l'argent. — Rien d'appréciable à l'œil nu; petits points violets, blancs; passe brusquement au gris uniforme avec points blancs; surface rugueuse gris jaunâtre.

Un seul essai comparatif permettra d'ailleurs de saisir une fois pour toutes et de la façon la plus nette les caractères distinctifs ci-dessus indiqués.

Pour l'application du procédé à des objets de surfaces étroites, tels que des épingles par exemple, il convient, pour bien observer les phénomènes de coloration, de les réunir de façon à former une surface sensiblement plane et continue. Avec la solution de chlorure de sodium, les résultats obtenus sont les suivants :

Surface blanchie au nickel. — Coloration violacée rougeâtre au bout de dix minutes.

Surface blanchie à l'étain. — Coloration gris terne à peine sensible.

Surface blanchie à l'argent. — Rien.

On obtient des résultats semblables et instantanément en plongeant les objets dans l'eau oxygénée et en y ajoutant du bioxyde de manganèse en poudre. Enfin, un dernier procédé, donnant des résultats extrêmement nets, consiste à plonger les objets dans du sulfhydrate d'ammoniaque étendu en chauffant légèrement. Dans ces conditions, les surfaces argentées noircissent; les surfaces étamées se découvrent, par suite de la dissolution de l'étain; les surfaces nickelées ne changent pas.

Décapage électrolytique des métaux. — La *Vereinigte Elektricitäts Aktiengesellschaft* de Vienne et de Budapest exploite un procédé de décapage qui donne des résultats remarquables, tant au point de vue de la rapidité qu'à celui de l'économie.

Ce procédé s'applique à tous les métaux; le bain ne s'affaiblit pas. On peut facilement récupérer le métal dissous dans le cas où cela en vaut la peine et, en outre, la solution étant neutre, peut être évacuée sans qu'il y ait d'inconvénient.

L'électrolyte employé est un sel alcalin, et l'une des électrodes est constituée par le métal à décaper, l'autre étant en charbon ou en métal non attaquable; elle peut aussi être constituée par le métal à décaper.

Pour le cas du fer, du cuivre ou des alliages de ce dernier, le métal à décaper est employé comme anode. L'oxyde métallique qui se forme à l'anode est précipité par l'oxyde alcalin, de sorte que l'électrolyte est constamment régénéré.

Le zinc et l'aluminium sont au contraire employés comme cathodes; il se forme à la cathode un zincate ou un aluminate alcalin, sur lequel réagit l'acide libéré du sel alcalin, de sorte que le zinc et l'alumine sont précipités à l'état d'oxydes.

Le bain peut également servir au dégraissage des surfaces métalliques; dans ce cas, le métal est employé comme cathode et la solution alcaline, formée par le passage du courant, dissout la graisse.

Dans le cas où l'on applique le procédé au décapage des tôles de fer destinées à la fabrication de fer-blanc, on procède de la manière suivante :

On emploie comme électrolyte une solution à 20 pour 100 de sulfate de sodium, tel qu'il est produit par les usines, et les électrodes sont toutes constituées par le fer à décaper. On fait d'abord passer le courant pendant un certain temps dans un sens, de sorte que les tôles constituant les anodes sont décapées, tandis que celles jouant le rôle d'anodes sont dégraissées. On retire alors les tôles décapées, on les remplace par de nouvelles et on inverse le courant, de sorte que les tôles qui avaient été dégraissées dans l'opération précédente sont décapées, et les tôles nouvellement placées dans le bain sont dégraissées. Quand l'opération est terminée, on arrête le courant, on retire les tôles décapées, on les remplace par de nouvelles et on inverse de nouveau le courant. L'opération se continue ainsi, les tôles étant d'abord dégraissées, puis décapées. La durée de l'opération dépend de la densité du courant. Avec 60 à 120 ampères par mètre carré de tôle à décaper, chaque opération dure environ une demi-heure. Comme chaque tôle subit deux opérations, la quantité d'électricité est de 60 à 120 ampères-heure par mètre carré de tôle. La différence de potentiel moyenne étant de 4 volts, la dépense d'énergie est de 240 à 480 watts-heure par mètre carré de tôle. Les tôles sont glissées dans des cadres en fil de fer recouverts de plomb, qui ne sont pas attaqués par l'électrolyte. Ces cadres présentent un vide intérieur d'environ 20 mm de largeur, et on glisse la tôle soit par une ouverture ménagée à la partie supérieure, soit sur le côté du cadre. On fait en sorte que la tôle, qui est souvent gondolée, vienne appuyer en plusieurs points contre le cadre, afin que le contact électrique soit bien établi.

Les cadres sont disposés parallèlement les uns à côté des autres et isolés entre eux par du bois. D'un côté, les cadres sont reliés de deux en deux à un conducteur, les cadres intermédiaires formant l'autre électrode et étant reliés au second conducteur.

Les bacs sont ordinairement en béton, et l'ensemble des électrodes peut être sorti du bain pour le remplacement des tôles.

Quand on fait passer le courant, il y a un fort dégagement de gaz et la solution devient trouble; le liquide s'échauffe et il se forme des flocons noirs ou rouge brun d'hydrate d'oxyde de fer, qui se déposent au fond du récipient ou flottent à la surface. On fait circuler le liquide au moyen d'une pompe qui envoie le liquide trouble dans un appareil d'épuration, d'où il revient au bac.

La différence de potentiel est d'environ 4 volts par cuve; on doit, si l'on dispose d'une force électromotrice plus élevée, monter plusieurs cuves en tension.

MOULAGES GALVANOPLASTIQUES

Procédé Pellecat. (*G.-A. Le Roy.*) — Principe. — Pour obtenir en cuivre galvanoplastique la reproduction d'un objet quelconque, il faut préparer d'abord un moule ou une empreinte reproduisant négativement la forme de l'objet. C'est sur l'empreinte négative ainsi préparée que l'on dépose le cuivre électrochimiquement; le dépôt de cuivre séparé du moule reproduit alors l'empreinte positive de l'objet moulé.

Pour obtenir cette empreinte ou ce moule négatif, M. Pellecat a imaginé d'amener la gutta-percha dans un état de fusion tel, que cette gutta fût complètement *liquéfiée*, et que cette gutta fluidifiée pût être *coulée* dans les creux les plus profonds, dans les détails les plus fouillés de l'objet, sans qu'on eût à redouter d'*adhérences* fâcheuses avec l'objet lors du démoulage, ni aucune *déformation* de l'objet, malgré la *haute température* à laquelle est employée la gutta. Ce procédé par *coulage* fut primitivement appliqué par l'inventeur uniquement au moulage des objets en plâtre et en métal; puis, avec une audace couronnée de succès, il l'appliqua au moulage des objets *en terre tels qu'ils sortent des mains du sculpteur*. C'est surtout ce dernier point qui constitue la haute originalité du procédé Pellecat.

Le moulage par coulage avec la gutta-percha se rapproche du moulage à la gélatine. Il présente les avantages de cette dernière substance (moins l'élasticité, il est vrai), sans en avoir les inconvénients (1).

Au reste, une description et une critique aussi sommaires que possible des procédés antérieurement employés permettront de saisir les avantages du procédé et d'en comprendre l'originalité.

On sait que les galvanoplastes emploient pour leurs moulages

(1) La gélatine a la fâcheuse propriété de se dissoudre dans le bain électrochimique, qui dépose alors du cuivre de mauvaise qualité; en outre, le moule gélatineux se déforme par gonflement ou dissolution, si le premier dépôt n'est pas très rapide.

négatifs non métalliques différentes substances, parmi lesquelles les plus usitées sont : les cires, la stéarine, le plâtre, la gélatine, la glu marine, le caoutchouc et la gutta-percha. On sait également que la gutta-percha, à cause de ses propriétés spéciales (résistance aux réactifs chimiques, élasticité, dureté, etc.), est de beaucoup la plus employée de ces matières. On sait enfin qu'il existe différents procédés pour mouler à la gutta, et que ces procédés varient suivant la nature de l'objet à mouler. Ainsi, pour les objets suffisamment résistants, mais d'un faible relief, on emploie les procédés *par pression manuelle ou mécanique*. La gutta, ramollie dans l'eau chaude vers 60°-70° C., est pressée sur modèle, soit à la main si l'objet est de petite dimension et peu résistant, soit avec une presse à vis, si les dimensions sont plus considérables et l'objet moins fragile. Pour les objets fouillés et présentant des creux profonds, on emploie les procédés *dits par fusion ou par affaissement*. Dans le procédé par fusion, la gutta, chauffée à 100-130° C., est appliquée pâteuse sur l'objet avec une spatule, mouillée, puis pressée à la main, comme dans le procédé précédent. Dans le procédé par affaissement, qui est surtout applicable aux objets fouillés et très fragiles, la gutta est préalablement mélangée avec des substances destinées à abaisser son point de fusion (huiles, cire, axonge, etc.), 1 partie pour 7 parties de gutta; le mélange, rendu homogène par fusion, est, après refroidissement, découpé en morceaux. Ces morceaux sont placés sur l'objet convenablement préparé, le tout est porté dans une étuve ou dans un four à une température suffisante pour fondre les morceaux de gutta qui pénètrent dans les creux en recouvrant le modèle et se soudent entre eux.

Or, ces procédés présentent les inconvénients suivants : le procédé par pression manuelle donne des moules rarement satisfaisants, à moins qu'il ne s'agisse d'objets de faible relief et de petite dimension. Le procédé par pression mécanique donne de meilleurs résultats, mais il ne peut s'appliquer aux objets délicats que la pression pourrait déformer. Les procédés par fusion et par affaissement sont plus pratiques, mais de résultats incertains. Enfin, tous ces procédés sont impraticables sur les objets en terre glaise, tels que les maquettes du sculpteur. En effet, d'un côté la fragilité de la terre est trop grande pour supporter aucune pression, et d'un autre côté la température du four, dans les procédés par affaissement, risque de fendiller partiellement cette terre avant que la gutta soit fondue. Quant au procédé par fusion et par application de la gutta fondue avec une spatule, à la surface de l'objet, on conçoit les résultats qu'il fournirait sur un objet en terre molle et friable.

Ces procédés présentent les mêmes inconvénients quand il s'agit de la reproduction des pièces anciennes, rares et précieuses, avec cette circonstance aggravante qu'on doit se garder d'exposer des objets de grande valeur à la moindre pression, ou à une élévation de température trop prolongée. Le procédé Pellecat constitue un très grand progrès sur les procédés précédents; il permet de mouler directement sur la glaise et d'opérer sur les objets précieux sans laisser trace de son passage.

Choix et préparation de la gutta pour les moulages par le procédé Pellecat. — Nous avons vu que la gutta-percha devait être amenée dans un état de fluidité assez complète pour que, en la coulant sur l'objet, elle pût descendre d'elle-même dans les creux les plus fouillés du modèle. Il est en même temps nécessaire que cette gutta, après refroidissement, durcisse suffisamment pour pouvoir résister aux diverses manipulations du démoulage et du traitement électrochimique.

M. Pellecat, pour donner cette fluidité à la gutta, sans être obligé de la soumettre à une trop forte élévation de température qui la mettrait promptement hors d'usage, y ajoute une certaine quantité d'huile de lin. Comme cette addition d'huile fait malheureusement perdre à la gutta une grande partie de son élasticité et de sa dureté, il est nécessaire de donner aux moulages négatifs une plus forte épaisseur que si l'on employait la gutta pure. En revanche, l'élasticité ordinaire de la guttta étant détruite, il n'est plus nécessaire d'employer la gutta de première qualité, qui coûte de 10 à 12 fr le kg. Les guttas à 4 fr le kg sont suffisantes et rendent le même service, d'où une économie de 50 pour 100 sur l'achat de la matière première.

L'inventeur du procédé indique de prendre 10 à 12 parties d'huile de lin pour 100 parties de gutta à 4 fr. Il fait remarquer que ces proportions n'ont rien d'absolu. Elles doivent varier suivant l'état de la gutta employée. Un essai en petit est presque toujours indispensable pour se rendre compte de la quantité d'huile nécessaire à la gutta choisie.

Pour préparer ce mélange, on opérera comme il suit : la gutta sera divisée en menus morceaux qui seront placés dans une marmite et arrosés de la quantité d'huile convenable; le tout sera chauffé à feu nu, en remuant constamment, jusqu'à fusion complète et mélange intime. Ce mélange obtenu, on le retirera du feu et on le laissera en repos pendant un quart d'heure environ, pour laisser aux bulles d'air emprisonnées le temps de disparaître; le repos doit être prolongé si la quantité de gutta en fusion est d'une certaine importance. Cela fait, le mélange sera prêt à être employé pour les moulages.

Le mélange plastique est refondu après chaque opération et employé de nouveau.

Il est quelquefois nécessaire de l'additionner de temps à autre de matières neuves, car à la longue il a tendance à s'épaissir et à devenir visqueux (1).

Moulage des objets. — Il y a trois cas à considérer, selon que

(1) *Fluidité de la gutta-percha.* — J'ai eu personnellement l'occasion de faire quelques essais relativement aux substances qui peuvent être ajoutées à la gutta pour augmenter sa fluidité. Je recommanderais volontiers la paraffine à un bas point de fusion. La paraffine possède la propriété de faciliter la conservation de la gutta en empêchant son oxydation spontanée, et, dans le cas spécial qui nous occupe, la paraffine présente l'avantage de donner à la gutta, après refroidissement complet, une plus grande consistance que l'huile de lin, tout en facilitant au même degré sa liquéfaction. On en comprend aisément le motif : à la température ordinaire, la paraffine est solide et même plus dure que la gutta de seconde qualité, tandis que l'huile de lin, l'axonge, sont liquides ou sans consistance. Enfin la gutta paraffinée est plus inattaquable que la gutta huilée par les divers réactifs (soude caustique, alcool, etc.), quelquefois employés lors du démoulage, comme nous le verrons tout à l'heure. (*Le Roy.*)

le modèle est en terre, en plâtre ou en métal. Les précautions à prendre pour éviter l'adhérence du modèle à la gutta varient dans ces trois cas.

Il faut, dans l'opération du moulage, quelle que soit la nature du modèle :

1° Entourer l'objet à mouler d'un cadre en métal approprié à sa forme, et destiné à retenir autour du modèle la gutta fondue;

2° Donner au modèle une certaine inclinaison du côté le plus susceptible de faciliter la sortie de l'air des cavités;

3° Pendant le coulage, verser la gutta liquéfiée en un même endroit, sur le point le plus élevé du modèle pour que, en descendant lentement dans les creux, elle puisse chasser l'air devant elle;

4° Ne pas chercher à économiser le mélange fluide; forcer plutôt la quantité coulée de façon à obtenir un moule très épais.

A. *Moulage des objets en terre (dit moulage à terre perdue).* — Il n'y a pas de précautions spéciales à prendre, relativement à l'adhérence; le mélange fluide est versé, avec les précautions générales qui viennent d'être indiquées, sur la terre humide. On laisse refroidir.

On peut qualifier ce genre de moulage, de moulage à « terre perdue », par analogie avec le procédé dit à « cire perdue », autrefois si employé par les artistes de la Renaissance pour la reproduction en bronze de leurs œuvres. En effet, l'œuvre de l'artiste, exécutée en argile, est détruite de même par l'opération du moulage et définitivement perdue, mais pour renaître en cuivre avec toutes ses finesses, sans qu'il y ait besoin de soumettre cette reproduction à la retouche du ciseleur, qui dénature ou modifie trop souvent la pensée de l'artiste.

B. *Moulage des objets en plâtre (dit moulage à plâtre perdu).* — L'objet, s'il est d'une faible épaisseur, est d'abord renforcé avec du plâtre grossier appliqué par derrière. Cette précaution a pour but d'empêcher la dessiccation pendant le moulage. Cet objet renforcé est plongé dans l'eau froide, jusqu'à ce qu'il soit complètement imbibé; la durée d'immersion varie selon les dimensions et l'épaisseur de la pièce. Le plâtre, saturé d'eau, est égoutté à l'air; puis, il est recouvert d'une solution préparée avec 500 parties de savon mou de première qualité (1), dissous dans 1000 parties d'eau distillée ou d'eau de pluie. On fait pénétrer, au moyen d'un pinceau doux, l'eau de savon dans tous les creux, en la faisant mousser. Le plâtre ainsi savonné est abandonné pendant une demi-heure, pour qu'il puisse être pénétré par la liqueur savonneuse, puis avec un pinceau sec, on en retire l'excès. Avec un autre pinceau, on enduit alors le modèle d'huile blanche, ou mieux d'une émulsion grasse préparée avec 100 parties de vaseline et 20 parties de cire vierge fondues ensemble et additionnées de 40 parties de savon mou. On fait pénétrer cette mixture dans les creux avec le plus grand soin. On laisse encore séjourner pendant quelque temps sur le modèle, puis on essuie avec des pinceaux secs jusqu'à ce que la couche de mixture laissée sur le modèle soit de l'épaisseur d'un vernis gras.

Sur le plâtre ainsi préparé on coule la gutta liquide, en suivant les prescriptions générales.

C. *Moulage des objets métalliques.* — La gutta préparée par le procédé Pellecat perdant toute élasticité, on pourrait craindre *a priori* qu'elle ne puisse donner que des résultats inférieurs aux autres procédés où l'on emploie la gutta pure. En effet, ici le modèle en métal ne peut, lors du démoulage, être séparé de la gutta, soit par désagrégation comme dans le moulage à terre perdue, soit par rupture comme dans le moulage à plâtre perdu. Cet inconvénient, qui oblige à prendre des précautions spéciales si l'objet métallique est de dépouille difficile, est largement compensé par les avantages du procédé, qui évite tout danger de déformation, n'altère en rien l'original, et donne des résultats certains :

1° Si l'objet métallique est de dépouille facile, il n'y a qu'à prendre les précautions nécessaires pour éviter l'adhérence.

(1) Il est indispensable de se servir d'un savon irréprochable; presque tous les savons mous du commerce sont additionnés de substances étrangères nuisibles pour cette opération du moulage. Le mieux est de préparer son savon mou avec un alcali et une huile purs. L'augmentation de prix est insignifiante par rapport au résultat à atteindre.

Dans ce but, M. Pellecat employa d'abord le savon mou de première qualité, étendu sur le modèle sans aucune addition d'eau. Actuellement, il recommande une mixture composée de poids égaux de vaseline et de savon mou. Le savon ou la mixture est étendu au pinceau avec le plus grand soin. On l'y laisse séjourner une heure ou deux, puis on enlève l'excès avec un pinceau sec, et l'on peut couler la gutta.

2° Si l'objet métallique est de dépouille difficile, sans être cependant en ronde bosse, l'opération est plus compliquée; voici comment il faut procéder : enduire le modèle avec l'huile ou la mixture, puis, dans chacune des cavités de dépouille difficile, introduire des morceaux de gutta *neuve de première qualité*, forcer par pression chaque morceau de gutta à prendre tous les détails des creux, en laissant les morceaux de gutta déborder de chaque cavité, et abandonner le tout au refroidissement ; tailler au couteau les morceaux de gutta par la partie qui déborde, en dresser la surface et y pratiquer des trous de repère; cela fait, retirer séparément chaque morceau de gutta des creux, enduire à nouveau ces creux avec la mixture, y replacer les morceaux de gutta, recouvrir leur surface d'une lame de papier d'étain, enduire de mixture la surface du papier d'étain, et couvrir le papier d'étain d'une lame de gutta neuve épaisse de 5 mm environ, ramollie dans l'eau chaude ; sur l'ensemble du modèle ainsi préparé, couler la gutta comme à l'ordinaire.

Démoulage des objets. — A. *Démoulage à terre perdue.* — Cette opération est simple et d'une réussite certaine. Le modèle, recouvert de la gutta refroidie, est retourné. On attaque la terre molle avec un ébauchoir de façon à enlever la majeure partie. Cela fait, on place le moule, toujours renversé, sous un robinet d'eau courante. La terre se délaye peu à peu, et est entraînée par l'eau constamment renouvelée. On active l'opération en frottant sous l'eau le moule en gutta, avec un pinceau doux à longs poils.

B. *Démoulage à plâtre perdu.* — Si l'objet en plâtre ne présente pas des parties hors dépouille, il est facile de le séparer du moule en gutta en opérant une traction dans le sens le plus favorable, comme dans les procédés ordinaires. Si l'objet est de dépouille difficile, le mieux est de le casser dans la gutta et de l'en retirer par morceaux. Dans ce cas, avec un ébauchoir, on pratiquera dans le plâtre emprisonné par la gutta des sillons profonds, de façon à en diminuer la solidité; puis on cassera le plâtre, en frappant sur la gutta avec un maillet.

Le plâtre humide se brise facilement. Les morceaux seront retirés à la main, les uns après les autres, en suivant autant que possible le sens des cavités. Si les creux sont trop profonds ou s'ils présentent des surfaces telles que certaines parties de plâtre ne peuvent être ainsi retirées, on les enlèvera en désagrégeant le plâtre par voie chimique.

Pour désagréger le plâtre, M. Pellecat s'est d'abord servi de lessive de soude caustique marquant 25° au pèse-sels de Baumé, c'est-à-dire contenant environ 225 g d'hydroxyde de sodium par litre de lessive. Avec une lessive plus concentrée, la désagrégation du plâtre n'est pas plus active, et l'on s'expose à attaquer la gutta huilée. Sous l'action de l'alcali, le plâtre ou sulfate de calcium cristallisé est peu à peu désagrégé par suite de la double décomposition :

$$\underbrace{CaSO^4, 2H^2O}_{\text{Plâtre.}} + \underbrace{2NaOH}_{\text{Soude.}} + (H^2O)^n =$$

$$\underbrace{Na^2SO^4 (H^2O)^n}_{\text{Sulfate de soude.}} + \underbrace{CaO (H^2O)^n}_{\text{Chaux.}} + (H^2O)^n$$

L'oxyde de calcium ou chaux qui prend naissance est pulvérulent, et il s'enlève facilement sous un courant d'eau dans les mêmes conditions que l'argile lors du démoulage à terre perdue. Si le ou les fragments de plâtre sont volumineux, il faut recommencer l'opération en plusieurs fois.

Enfin, si le plâtre à désagréger est placé dans des parties verticales du moule en gutta, on peut faire une bouillie avec de l'amidon ou de la farine mélangée à la lessive alcaline. Ce magma sera appliqué sur ces endroits, et renouvelé de temps en temps.

Tout récemment, M. Pellecat a substitué, dans cette opération, le carbonate d'ammonium à la lessive de soude ([1]), qui attaque toujours légèrement la gutta huilée et peut détruire les parties délicates des moules. Avec le carbonate d'ammonium en dissolution concentrée cet inconvénient n'est plus à craindre et la désagrégation se fait aussi bien, sinon mieux. La décomposition chimique a lieu de la même manière, avec cette différence qu'il y a production de carbonate de calcium (craie) et de sulfate d'ammonium.

Si l'opération du savonnage et du graissage a été mal conduite, il peut quelquefois rester à la surface de la gutta une très légère couche de plâtre provenant de la partie superficielle de l'objet qui a été pénétrée de savon et de corps gras et a fait corps avec la gutta du moule. Cet inconvénient est grave, car ces traces de plâtre résistent à l'action de la soude caustique et des autres réactifs. On peut quelquefois sauver le moule en le frottant longtemps avec de l'alcool et un pinceau doux.

C. *Démoulage des objets métalliques.* — Si le modèle n'est pas de dépouille difficile, la séparation d'avec la gutta s'exécute facilement. Si le modèle présente des parties de dépouille difficile, on détache en premier lieu l'ensemble du moule en gutta; puis, on enlève séparément chacun des morceaux en gutta dont on a garni les creux, comme il a été dit plus haut. On enlève les papiers d'étain qui couvrent ces morceaux, on les met à leurs places respectives sur le moule, en s'aidant des points de repère tracés. On les soude au moule après avoir fondu les surfaces à rapprocher avec une lame métallique chauffée.

Achèvement des moules. — Les moules en gutta, ainsi obtenus, sont lavés à grande eau, dégraissés avec de l'eau de savon et un

([1]) *Désagrégation du plâtre.* — Relativement à la désagrégation du plâtre par voie chimique, je donnerais la préférence au bicarbonate de sodium. Quelques essais comparatifs de désagrégation, faits sur des cubes en plâtre avec différents réactifs, m'ont démontré que le bicarbonate de soude est plus actif encore que le carbonate d'ammonium. Il se dégage, pendant la réaction, du gaz acide carbonique qui renouvelle les surfaces en contact et active beaucoup l'opération. En outre, ce sel est complètement sans action sur la gutta. (*Le Roy.*)

pinceau. On laisse sécher. On rétablit avec de la cire à modeler les quelques imperfections qui pourraient par hasard exister, puis l'on plombagine avec soin et l'on procède à la mise au bain.

CANALISATION

Règles pratiques pour la pose des conducteurs. — Pour éviter des remaniements et des fausses manœuvres dans la pose des conducteurs électriques, il est commode de se conformer aux règles pratiques suivantes :

Étant admis que le courant est assimilé *par convention* à un écoulement se produisant du point au potentiel le plus élevé ou *positif*, au point où le potentiel est moins élevé ou *négatif*, on prendra comme sens naturel l'écoulement de haut en bas et de gauche à droite (sens de l'écriture des peuples civilisés) et, pour les rotations, le sens des aiguilles d'une montre. Ceci admis, on fixera dans les fils positifs, *au-dessus* des fils négatifs dans les poses horizontales, les fils positifs *à gauche* des fils négatifs dans les poses verticales et, sauf raisons spéciales, une canalisation faisant le tour d'une pièce sera établie de façon à tourner, pendant la pose, dans le sens des aiguilles d'une montre.

La pratique a consacré l'emploi de la couleur *rouge* pour marquer le pôle *positif* d'un accumulateur et la couleur *noire* pour le pôle négatif. Lorsqu'on fera usage de fils de différentes couleurs, il sera bon de se conformer à cette habitude en adoptant les fils de couleur rouge, vive ou claire, comme fils positifs d'aller ou à potentiel élevé, et les fils de couleur noire, terne ou foncée, comme fils négatifs, de retour ou à bas potentiel.

Pour les appareils de mesure, il est bon de suivre la convention adoptée par M. J. Carpentier et qui consiste à établir, pendant la construction, les liaisons aux bornes telles que *le courant pousse l'aiguille.*

Lorsque la déviation d'un appareil ainsi établi se fait dans le sens du mouvement des aiguilles d'une montre, c'est que le courant va de la borne de gauche à la borne de droite, et inversement. Avec les appareils à réflexion, on adopte la même disposition en prenant pour base le déplacement du rayon lumineux sur l'échelle.

Nature des conducteurs. — L'emploi des conducteurs *nus* à l'intérieur des édifices et habitations doit être évité : il est même très souvent interdit. On emploie toujours des câbles isolés ou des câbles sous plomb. Voici la spécification des types les plus courants.

Câbles à isolement léger. — Couverture de coton, ruban, tresse, enduite de paraffine, bitume, etc., pour éviter des contacts passagers ou des dérivations accidentelles. La pose de ces câbles demande les mêmes précautions que les fils nus (isolateurs en porcelaine, moulures en bois, etc.). L'isolement léger ne doit jamais être employé dans les endroits humides.

Câbles à isolement moyen. — Le plus couramment employé dans les installations industrielles. Une ou deux couches de caoutchouc vulcanisé sur cuivre étamé, retenu par un ou deux rubans, avec tresse ou enduit spécial. Ces câbles résistent à la chaleur et à l'humidité, et constituent un isolement fermé, véritable tube.

Câbles à grand isolement. — Pour les hautes tensions. Deux ou trois couches de caoutchouc et deux ou trois rubans. Résistent à l'eau et peuvent donner, essayés après 24 heures d'immersion, une résistance supérieure à 300 mégohms par kilomètre.

Câbles sous plomb. — Employés lorsque le câble est toujours immergé dans l'eau et placé sous terre. Bonne protection mécanique, mais exige un très grand isolement avant la mise sous plomb.

Câbles armés. — Employés lorsque le câble placé directement en terre a besoin d'une protection mécanique. L'armature est généralement formée de deux lames d'acier roulées en spirale dans le même sens sur l'isolant du câble. L'enroulement de la première lame est non jointif, afin de laisser au câble une certaine flexibilité ; la seconde lame chevauche sur la première et couvre le vide laissé entre deux spires successives du premier enroulement.

JOINTS DES CONDUCTEURS

Tous les conducteurs doivent être décapés à la résine, soudés à l'étain, au fer ou à la lampe, et recouverts des mêmes couches d'isolement que celles qui entourent le câble.

Joints des fils de cuivre et alliages de cuivre. — Les joints qui sont toujours des points faibles sur les lignes télégraphiques exigent des précautions particulières quand il s'agit de fils en cuivre ou alliages de cuivre. Un bon joint doit offrir une résistance à la traction au moins égale à celle du fil et ménager un contact parfait entre les conducteurs. Les procédés habituels rendent ces deux conditions un peu contradictoires en ce qui regarde les fils de cuivre; la continuité électrique des lignes en fer est assurée aux raccords à l'aide de soudure; pour la faire prendre, on chauffe assez fortement les fils et cela n'a point d'inconvénient. Mais les fils en cuivre dur ou en bronze de haute conductibilité doivent presque toute leur ténacité à l'écrouissage et la perdent par le recuit. Il faut donc éviter de les chauffer outre mesure; en France, lorsqu'on applique le manchon Baron

Jonction de fils avec soudure en dehors.

aux constructions en cuivre comme à celles en fer, on prend de la soudure plus fusible et les ouvriers ont ordre de ne chauffer qu'à la température strictement nécessaire.

Une autre méthode qui a fait ses preuves permet de tourner la difficulté et de moins se préoccuper d'une négligence; on forme, avec les extrémités des fils à réunir, une torsade simple ou double qui donne la liaison mécanique, puis on soude entre eux les deux bouts restés libres; ceux-ci peuvent alors subir une surchauffe sans danger pour la solidité du joint.

Le joint *Mac Intire* semble jusqu'à présent offrir pleine sécurité. Deux tubes de cuivre sont brasés côte à côte de manière à constituer un même morceau de métal. On y engage les extrémités des fils à réunir; les tubes sont alors saisis à l'aide de mâchoires convenables et tordus. La torsion diminue la longueur du double manchon; la surface intérieure des tubes et le fil sur lequel elle glisse à frottement viennent en contact

Joint *Mac Intire.*

intime et l'on se dispense de souder. Le joint a montré aux essais une ténacité tout aussi grande que le fil de ligne et supérieure à celle du joint Britannia ou de la torsade, l'un et l'autre soudés; l'humidité et l'oxydation ne pénètrent pas, dit-on, à l'intérieur des tubes, qui d'ailleurs sont choisis de manière à bien s'ajuster sur le fil même avant la torsion. Le joint a été employé non seulement pour des lignes télégraphiques ou téléphoniques, mais encore pour des conducteurs à lumière de plus de 1 cm de diamètre. En cas de nécessité reconnue, on pourrait toujours, sur les lignes téléphoniques, laisser dépasser les extrémités libres des fils et les souder à l'extérieur du joint soit directement, soit plutôt avec un manchon Baron. A première vue, la solution paraît identique à celle de la torsade qu'il n'y aurait aucune raison d'abandonner; en réalité, la torsade ne met en contact les deux fils que par une surface de tangence réduite presque à une ligne et, pour empêcher, surtout sans soudure à la partie horizontale, le fil d'échapper, il faut accentuer fortement la courbure du fil et donner aux spires un pas très court; on produit une sorte d'accrochage; cette opération fatigue le fil et devient incommode avec les gros diamètres. Par le joint Mac Intire, au contraire, les fils et les cylindres de cuivre sont en contact complet par une surface considérable et la pression réciproque détermine entre eux un frottement des plus énergiques; le pas de l'hélice de torsion peut donc être sensiblement allongé, et le procédé appliqué sans inconvénient pour la ténacité et nonobstant la grosseur du fil. En outre, le double manchon formant un seul bloc métallique, la conductibilité reste inaltérée à la surface de contact des deux tubes enroulés l'un autour de l'autre.

Joints des fils recouverts de gutta-percha. (*Culley.*) — Exige grande propreté. Enlever la gutta sur une longueur de 4 cm, nettoyer le fil avec papier émeri, tordre les fils ensemble sur une longueur de 2 cm, raser les bouts sans laisser de pointe saillante et souder à la résine avec bonne soudure renfermant quantité suffisante d'étain. On gratte ensuite la gutta sur 5 cm, et on la ramène en arrière. Le cuivre soudé est recouvert avec de la composition Chatterton, et la gutta, chauffée des deux côtés, est rabattue sur le fil jusqu'à ce que les deux parties de l'enveloppe primitive, malaxées convenablement, se rejoignent. On achève le joint avec un fer à souder chaud, en ayant soin de bien polir sans brûler, et l'on recouvre d'une nouvelle couche de chatterton. On chauffe alors une feuille de gutta à la lampe à alcool et, une fois chaude, on l'étire avec précaution pour diminuer légèrement l'épaisseur. Pendant que la gutta et le chatterton sont encore chauds, on place la feuille sur le joint, on la modèle autour du joint, entre le pouce et l'index, et on la rogne avec des ciseaux; on pétrit les bords et on les lisse au fer chaud. Le joint refroidi est recouvert d'une nouvelle couche de chatterton; on place une seconde feuille de gutta plus longue et plus large; même procédé que pour la première. On recouvre d'une nouvelle et dernière couche de chatterton étendue avec le fer et polie à la main après refroidissement, en ayant soin de bien mouiller la main. Il est indispensable d'obtenir un mélange intime et parfait de la gutta-percha neuve avec celle qui recouvre le fil.

On peut faire un joint plus fin et plus propre en introduisant les deux fils dans un petit manchon de cuivre étamé, de 25 mm de longueur, pressant ce manchon contre le fil comme un ferret de lacet et le soudant ensuite; on ne laisse pas ainsi subsister de pointes saillantes aux extrémités d'un joint.

Joints temporaires des fils recouverts de gutta-percha. — On soude les fils à la manière ordinaire; le point soudé est introduit au préalable dans un tube en caoutchouc vulcanisé serré fortement contre ce fil à ses extrémités.

Composition de Clark. — Pour recouvrir l'armature des câbles :

Poix minérale.	65 parties.
Silice..	30 —
Goudron	5 —

On l'étend avec du chanvre grossier dans la proportion de 1 volume de chanvre pour 2 de composition. Sa densité est environ 1,62.

Composition de Chatterton. — Pour cimenter entre elles les couches successives de gutta-percha qui recouvrent les câbles :

Goudron de Stockholm	1 partie.
Résine..	1 —
Gutta-percha.	3 —

On l'emploie aussi pour remplir les interstices des câbles de côte. Sa densité est presque la même que celle de la gutta-percha, mais sa capacité inductive est moindre.

Câbles tirés. — Avec la méthode du tirage du câble, il est nécessaire d'avoir un conducteur couvert sur toute sa longueur par un isolant flexible, ayant une épaisseur convenable pour donner un isolement suffisant et pour supporter les efforts mécaniques dus au maniement du câble, et recouvert ensuite de tresses et rubans qui le protègent contre les chances d'érosion lorsqu'on le tire dans la conduite.

L'isolant qui répond le mieux aux exigences d'une canalisation souterraine par tirage est le caoutchouc vulcanisé; un câble isolé avec cette substance, bien protégé par des rubans ou des tresses, peut être tiré dans un tuyau sans autre protection, car la conduite elle-même préserve des chocs mécaniques et rend ainsi toute armature inutile. De plus, comme l'isolant est imperméable à l'eau, il offre toute sécurité sans qu'il soit besoin de le recouvrir d'un tuyau de plomb, qui augmente beaucoup le poids du câble tout en diminuant sa flexibilité et rendant sa pose difficile.

La conduite peut être construite soit en briques, soit en ciment avec une couche finale de ciment fin, afin d'offrir au câble une surface unie et douce, mais pas avec une substance bitumineuse, qui, par les temps chauds, pourrait se ramollir et empâter le câble qui plus tard se trouverait encastré solidement. On peut aussi poser en terre des tuyaux de fer ou mieux de fonte, et, s'ils sont bien unis intérieurement, ils constituent peut-être le procédé qui remplit le mieux toutes les conditions désirées. Lorsqu'on fait usage de tuyaux, il faut avoir soin de les prendre suffisamment spacieux pour qu'on puisse, en cas d'extension du réseau, y tirer des câbles nouveaux ou plus gros sans ouvrir le sol. Avec des câbles au caoutchouc vulcanisé, il est inutile d'essayer de rendre les conduites ou les tuyaux étanches, ce qui est toujours difficile, sinon impossible. Il sera bon toutefois, lorsque cela sera possible, de les poser légèrement en pente du côté des boites de tirage, dont le fond doit être perforé et reposer sur une couche de sable ou autre sol poreux de manière à faciliter l'écoulement des eaux qui, si elles séjournaient dans les tuyaux, pourraient produire des émanations peu agréables. Il est préférable d'avoir un tuyau séparé pour chaque paire de câbles, quoiqu'on puisse évidemment en placer un plus grand nombre si cela est nécessaire. En tout cas, si le nombre des câbles est supérieur à quatre, par exemple, il faut prendre deux tuyaux séparés ou plus, et, dans un district populeux, il est bon, dans beaucoup de cas, de placer à côté des autres un tuyau de réserve pour subvenir aux extensions éventuelles. Le tuyau doit présenter une section égale au moins à 6 fois la somme des sections de tous les câbles qui y prennent place. Des boîtes servant à l'introduction et à la traction des câbles doivent être placées à intervalles de 80 à 100 m dans les lignes droites et à toutes les courbes un peu prononcées et aux angles, pour faciliter le tirage des câbles. Au moment de la pose des tuyaux, on y passe un fil de fer qu'on y laisse à demeure de façon que chaque boîte de tirage soit reliée à sa voisine. Les conduites ou tuyaux doivent être examinés soigneusement, afin d'être sûr qu'il ne s'y trouve pas de débris de briques ou autres matériaux qui pourraient causer des obstructions nécessitant plus tard un curage du tube; il faut également voir si le fil de tirage n'est pas détérioré, sinon on doit en passer un nouveau dans le tuyau. Pour désobstruer les tubes, on emploie des baguettes de fort bambou de 1,25 m à 1,5 m de long jointes bout à bout au moyen de ferrures à vis.

Pose. — On amène sur le terrain les bobines de câble et on les monte sur des châssis juste derrière la boîte de traction par où le câble doit pénétrer. L'extrémité du câble est alors attachée par une ligature solide et sans trop d'aspérités à une corde qui a été passée préalablement au moyen du fil laissé dans le tube au moment de la pose; il ne reste plus qu'à tirer le câble par la corde. Il est généralement utile de tirer avec le câble une forte corde de jute qui restera dans le tuyau et sera toute prête pour tirer les nouveaux câbles qui peuvent être adjoints ultérieurement à la canalisation. A tous les coins de rues, le câble, au sortir de la chambre, doit être tiré à la surface et étendu sur le sol, et la même chose doit être effectuée dans une voie en ligne droite dès que la longueur du câble dans le tuyau devient trop grande pour être tirée directement en une seule fois.

Lorsqu'on pose plus d'un câble, il est bon de les lier ensemble à intervalles au sortir de la boîte, afin que les différents conducteurs ne s'enchevêtrent pas. Lorsqu'on a sorti de la boîte et tiré sur le sol une longueur suffisante, la corde de halage, puis le câble peuvent être tirés dans la boîte suivante en ayant soin de guider le câble en le tenant à la main lorsqu'il pénètre dans le nouveau tuyau, et coupant à ce moment les liens qui auraient pu être placés précédemment. Une boucle de longueur suffisante doit être laissée en dehors de chaque boîte de façon à pouvoir tirer facilement, s'il est nécessaire, à la fin de la pose, une portion du câble dans un sens ou dans l'autre.

Pour faciliter les essais et la confection des joints, il est parfois désirable d'amener les câbles principaux jusque dans les maisons, de façon que le réseau soit constitué par une série de boucles ayant les extrémités des conducteurs dans des positions accessibles.

La question des jonctions est très importante, tous les joints souterrains doivent être faits avec le plus grand soin et *vulcanisés*, de sorte que l'isolation soit constituée par une enveloppe de caoutchouc parfaitement continue, sans points faibles.

Préparation des extrémités et jonction métallique. — La tresse extérieure doit d'abord être enlevée, les rubans déroulés, et le conducteur dénudé sur une longueur équivalente à au moins 8 ou 10 fois son diamètre; pour des fils fins cette longueur ne doit pas être inférieure en tout cas à 5 cm. Avec des câbles vulcanisés ou similaires, le caoutchouc doit être coupé à angle droit, en prenant soin de ne pas entailler le cuivre. Pour les câbles au caoutchouc pur, celui-ci doit être déroulé mais non coupé.

Pour faire les joints on ne doit employer que de la résine, soit brute, soit sous forme d'une pâte légère obtenue en la dissolvant en poudre dans de l'esprit-de-vin. Les pièces à souder doivent être maintenues toujours propres, et le meilleur pour cela est de les plonger dans une solution saturée de sel ammoniac dans l'eau. Le conducteur en cuivre qu'on va joindre doit être également maintenu bien propre, et lorsque la soudure est faite, on lime les parties irrégulières, de façon à présenter à l'isolant une surface bien lisse.

Câble à un seul fil. — Les extrémités en cuivre doivent être limées en forme de biseau allongé et les deux bouts ainsi limés sont appliqués l'un sur l'autre de façon à avoir une grande surface de contact. Les biseaux sont alors soigneusement soudés et entourés par un fil fin, et le tout soudé à nouveau et nettoyé avec une lime ou de la toile d'émeri; le diamètre final ne doit pas excéder de beaucoup le diamètre primitif du conducteur.

Câble formé d'un toron de 7 brins. — Tout le toron est d'abord soudé sur lui-même, de façon à former un tout solide qui est alors coupé en biseau et soudé à nouveau, comme précédemment.

Câble formé d'un toron de 19 brins. — Le conducteur est dénudé sur une longueur convenable et un petit fil enroulé autour des extrémités près du caoutchouc afin de maintenir le toron en place. Les 12 fils extérieurs sont défaits de leur toron et relevés en arrière, et le toron central de 7 fils est alors soudé et joint comme un conducteur solide. Pour réunir les 12 fils par-dessus, les fils seront alternativement coupés court et long, et les 2 séries de 12 sont mariées, c'est-à-dire que le long fil d'un des câbles est joint au fil court de l'autre, et ceci tout autour du toron central, de sorte que la moitié des jonctions se trouvera d'un côté et l'autre moitié de l'autre côté du centre du raccord. Le joint de ces fils simples n'a pas besoin d'être fait en biseau, mais seulement par la butée du fil court contre le fil long, à l'endroit où l'on en fait la soudure. Une étroite ligature de fil fin est placée aux deux extrémités du joint et soudée, le tout est adouci à la lime.

Câble composé d'un toron de 37 fils. — Si la flexibilité est nécessaire, on suivra la même méthode, en mariant de plus de la même manière les 18 fils situés sur le toron de 19 fils. Si la flexibilité n'est pas essentielle, le toron de 19 fils peut être taillé en biseau et joint comme le toron de 7 fils, et les 18 fils restants sont seulement mariés entre eux.

Câble composé d'un toron de 61 fils. — Le joint est fait de la même manière que pour un toron de 37 fils, avec cette différence que les 24 fils supérieurs sont mariés comme précédemment.

Joints de conducteurs en T. — *Jonction d'un fil simple avec un autre fil simple.* — Le plus petit fil doit être taillé en biseau et appliqué le long de la surface de l'autre fil, puis serré par un fil fin enroulé autour, soudé et adouci; mais la ligature ne doit pas aller tout à fait jusqu'au point où le petit fil est courbé.

Jonction d'un fil simple à un toron. — Bien nettoyer les surfaces, enrouler en spirale l'extrémité du fil simple autour du toron, mais le laisser dans le sens du toron au point de jonction, et faire une ligature sur cette partie rectiligne et souder le tout.

Jonction d'un toron de 7 fils à un câble plus gros. — Le toronnage des 7 fils est défait et, après avoir nettoyé les fils séparément, on les entoure autour du gros câble, 3 étant enroulés parallèlement dans une direction, et 4 dans la direction opposée et sur l'autre branche du T. Une légère ligature de fil de cuivre fin est ensuite faite à chaque extrémité et le tout est soigneusement soudé.

Grands joints en T. — Tous les fils de chaque câble doivent être nettoyés, puis soudés ensemble. On taille alors en biseau le plus petit câble et l'on ménage à la lime dans le gros câble une cavité à la profondeur d'à peu près la moitié du diamètre; les deux parties sont ajustées et soudées ensemble, puis entourées par un fil et soudées à nouveau.

Joints au caoutchouc vulcanisé. — Lorsque le joint du conducteur est terminé, le caoutchouc doit être taillé obliquement de façon à former tout autour du conducteur un biseau aussi long que possible, en tenant compte de l'épaisseur de la couche de caoutchouc. Le conducteur de cuivre et les extrémités du caoutchouc sont alors frottés avec de la benzine pure et chauffés légèrement avec une lampe à alcool. Le conducteur et les bords du caoutchouc sont ensuite recouverts par une bande de caoutchouc pur tendue aussi fortement que possible en une ou deux couches suivant les dimensions. On étend alors une solution spéciale de caoutchouc par-dessus le caoutchouc pur, appliquée de façon à exclure l'air le plus possible; on doit ensuite la laisser complètement sécher. Quand la solution est suffisamment sèche et n'adhère plus aux doigts, une bande de caoutchouc spécial est enroulée en spirale de façon à former un revêtement uniforme par-dessus la première enveloppe de caoutchouc pur. Il faut avoir soin de laisser aussi peu d'air que possible entre les couches, en tendant constamment et fortement. On applique cet enroulement de caoutchouc en couches superposées jusqu'à ce qu'on atteigne le diamètre de l'isolant primitif, et, par-dessus le tout, on enroule une couche de ruban caoutchouté de façon que le diamètre total du joint ainsi fait excède légèrement le diamètre de l'isolation primitive. Il s'agit maintenant de vulcaniser le joint. Pour cela il faut le recouvrir d'une enveloppe de toile cretonne coupée à la largeur du joint, enroulée fortement autour du câble et maintenue par un fort ruban de coton enroulé et tendu fortement en spirale; cette enveloppe remplira l'office d'un moule maintenant en place toutes les parties du joint pendant la cuisson. Le joint est alors placé à l'intérieur d'une boîte en fonte de forme particulière et fermée par un couvercle boulonné. Afin de garantir l'isolant appliqué précédemment et pour que la fermeture soit étanche, on enroule du ruban autour du câble aux deux points correspondants à l'entrée et à la sortie de la boîte de façon à obtenir une fermeture hermétique. On verse alors par une ouverture située à la partie supérieure de la boîte, une composition sulfureuse, fondue préalablement dans un vase convenable. Après avoir coulé le liquide de façon à entourer complètement le joint, on plonge un thermomètre par l'ouverture et l'on maintient la température aussi constante que possible entre 145 et 150° C. en chauffant la boîte avec des lampes à alcool. Après avoir entretenu cette température pendant environ une demi-heure, le soufre fondu est coulé hors de la boîte et le couvercle enlevé; on enlève le joint de la boîte, on le débarrasse des rubans et l'on voit qu'il est vulcanisé. On peut essayer grossièrement le degré de vulcanisation obtenu en rayant le caoutchouc avec l'ongle une fois qu'il est refroidi. Si la marque de l'ongle reste empreinte ou si le caoutchouc est trop dur, le joint est mauvais et doit être coupé et refait. Si cet essai montre que la vulcanisation est bonne, on achève le joint en enroulant par-dessus le tout des rubans qui viennent recouvrir la tresse de 5 cm environ de chaque côté et les enduisant ensuite de vernis à la gomme laque.

Les mains de l'opérateur qui touche le caoutchouc doivent être sèches et parfaitement propres. On ne doit se servir de la dissolution que par petite quantité; il faut laisser à la benzine le temps de s'évaporer avant d'appliquer une nouvelle couche; elle doit d'ailleurs être de première qualité, de façon à s'évaporer rapidement et sans laisser de résidu appréciable. Il faut veiller à ce que le caoutchouc qu'on applique soit en contact immédiat avec celui des bouts du câble et qu'il ne s'interpose ni rubans, ni matières étrangères qui seraient une entrée pour l'humidité. Si l'on n'a pas maintenu tout en parfait état de propreté et si l'air n'a pas été complètement expulsé par un enroulement soigneusement serré, on est certain d'avoir un joint boursouflé, même si le caoutchouc a été convenablement vulcanisé.

Si pendant la vulcanisation la température tombait au-dessous de 145°, on devrait maintenir la chauffe pendant un temps plus long; par exemple, si la température est de 140°, la cuisson devra durer trois quarts d'heure au lieu de trente minutes, mais il est important de maintenir autant que possible la température dans les limites de 145 à 150°.

Si le ruban de caoutchouc pur est dur et sec, on doit le chauffer légèrement avant de s'en servir; si le ruban caoutchouté est sale ou trop dur, on l'adoucit en le frottant avec de la benzine.

Vulcanisation des joints de conducteurs. (*India Rubber C°.*) — Pour effectuer les épissures et isoler les joints, une fois les câbles soudés, nettoyés à la résine, étamés, et les enveloppes de caoutchouc pur placées en nombre suffisant et superposées pour atteindre l'épaisseur nécessaire, on passe une couche de benzine pour coller les diverses parties de caoutchouc. Mais cette opération n'est pas suffisante pour obtenir une bonne résistance d'isolement. Il faut procéder à la vulcanisation sur place. A cet effet, le câble est entouré d'une couche de toile et placé dans un moule qu'on ferme à l'aide de boulons. On verse ensuite une composition sulfureuse en fusion par une ouverture pratiquée à cet effet.

MM. W. T. Glover et Cᵉ, de Manchester, viennent de construire un appareil très utile pour cette opération. Cet appareil, représenté ci-contre, se compose d'un moule placé à la partie supérieure et dans lequel peut être placé le câble à vulcaniser. Les joints des deux parties du moule sont boulonnés. Un entonnoir permet d'y verser la composition sulfureuse. Ce moule repose sur un support à l'intérieur duquel peuvent se placer des lampes à pétrole destinées à maintenir constante la température 150° C. pendant trente à quarante minutes, temps nécessaire pour la vulcanisation. Sur le côté de cet appareil se trouve une ouverture, dans laquelle on peut placer un thermomètre pour constater à tout instant la température.

Appareil *W. T. Glover* pour la vulcanisation des joints.

Jonction en bout de deux torons. (*Munro et Jamieson.*) — Coupez les deux bouts en biseau avec une lime fine comme dans la figure. Ramenez les deux bouts biseautés ensemble et soudez-les de manière à obtenir un conducteur d'une épaisseur uniforme. Roulez un fil de cuivre fin en spirale autour du joint et soudez le tout ensemble comme on le voit page 193, et employez toujours de la résine au lieu d'acide comme fondant. Pour appliquer la matière isolante, on taille de chaque côté le caoutchouc en pointe avec un couteau bien aiguisé sur une longueur de 4 cm à partir du conducteur, et l'on couvre le joint métallique d'une couche de ruban de coton enduit, d'une largeur de 15 mm; au-dessus du ruban de coton, on enroule en spirale une bande de caoutchouc pur d'une largeur de 2 cm bien tendue, et l'on couvre le joint d'une série de couvertures alternativement à droite et à gauche, jusqu'à ce qu'il soit de la même épaisseur que la couverture de caoutchouc du fil ou un peu plus épais, à cause de l'épaisseur extra du fil de ligature. On applique ensuite une petite quantité d'une solution de caoutchouc au-dessus de chaque couche, et on laisse à l'alcool le

Jonction des torons.

temps nécessaire pour s'évaporer avant de mettre une nouvelle couche. Ceci produit l'union des différentes couches de caoutchouc. La couverture extérieure de conducteur est composée de deux couches de rubans préparés d'une largeur de 15 mm, appliquées en sens inverse avec un vernis à la gomme laque épais entre les couches, et au-dessus de celles-ci encore une couche de ruban imperméable avec un dernier vernis recouvrant le tout. Il faut avoir soin de garder les mains, les outils et les matériaux propres et secs.

Jonction des embranchements. (*Munro et Jamieson.*) — Les bouts sont préparés en enlevant le tressage, les rubans et le caoutchouc sur une longueur de 10 cm environ et en retroussant l'enveloppe de coton qui couvre le conducteur même sur 4 cm sans pourtant l'enlever. Les bouts du fil sont alors nettoyés avec du papier d'émeri fin et taillés en biseau avec une lime fine. Les deux bouts biseautés sont ramenés ensemble et soudés à la résine, tandis qu'un fil de cuivre mince est enroulé autour. Le joint métallique est alors couvert avec la couche unie et mince de coton qu'on a préalablement déroulé des extrémités. Sur la couverture de coton on place en spirale un ruban de caoutchouc pur de 15 mm qu'on a soin de bien tendre en même temps qu'on enroule en sens inverse jusqu'à obtenir une

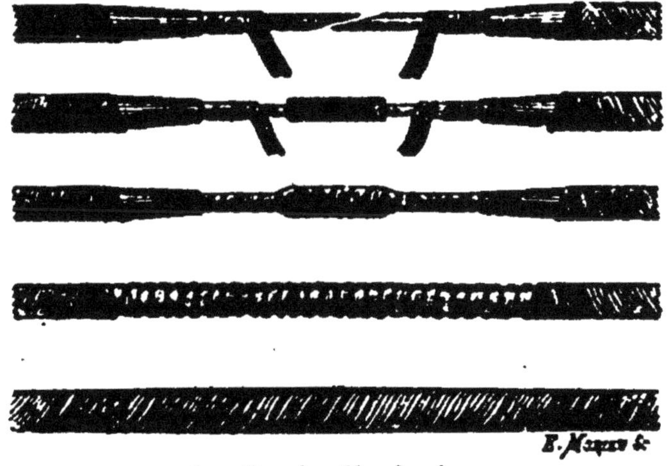

Jonction des fils simples.

isolation de l'épaisseur voulue. Dans ce cas aussi la solution de caoutchouc est appliquée sur chaque couche afin d'en faire un ensemble solide. Enfin deux couches de bandes de feutre d'une largeur de 15 mm sont appliquées en sens inverses avec une couche intermédiaire de gomme laque forte et par-dessus le tout une couche de vernis.

Jonction en T. (*Munro et Jamieson.*) — Les bouts sont préparés en enlevant les rubans extérieurs sur une longueur de 12 cm du conducteur principal, la couverture de caoutchouc et le ruban intérieur sur 4 cm de fil, la tresse et le ruban du fil à joindre sur 15 cm. Les couches de caoutchouc et de coton sont ensuite tirées à 8 cm en arrière et le caoutchouc enlevé : on laisse le coton qui servira à couvrir le joint métallique. Les fils des conducteurs sont soudés ensemble et le fil roulé 2 ou 3 fois autour du conducteur principal, 3 ou 4 fois sur lui-même et le tout soudé ensemble.

Le joint métallique doit être couvert d'une enveloppe de ruban de coton enduite de caoutchouc. Une bande de caoutchouc de 15 mm de largeur est appliquée en spirale et bien tendue en commençant à partir de la couverture de caoutchouc du fil secondaire, en allant autour du joint et autour de chaque bout du conducteur principal, en superposant ainsi une série

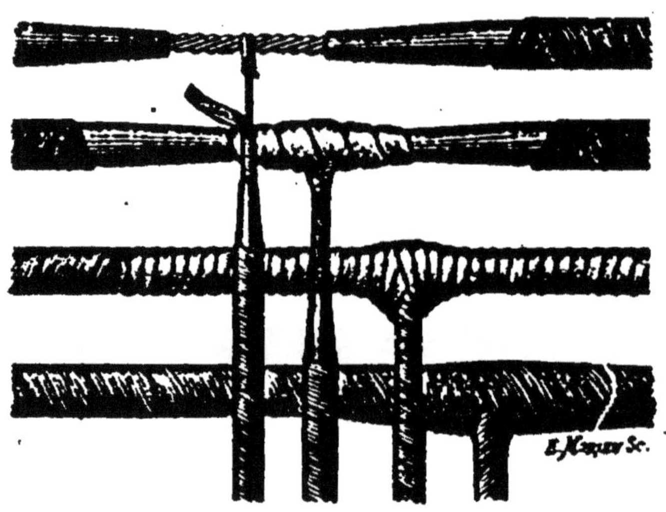

Jonction des fils en T.

de couches roulées en sens inverse jusqu'à l'épaisseur voulue, une solution de caoutchouc étant appliquée entre chaque couche. Le fil est protégé à l'extérieur par 2 couches de rubans préparés de 15 mm, une couche intermédiaire de vernis à la gomme-laque épais, une enveloppe de ruban enduit et, enfin, une couche de vernis.

Cordons souples. — Pour un seul appareil mobile, prenant de 1 à 2 ampères, on emploie des cordons doubles souples, en torsade de cuivre, isolés au caoutchouc, et recouverts d'une tresse soie ou coton qui les réunit en un seul conducteur. La section est de 1 ou de 1,5 mm², le conducteur peut supporter de 1 à

2 ampères. Les fils souples se fixent contre les murs à l'aide de petites poulies isolantes en bois ou porcelaine de 10 à 12 mm de diamètre que l'on fait passer entre les deux conducteurs formant la torsade. Le fil est maintenu dans la gorge de la poulie.

Attaches. — Les fils fins sont fragiles et cassent facilement en les serrant sous la lame ou font un mauvais contact. On

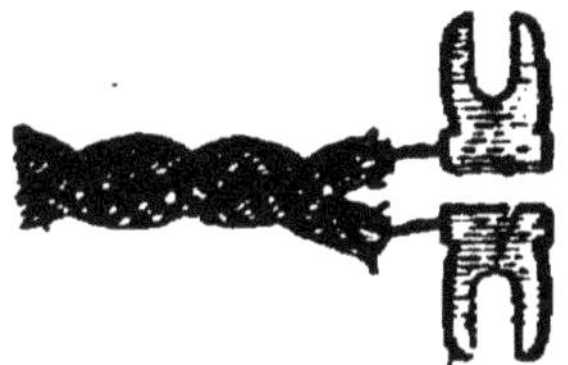

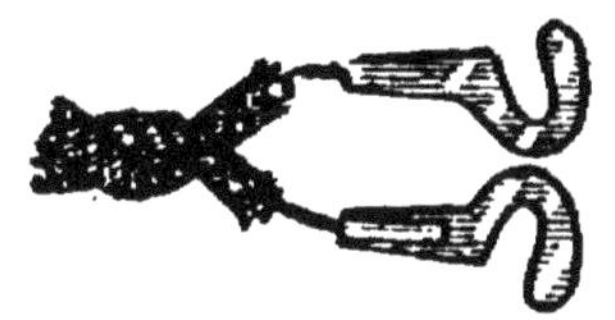

Attaches pour fils fins.

écarte cet inconvénient en munissant leurs extrémités de lames de contact analogues à celles représentées ci-dessus. Pour les gros fils et les câbles, on emploie des *cosses* soudées à l'extrémité de ces fils portant un œillet ou une encoche qui vient se prendre sous la borne.

Raccords provisoires. (*Olyve Duchemin.*) — Après avoir fait convenablement la ligature des conducteurs, on l'enveloppe avec un bout de papier d'étain, du genre de celui dont on entoure le chocolat et qu'on peut facilement se procurer. Ce papier prend exactement la forme torsade de la ligature et la recouvre avec de la gutta en feuille. Une ligature ainsi faite est sûre, car, en cas de dilatation, le papier d'étain étant conducteur, le courant y trouve passage, la gutta ayant toujours assez d'élasticité pour comprimer le papier.

Pince-ressort à contact de M. L. Ochse. — Tous les électriciens connaissent les difficultés qu'on éprouve à faire rapidement de bonnes épissures, quand il s'agit de réunir deux câbles entre eux. Si les épissures sont soignées, elles tiennent bien et donnent de bons contacts. Mais souvent les épissures sont provisoires, on n'apporte pas à leur confection tout le soin désirable, et il en résulte de nombreux inconvénients. Un électricien de Cologne, M. L. Ochse, a eu l'idée de construire une petite pince à ressort, qui permet de réunir les câbles en établissant un bon contact et de supprimer ainsi l'épissure. Cette pince consiste en une bande de laiton repliée sur elle-même de façon à former ressort. Sur un côté *a* se trouve une ouverture *o* (n° 3), et sur l'autre côté *b* un poinçon *p* qui pénètre

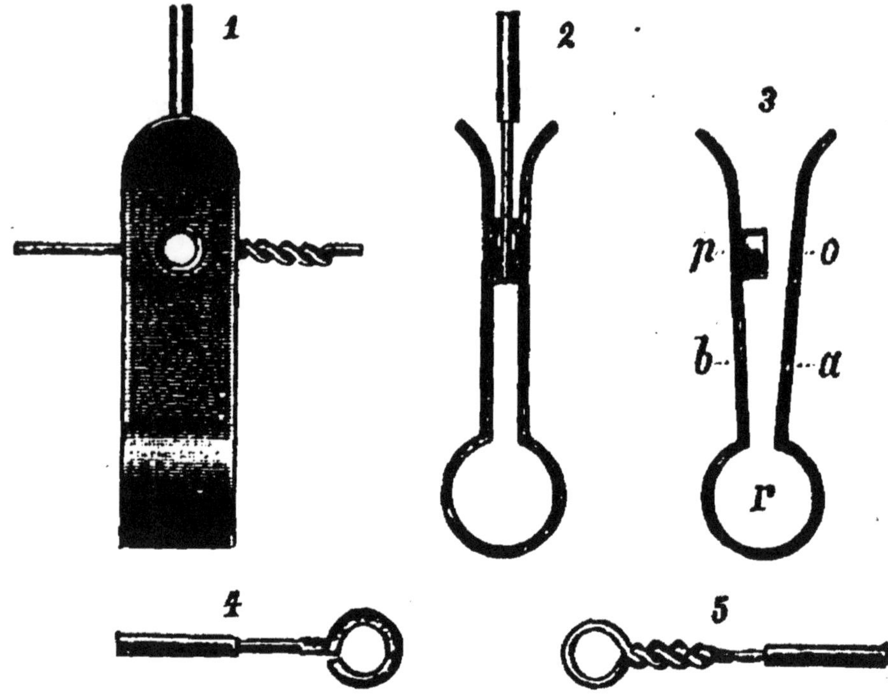

Pince-ressort à contact de *M. L. Ochse.*

dans cette ouverture, quand la pince est fermée. On donne aux extrémités des deux câbles à réunir la forme d'anneau représentée n° 4 et pour les câbles de faible diamètre la forme n° 5. Les deux anneaux sont ensuite serrés dans la pince.

Ce petit appareil peut être employé avec utilité dans les laboratoires, ainsi que dans les applications télégraphiques et téléphoniques, dans tous les cas, en un mot, où l'on fait des jonctions provisoires de fils fins traversés par de faibles courants.

POSE DES CONDUCTEURS

Prescriptions générales. — Les canalisations intérieures doivent pouvoir être isolées du réseau par un interrupteur bipolaire, en vue de faciliter les vérifications, réparations et modifications de distribution ou des générateurs. Les conducteurs doivent être accessibles et, si possible, apparents, faciles à inspecter, à vérifier, à réparer ou à remplacer.

On doit éviter l'emploi de conducteurs nus à l'intérieur des bâtiments, sauf dans le cas de barres rigides solidement fixées sur les tableaux et supports appropriés.

En posant les fils, il faut se donner comme règle que le conducteur doit être encore pratiquement isolé, même si l'isolant qui le recouvre venait à disparaître. Il faudra donc interposer du bois, de la fibre, etc., entre le conducteur et toutes les parties métalliques qu'il est appelé à rencontrer.

Section. — Le plus petit fil ne doit pas avoir moins de 0,6 mm de diamètre. La densité maxima de courant acceptée est de :

4	ampères par mm²	pour des fils de	1 à 5	mm².
3	—	—	5 à 15	—
2,5	—	—	15 à 100	—
2	—	—	100	— et au-dessus.

Le conducteur doit pouvoir supporter un courant double du maximum prévu sans chauffer dangereusement, tandis que les coupe-circuits sont ou doivent être calculés pour sauter dès que l'intensité dépasse de 50 pour 100 la valeur normale maxima pour laquelle la canalisation est établie.

Retour par la terre. — L'emploi de la terre, conduites d'eau, de gaz, etc., comme conducteur de retour, est interdit, sauf pour les sonneries électriques, la télégraphie, la téléphonie et certains allumoirs à gaz.

Cavaliers. — La pose la plus simple est faite avec des cavaliers, sorte de clous à double pointe repliés en U. Le cavalier ordinaire peut couper l'isolant du fil et mettre accidentellement le fil à la terre, aussi ne doit-il être employé que pour des installations provisoires, économiques, ou dans des endroits secs ou sur des panneaux isolants tels que le bois.

Crochets vitrifiés. — L'emploi des crochets vitrifiés est toléré dans les endroits secs, en interposant un isolant (morceau de tube de caoutchouc fendu).

Cavaliers isolants. — Un support plus sûr est celui représenté

Cavaliers isolants en fibre.

ci-dessous et constitué par un cavalier en fer oxydé garni, à sa partie intérieure, d'une petite plaque de fibre vulcanisée qui isole le câble et le protège en répartissant la pression du cavalier sur une plus grande surface. La pose se fait sans outil spécial.

Une autre attache employée en Amérique est représentée ci-contre. Elle est constituée par un bloc de bois cubique percé et fendu dans lequel on passe le fil en ouvrant légèrement le bloc qui est ensuite maintenu solidement en place par un clou de forme spéciale.

Isolateur américain.

Isolateur Moyé et Stotz. — Cet isolateur en caoutchouc a la forme d'une borne cylindrique de 10 mm de diamètre et de

15 mm de hauteur, portant une rainure sur le pourtour. Il est fendu sur le côté. On peut ainsi facilement passer le câble à l'in-

Isolateur *Moyé et Stolz* posé.

térieur, puis fixer l'isolateur à l'aide d'un cavalier en fer cuivré. La figure ci-dessous montre un câble double installé avec ces

Caoutchouc et cavalier des isolateurs *Moyé et Stolz.*

isolateurs. Cette disposition donne de bons résultats au point de vue de l'isolement.

Isolateur Hartmann et Braun. — Le modèle le plus courant d'isolateur (fig. 1, grandeur naturelle) se compose d'un clou de 2 cm de longueur et de 1,5 mm de diamètre, muni d'une tête métallique légèrement ondulée. Un crochet recourbé s'attache d'un côté sur la tête métallique et, de l'autre, se replie pour

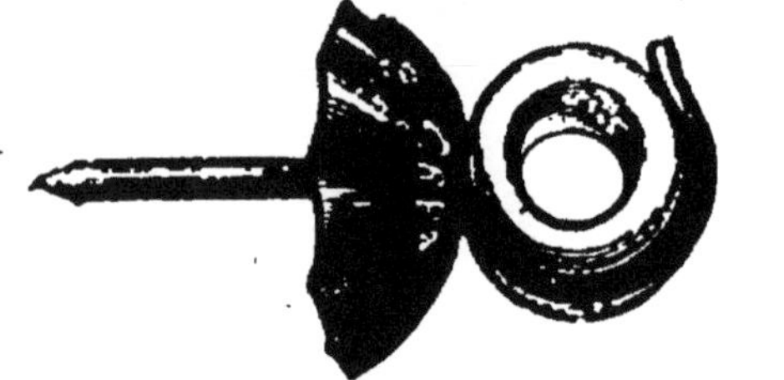

Isolateur à clou.

Isolateur à crochet.

maintenir un petit anneau de porcelaine de 6,5 mm de diamètre : un autre modèle s'adapte sur toute espèce de crochets placés contre le mur. Ces petits isolateurs, simples en eux-mêmes, occupent un faible volume, et sont d'un montage très facile. L'isolateur peut être enfoncé directement dans le mur à l'aide d'un outil présentant une fente longitudinale, dans laquelle pénètre le crochet de l'isolateur. Un coup de marteau suffit pour en-

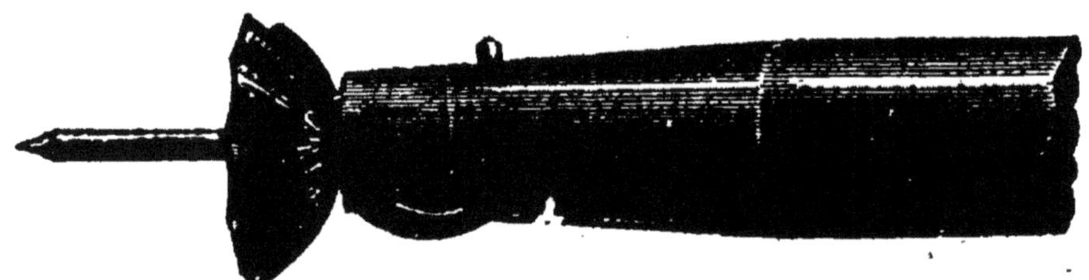

Outil pour poser l'isolateur.

foncer le clou, l'anneau en porcelaine est monté ensuite. On peut aussi poser ces isolateurs sur tampons en bois ; un petit outil en fer conique de 6 mm de diamètre à l'extrémité, permet de faire le trou pour placer le tampon. Ce montage n'exige pas grandes opérations et peut s'effectuer très rapidement. Une minute suffit pour faire le trou, poser le tampon en bois et fixer l'isolateur.

Quand ces derniers ont été mis en place, et que les câbles sont passés dans les petits anneaux, il convient de les tendre légèrement. La pince à câble permet d'effectuer très facilement cette opération. Elle se compose d'un tuyau de porcelaine pré-

Outil à tamponner.

sentant un pas de vis et une rainure longitudinale. Au centre se trouve un isolateur maintenu par un clou, comme dans le mo-

Pince à câble.

dèle ordinaire. Dans la rainure sont deux coins qui peuvent être appuyés plus ou moins sur le câble à l'aide d'écrous se déplaçant sur le tuyau de porcelaine. Il est ainsi possible de fixer le câble de distance en distance et de le tendre légèrement.

Dans un modèle plus récent, l'anneau isolateur est formé d'un anneau en porcelaine présentant à la périphérie et vers le milieu une rainure dans laquelle vient se loger un crochet. Celui-ci est attaché directement sur un clou à tête ondulée que l'on peut aisément enfoncer dans le mur directement ou dans des taquets de bois. Les câbles sont passés dans l'anneau en porcelaine et isolés l'un de l'autre par deux petites lames verticales de fibre. Suivant le diamètre du câble, on peut rapprocher ou éloigner ces deux lames à l'aide de deux vis qui se trouvent à la partie supérieure et qui peuvent être enfoncées plus ou moins à l'intérieur de l'anneau isolateur. Cette nouvelle disposition assure d'abord pour les câbles des supports plus solides de distance en distance; elle permet ensuite de tendre parallèlement les deux câbles éloignés l'un de l'autre. Les anneaux isolateurs sont construits avec des diamètres intérieurs de 7 et 10 mm.

Isolateur *Hartmann et Braun* pour conducteurs doubles.

Moulures. — La distance entre deux fils placés sous moulures ne doit jamais être inférieure à 1 cm. Cette distance doit être de 3 à 4 cm pour la canalisation principale. Le bois des moulures doit être sain, dur et sec, en sapin ou en hêtre de préférence.

Le fil doit être libre dans la moulure, maintenu en place par le couvercle. Ce couvercle est cloué ou vissé dans les poses soignées. Les joints de couvercles se recoupent à 45° pour faciliter les raccords de peinture.

Les moulures se font à 1, 2 ou 3 conducteurs, et de toutes dimensions.

Percements. — Les percements devront être garnis d'un tube de protection mécanique en fer ou en laiton avec collets battus, dans lequel passe un tube de caoutchouc dont les extrémités dépassent de 4 à 5 cm celle du tube métallique. Les collets battus sont quelquefois remplacés par des garnitures en bois, enfoncées à chaque extrémité. Il ne passera qu'un seul fil dans chaque gaine protectrice.

Câble souple à œillets.

Câble souple à œillets. (*Système Grammont.*) — Ce nouveau câble supprime les cavaliers, les crampillons, les moulures, etc.; rend la pose moins coûteuse et la facilite en la simplifiant.

Il se compose de deux torons de fils fins en cuivre, isolés chacun par un guipage coton, une couche caoutchouc naturel et deux guipages coton. Les deux conducteurs, dont le diamètre est naturellement proportionné à l'importance de la distribution, sont séparés par une bande de caoutchouc de qualité inférieure, destinée à maintenir le parallélisme des deux conducteurs dans toute la canalisation. Le tout est revêtu d'une tresse en coton, en laine ou en soie. La tresse se fait aussi en coton paraffiné ou amiante pour les cuisines, forges, etc. Des œillets avec rivets métalliques sont ménagés dans la bande de caoutchouc, assez nombreux pour bien fixer le câble sur les murs ou plafonds, à une distance de 12 à 15 centimètres. Les fils se fabriquent de toutes grosseurs, depuis 1 mm^2 jusqu'à 4 mm^2 de section.

Endroits humides. — L'emploi de conducteurs sous plomb est nécessaire dans les endroits extérieurs exposés à la pluie et à

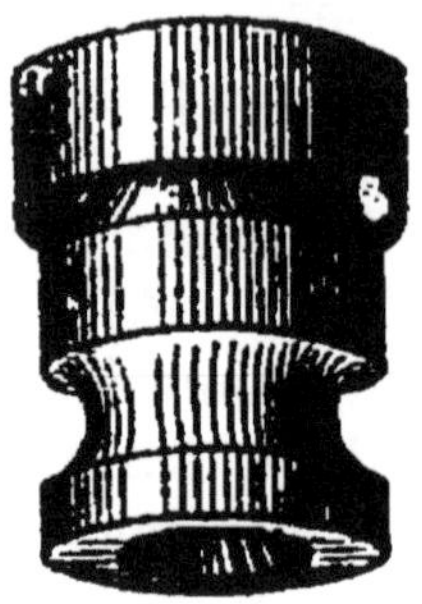

Isolateur à rainure à fixer contre un plafond.

l'humidité. Dans les intérieurs, on peut poser les fils isolés sous

Isolateur *Pass et Seymour*.

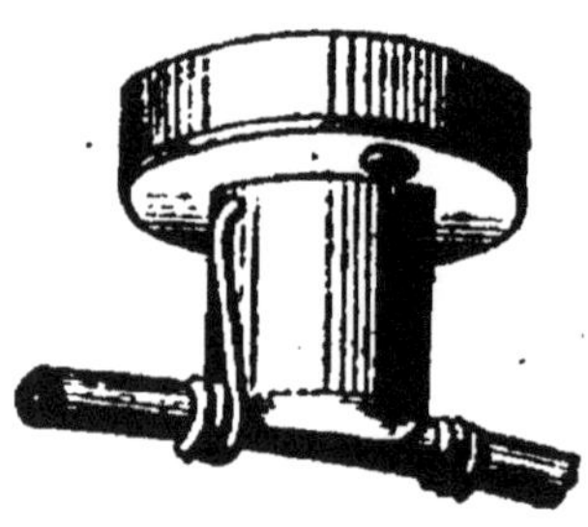

Isolateur *Custer*.

moulures goudronnées ou paraffinées, les moulures ne touchant

Isolateur en porcelaine *Pass et Seymour*.

pas directement les murs ou plafonds, mais reposant sur des

taquets en bois goudronnés, mais il est préférable d'employer des isolateurs en porcelaine.

Nous signalerons ici quelques formes d'isolateurs qui présentent des dispositions spéciales. Ces isolateurs s'emploient surtout dans les usines et les ateliers. Les figures montrent suffisamment leurs dispositions.

Isolateur *Pass et Seymour.*

Lorsque les fils doivent être écartés de plus de 10 cm, une pièce de porcelaine unique serait trop volumineuse et fragile. On emploie alors la forme d'isolateur unique représentée ci-dessous, dans lequel la pression exercée sur le fil s'exerce sur le bloc et non pas sur le clou ou la vis maintenant l'isolateur en place.

L'isolateur *Hammond*, formé d'une seule pièce, permet une pose simple et rapide, le fil étant maintenu en place, non plus par pression, mais par coincement.

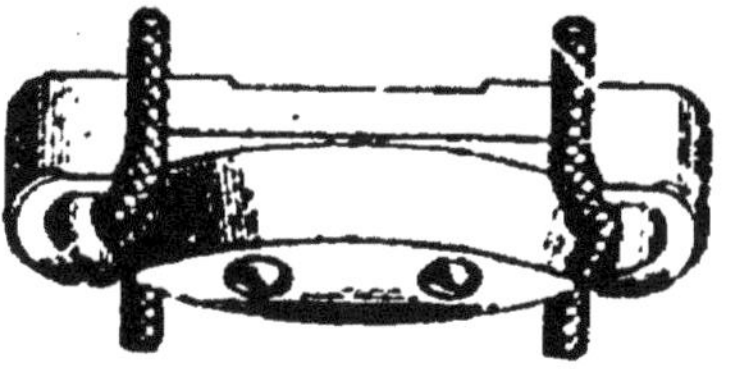

Isolateur *Hammond.*

Les formes données aux isolateurs qui servent à supporter les canalisations intérieures sont très variées, suivant les applications. La forme la plus simple est celle d'une simple poulie basse en porcelaine sur laquelle on fixe le fil par une ligature. Pour les fils souples, la poulie est pincée entre les deux fils toronnés et les maintient sans attache spéciale.

Lignes provisoires. — Pour des lignes télégraphiques ou téléphoniques provisoires, on peut employer des fils nus en bronze siliceux de 1 mm de diamètre, soutenus par de simples pitons. On peut remplacer les isolateurs en porcelaine, fragiles, coûteux et nécessitant une queue à vis pour être fixés sur les poteaux, par de simples pitons en fer forgé de 10 cm de long, qu'on trouve chez tous les quincailliers et qu'on enfonce simplement dans les poteaux à coups de marteau. La substance isolante est constituée par la moitié d'un morceau de gomme

Piton isolateur pour lignes provisoires.

élastique d'un sou, coupé dans le sens de sa plus grande longueur, plié et introduit dans l'anneau du piton. Il est bon d'ajouter qu'au bout d'un certain temps le fil de cuivre est légèrement corrodé par la gomme et que cette disposition fort économique, puisque 10 isolateurs reviennent à 60 centimes, ne convient que pour des lignes provisoires.

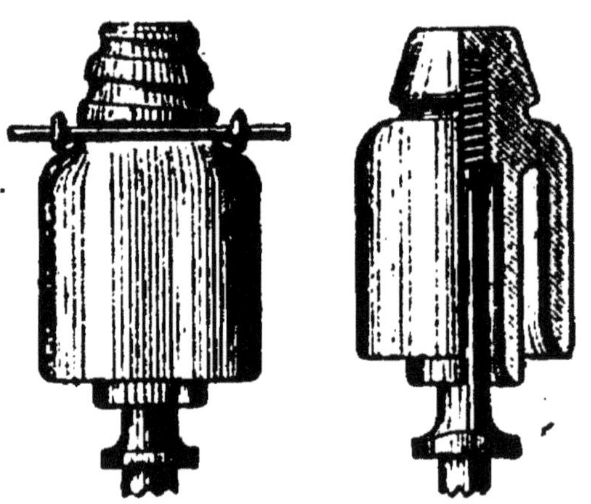

Isolateur vissé de *Lewis.*

Isolateur vissé de Lewis. — L'isolateur et la tige filetée sur laquelle il se visse sont soigneusement calibrés pour assurer l'interchangeabilité, ce qui permet le remplacement rapide d'un isolateur brisé et l'emballage facile, la porcelaine d'un côté, les tiges métalliques de l'autre. On le construit à deux cloches ou à une seule cloche pour la téléphonie et les chemins de fer.

Isolement en marche. — Une canalisation idéale aurait une résistance d'isolement infinie et, *en marche*, ne laisserait passer aucun courant dans un galvanomètre relié, d'une part à la terre, par des conduites d'eau ou de gaz, etc., et à la ligne par un point quelconque. Pratiquement, un isolement aussi parfait n'existe pas, mais, dans une ligne en bon état, il est uniformément très élevé sur chacune des parties. Un affaiblissement notable de cet isolement en un point quelconque constitue une *terre* plus ou moins franche et donne une *perte à la terre* dont l'existence est révélée par des *indicateurs de terre.*

Indicateur de terre pour courants continus ou alternatifs à basse tension — Le plus simple consiste dans l'emploi de deux lampes à incandescence montées en tension entre elles et en dérivation sur les deux conducteurs, le point d'attache des deux lampes étant relié à la terre par un galvanoscope. Avec une ligne bien isolée, les deux lampes brillent également et le galvanoscope n'indique aucun courant. Si une terre se déclare sur

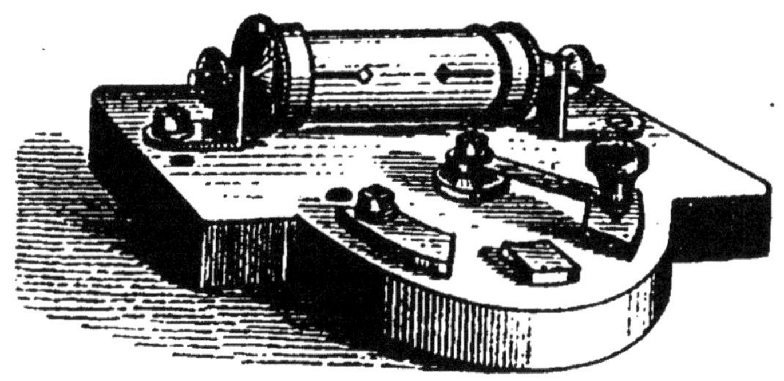

Indicateur de terre.

le circuit A, la lampe correspondante A s'éteint plus ou moins complètement, la lampe B devient plus brillante, et le galvanoscope dévie. (Ce galvanoscope est quelquefois remplacé par une sonnerie qui se met à tinter.) On est ainsi prévenu.

On peut employer aussi l'indicateur de pôles de Berghausen monté sur une plaque en ardoise. L'une des extrémités du tube communique d'une manière permanente avec une bonne terre préalablement établie, l'autre avec l'axe d'une manette qui permet de le relier électriquement avec l'un ou l'autre fil de la canalisation en charge. Si l'on observe la formation d'un précipité rouge à l'une des deux boules, c'est que le conducteur qui *n'est pas* relié à l'appareil communique avec la terre, et cette communication est d'autant plus parfaite que le dépôt se forme plus vite.

Chevilles en caoutchouc durci. — Le Harburger-Gummi-Kam C°, de Hambourg, a mis récemment en circulation, sous la marque *Ferronil*, une nouvelle production de l'industrie du caoutchouc, les « Hartgummi-Næegel » ou chevilles en caoutchouc durci. Ces chevilles offrent une solidité comparable à celle des clous en métal, et elles ont en outre l'avantage de pouvoir être employées dans toutes les circonstances où le métal présentait de graves inconvénients, tout en nécessitant des précautions sans nombre.

Elles ne sont attaquées ni par les acides ni par les alcalis, ne conduisent pas l'électricité, et sont réfractaires à toute influence magnétique.

Dans l'industrie électrique, leur emploi se trouve donc tout indiqué, pour l'assemblage des caisses contenant les accumulateurs, par exemple, et leurs revêtements extérieurs, les appareils de chimie, piles, etc. Elles donnent, en outre, toute garantie contre des dérivations dangereuses de courant toujours à craindre avec l'emploi des clous métalliques.

Les crampons ou crochets en usage pour la suspension des fils conducteurs peuvent également être remplacés avec avantage par des crampons en caoutchouc. Les enveloppes isolantes sont alors moins exposées à se détériorer et la formation de courts circuits est complètement évitée.

Enfin, la propriété des « Hartgummi-Næegel » d'être mauvais conducteurs de l'électricité, et leur insensibilité aux influences magnétiques les rend précieuses pour la construction des appareils délicats de laboratoire, appareils de mesure, tableaux de distribution, etc. Aucune étincelle ne pouvant d'ailleurs résulter du choc contre ces clous d'un marteau ou de tout autre instrument, leur emploi se recommande tout spécialement dans les fabriques d'explosifs et dans tous les endroits où ces substances sont manipulées.

Indicateur de terre pour courants alternatifs de haute tension. — M. *R. V. Picou* a combiné un indicateur d'équilibre en employant deux condensateurs et un téléphone. Une des armatures de chaque condensateur communique avec les deux lignes, les deux autres armatures sont reliées entre elles, le téléphone étant branché entre la terre et les deux armatures. Une terre sur l'une des lignes fait vibrer le téléphone. On emploie aussi dans le même but un électromètre dont les deux armatures sont reliées à la canalisation et l'aiguille à la terre.

Localisation d'une terre. (*Eric Gerard.*) — Le conducteur étant isolé à ses deux extrémités, on relie l'une d'elles à un pôle d'une pile dont l'autre pôle communique avec la terre, en intercalant dans le circuit un interrupteur (diapason, mouvement d'horlogerie, clef de contact), qui permet d'envoyer des courants intermittents sur la partie comprise entre la ligne et le défaut. On suit la ligne à partir de la pile en présentant normalement au conducteur, et aussi près que possible, une bobine droite à noyau de fer doux feuilleté ou en fils de fer. Le fil de cuivre entourant le noyau est relié à un téléphone magnétique qu'on tient à l'oreille. Les courants intermittents produisent dans le fil des *clics* qui cessent aussitôt qu'on atteint la position du défaut. Cette méthode est surtout applicable aux installations intérieures sous moulures ou sous planchers. Elle n'est applicable aux câbles armés qu'aux regards et boîtes de jonction, en dépouillant le câble, et ne permet de localiser le défaut qu'entre deux points consécutifs d'essai.

Isolement. — Les conditions d'isolement exigées sont très variables avec les Compagnies. Le secteur de la place Clichy, à Paris, impose un isolement de 8 mégohms pour 1 lampe à incandescence de 30 à 40 watts, 800 000 ohms pour 20 lampes, etc. D'autres Compagnies exigent 300 mégohms pour les câbles et 60 mégohms par km pour les fils de dérivation, avec un minimum de 30 000 ohms.

Gants isolants. (*A. Hillairet.*) — Il faut bien se garder de considérer les gants isolants comme des protecteurs efficaces dans les cas des tensions élevées. Il vaudrait mieux en proscrire complètement l'emploi que de leur accorder la moindre confiance au contact des conducteurs dangereux. On ne doit tout au plus se servir de gants en caoutchouc ou succédanés que comme isolants au deuxième degré, c'est-à-dire, non pour toucher directement des conducteurs à haute tension, mais pour toucher des organes déjà isolés des conducteurs, comme, par exemple, des poignées non métalliques d'interrupteurs. Opérer ou permettre d'opérer autrement constituerait la plus grande des imprudences.

Fils de sonneries domestiques. — On prend, en général, du fil en cuivre rouge de 1,1 mm pour les fils partant de la pile, et des fils de 1 mm ou 0,9 mm pour les branchements aux boutons. Le meilleur est le fil recouvert de gutta et de coton. Pour distinguer les pôles, il convient d'attacher un fil *rouge* au pôle positif (cuivre ou charbon) et un fil bleu, vert ou blanc, au pôle négatif (zinc) ; supporter les fils sur des isolateurs en os ou des crochets vitrifiés; garnir d'un tube de gutta ou de caoutchouc dans les traversées des murs. Les ligatures ne doivent jamais tomber dans les percements; elles doivent se trouver à une distance de 10 m les unes des autres. On doit recouvrir les torsades des ligatures d'une feuille de gutta chauffée entre les doigts.

Support-anneau isolant pour installations mobiles. — Cette forme d'isolateur sera appréciée dans les installations de

télégraphie et de téléphonie, ainsi que dans les laboratoires de recherches électriques. La figure est assez éloquente pour nous dispenser d'une longue description. Ce support isolant est en fer fortement émaillé pour lui assurer un isolement durable. La fente dont est munie l'extrémité de la boucle permet d'y introduire les fils et de les retirer à volonté pour les remplacer, en changer le nombre ou la répartition, etc. La figure montre le support en demi-grandeur, mais il va sans dire que les dimensions indiquées n'ont rien d'absolu.

APPAREILLAGE

Interrupteurs. — Tous les interrupteurs doivent être à rupture rapide, construits de façon à ne pas rester dans une position intermédiaire et à ne pas laisser continuer l'arc fermé au moment de l'interrupteur. Le contact ne doit jamais s'établir par l'axe.

Les gros interrupteurs doivent être montés sur une substance isolante incombustible (marbre, porcelaine, ardoise).

La surface de contact doit être d'au moins 2 mm² par ampère.

La manette de l'interrupteur doit être isolée électriquement des contacts par un bouton ou une poignée en bois, porcelaine, fibre, ivoire, etc.

Interrupteur à mercure. — Pour les locaux où l'on a à craindre des dégagements de vapeur d'eau ou de vapeurs acides, aucun des interrupteurs ordinaires ne saurait résister longtemps aux actions oxydantes ou corrosives d'un semblable milieu. Si l'interrupteur est placé au milieu de vapeurs inflammables, dans une cave renfermant des essences de pétrole, et, par suite, inaccessible pendant la nuit : il suffirait de l'étincelle de rupture d'un interrupteur mal compris pour enflammer ces vapeurs dangereuses. La même difficulté se rencontre, bien qu'à un moindre degré, dans les poudrières, les moulins, et un certain nombre d'industries qui produisent une atmosphère inflammable. L'interrupteur à mercure (fig. 1) est destiné à résoudre tous les cas que nous venons d'envisager, et certains autres qui pourraient se présenter par la suite. A défaut d'élégance, il offre une sécurité absolue qui lui vaudra de multiples applications. Il se compose essentiellement d'un tube de caoutchouc dont l'une des extrémités est fixée contre le mur par une poulie isolante en porcelaine et un crampon, et dont l'autre extrémité se termine par une poire en caoutchouc hermétiquement fermée contenant une certaine quantité de mercure. A l'intérieur de ce tube passent les deux conducteurs qui amènent le courant à l'interrupteur et qui se terminent par deux tiges de fer visibles en D. Lorsque le tube occupe la position A, le courant est interrompu,

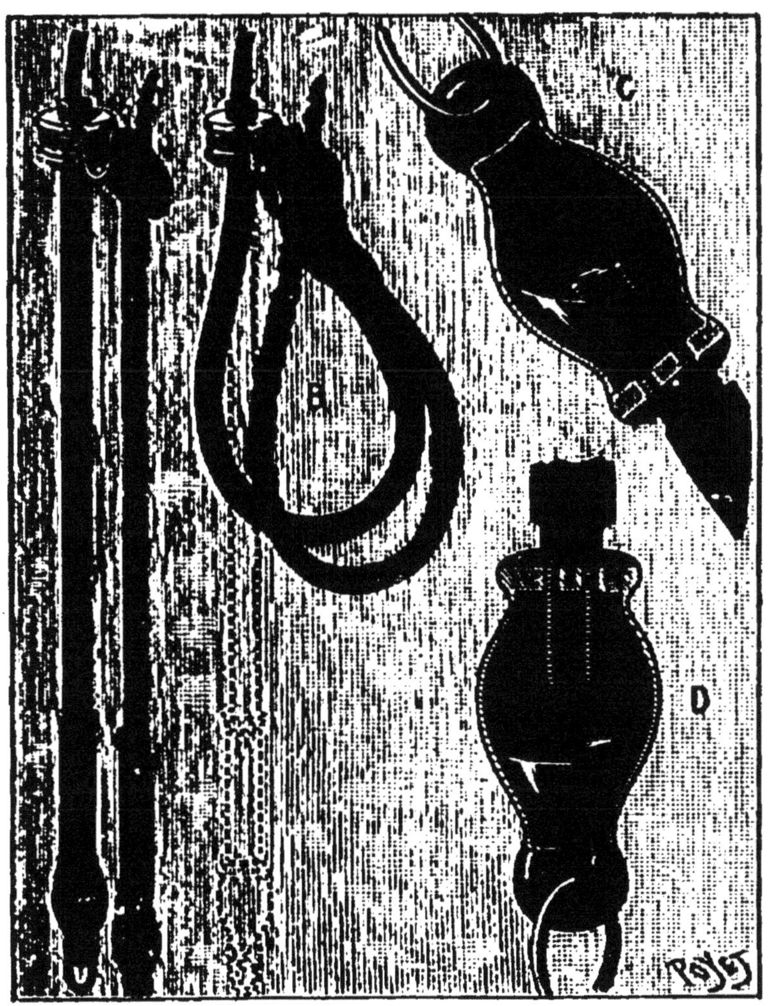

Interrupteur à mercure.
A et D, positions d'interruption. -- B et C, positions de fermeture.

comme on le voit en D. Si l'on soulève le tube, et qu'on vienne l'accrocher, comme on le voit en B, le mercure se déplace dans la petite poire et vient se placer comme le montre le dessin C.

Il ferme alors le circuit, qu'on peut interrompre à nouveau en décrochant le tube et en l'abandonnant à lui-même. Grâce à cette disposition très simple, l'étincelle se produit dans un espace clos, et ne peut enflammer les produits que renferme l'atmosphère ambiante; les vapeurs oxydantes ou corrosives n'ont d'autre part aucun accès sur le contact, qui reste ainsi toujours propre et absolument sûr.

Coupe-circuits. — Les coupe-circuits ont pour but de couper le circuit lorsque l'intensité dans le circuit qu'il doit protéger dépasse accidentellement une valeur telle que son isolement est compromis. Il est généralement constitué par un alliage fusible.

Le coupe-circuit doit sauter lorsque l'intensité dépasse de 50 pour 100 la valeur maxima normale pour laquelle la canalisation a été prévue.

Le métal dont il est fait ne doit pas s'oxyder, car sous l'action d'un courant un peu plus intense que sa valeur normale, mais insuffisant cependant pour fondre le métal chaud, celui-ci s'oxyde rapidement et forme une gaine très dure qui retiendra dans son enveloppe le métal fondu et l'empêchera, par suite, de rompre le circuit. Ce phénomène se produit fréquemment avec le plomb; on peut même, en augmentant petit à petit l'intensité d'un courant traversant un fil de plomb *suspendu dans l'air*, mais très court, arriver à le faire *rougir* sans qu'il se casse.

Le plomb pur ne doit donc pas être employé dans la construction des coupe-circuits. Le support ne doit pas être en bois, mais seulement en matière réfractaire, verre, porcelaine, grès, etc. Les têtes de vis maintenant le coupe-circuit doivent être assez larges pour pouvoir supporter un courant trois fois plus intense que le courant normal sans chauffer. Les fils fusibles doivent être en vue, facilement remplaçables et recouverts d'une petite lame de verre ou de mica.

Les métaux ordinaires ne peuvent convenir pour les fils fusibles: le plomb, pour les raisons données ci-dessus; le cuivre, parce que des échauffements et des refroidissements successifs le rendent cassant; le platine a un point de fusion trop élevé; l'étain seul paraît présenter moins d'objections, et surtout un alliage d'étain et de phosphore contenant 5 pour 100 de métalloïde. Cet alliage fond à 235° C. et se laisse étirer facilement en fils très fins.

Les coupe-circuits doivent être placés d'une façon visible et facilement accessibles.

On place généralement les coupe-circuits aux points de départ des divers branchements et le plus près possible des jonctions. Chaque changement de section d'une canalisation doit être protégé par un coupe-circuit bipolaire.

Les coupe-circuits bipolaires sont nécessaires pour des intensités dépassant 10 ampères et préférables dans tous les cas. Dans un réseau protégé par des coupe-circuits unipolaires, tous les coupe-circuits doivent être sur le même fil, le positif, par exemple.

Les coupe-circuits doivent être montés sur matière incombustible (porcelaine, marbre, verre, ardoise, etc.). Ils doivent s'opposer à la projection extérieure du fil fondu.

Dans les endroits *humides*, on doit tamponner pour monter une planchette en bois contre le mur ou le plafond, fixer sur cette planchette en bois une plaque en caoutchouc, et monter enfin le coupe-circuit sur la plaque en caoutchouc.

Coupe-circuit magnétique Cunynghame-Bryan.—Les coupe-circuits magnétiques ont sur les coupe-circuits fusibles le grand avantage d'être facilement rétablis et mis en état de fonctionner de nouveau dès qu'ils ont interrompu la continuité d'un circuit traversé par un courant trop intense. Ils peuvent en outre être réglés pour agir sous l'influence de courants d'intensités différentes. Le coupe-circuit de Cunynghame, perfectionné par M. Bryan et représenté ci-dessous, se compose d'un solénoïde formé de quelques spires de gros fil de cuivre et dont les deux extrémités plongent dans deux godets à mercure reliés aux bornes extérieures de l'appareil. Ce solénoïde supporté par une pièce de métal fixée à un axe horizontal monté entre pointes, est en partie traversé par un barreau de fer courbé en forme d'arc de cercle et maintenu en position par une vis de serrage. Le noyau de fer est d'autant moins enfoncé dans le solénoïde que l'intensité pour laquelle l'appareil doit fonctionner est plus élevée. Par construction, dans la position normale, le centre de gravité se trouve à droite de la verticale passant par l'axe, mais fort peu, de sorte que, sous l'action du courant, dès que la force exercée

Coupe-circuit magnétique Cunninghame-Bryan.

entre le noyau et le solénoïde est devenue suffisante, le solénoïde se déplace vers le noyau de fer et son centre de gravité passant à gauche, l'appareil bascule rapidement et coupe le circuit. Ces coupe-circuits s'installent de préférence sur les tableaux de distribution.

Rosace coupe-circuit. — La rosace représentée ci-dessous et destinée à suspendre une lampe à un plafond renferme un double coupe-circuit fusible. Elle se compose de deux pièces en porcelaine, l'une fixée au plafond et munie de deux lames de laiton sur lesquelles s'attachent les dérivations de la canalisation et qui servent en même temps à retenir l'autre pièce, le couvercle; celui-ci est porté par deux lames de laiton qui viennent serrer sur celles de la base et établir les communications électriques

Rosace coupe-circuit.

avec les coupe-circuits et les fils de la lampe. En faisant tourner le couvercle d'un quart de cercle, on le sépare de la base et l'on peut descendre la lampe et arranger à son aise les coupe-circuits.

Rosaces. — Les rosaces doivent être incombustibles et disposées pour qu'une traction accidentelle exercée sur la suspension n'agisse pas directement sur les points d'attache des conducteurs et des fils souples.

Montages de lampes sur appareillage à gaz. — Dans le cas fréquent d'installations mixtes, il faut isoler électriquement le support de la lampe du lustre, bras ou applique, en interposant un raccord isolant.

Raccords isolants. — Lorsqu'on a un lustre, une suspension ou une applique à gaz sur lesquels on monte des appareils électriques, il convient d'isoler électriquement le lustre du reste de la canalisation métallique en interposant un raccord isolant. Dans des pièces légères, le raccord peut être formé d'un simple morceau de tube en fibre vulcanisée, portant deux pas de vis, un mâle et une femelle, et qui s'interpose entre les pièces à isoler en ne produisant qu'un déplacement insignifiant. Dans des pièces plus lourdes, on fait un joint de forme différente, tel que le joint *Prior*, composé de deux tubes emboutis avec interposition d'une rondelle en caoutchouc.

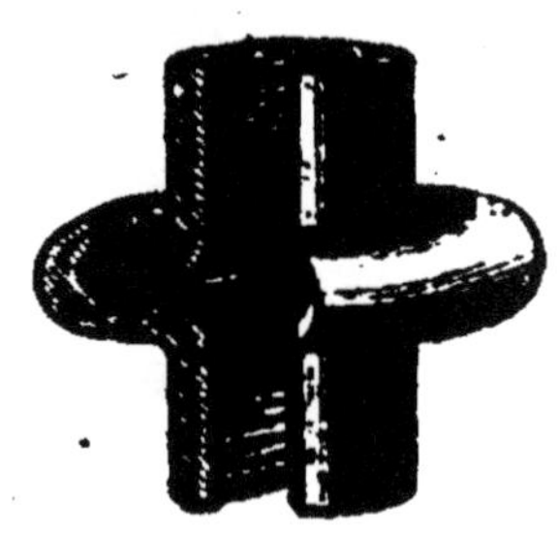

Raccord isolant *Prior*.

Appliques. — Dans les endroits secs, l'applique peut être scellée directement sur le mur. Dans les endroits humides, il est bon de la poser sur une planchette en bois paraffiné.

Lustres. — Les lustres doivent être isolés électriquement des poutres en fer et toujours isolés du gaz.

Lorsque le lustre à gaz supporte aussi des lampes électriques, il faut interposer une partie isolante dans la tuyauterie afin d'isoler électriquement le lustre de la canalisation du gaz. Cet isolement devra être d'au moins 500 000 ohms. On recommande d'isoler aussi les douilles de chaque lampe du corps du lustre, mais cela n'est jamais réalisé en pratique.

Lorsque les lustres sont vissés sur l'appareillage, il faut éviter que la mise en place du lustre n'exerce de traction ou de tension sur les fils amenant le courant aux lampes. Les fils extérieurs doivent épouser les formes de l'appareil et être fortement assujettis à leur surface.

Appareillage pour usines chimiques. — Dans les usines chimiques où se dégagent des vapeurs corrosives, les parties métalliques sont exposées à se détériorer rapidement. Pour éviter cet inconvénient, on construit un appareillage spécial dans lequel le porte-lampe est entièrement vitrifié; il en est de même du culot de la lampe, et l'étanchéité du joint est assurée par une petite rondelle en caoutchouc, qui empêche l'atmosphère extérieure de venir corroder les contacts.

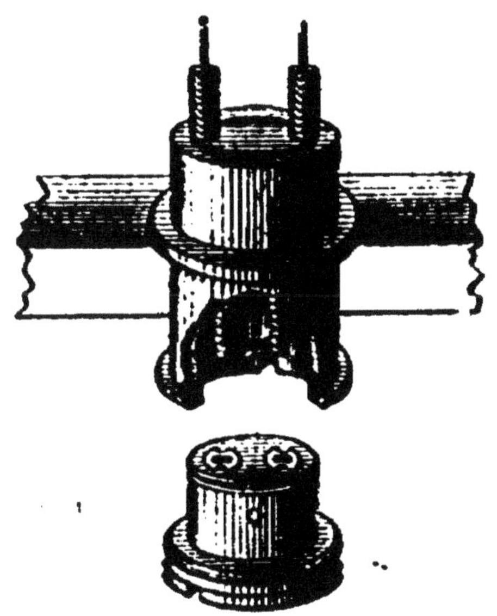

Douille et culot pour endroits humides.

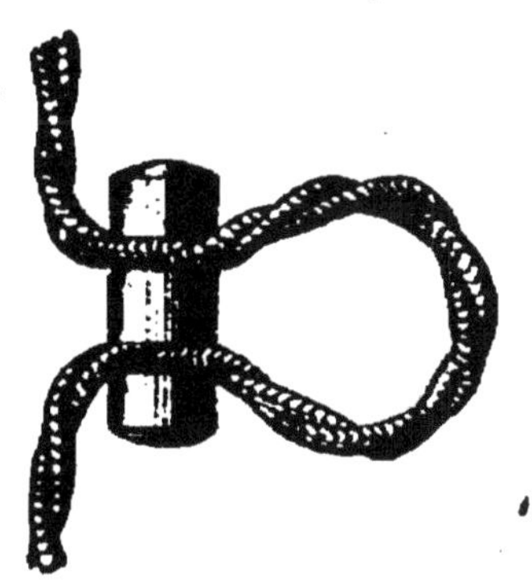

Lorsqu'une lampe à incandescence suspendue à un fil flexible doit être fixée à des hauteurs variables, on règle facilement sa hauteur en pinçant le fil entre deux fentes ménagées dans un petit cylindre en bois dur. On peut modifier la hauteur en un instant et à volonté suivant les exigences du travail.

Remettre des attaches aux lampes à incandescence. — Lorsque le fil est cassé au ras du verre, on lime légèrement le verre avec une petite lime très fine et l'on introduit le bout de platine ainsi dégagé dans l'ouverture d'un trou percé dans une petite plaque de platine, puis on soude le tout en ajoutant sur la plaque une petite boucle de platine également soudée.

On égrène légèrement avec un tiers-point le verre tout autour des attaches. On continue ainsi jusqu'à ce que l'on ait découvert environ un millimètre de platine. A ce moment, on soude un fil de cuivre ou de platine à l'extrémité de l'attache, à l'aide d'un petit fer. La soudure ordinaire est très bonne. On prend alors un petit tube de verre, dans lequel on introduit les deux fils ainsi soudés, et dans ce tube on coule un ciment composé de *plâtre* et d'*eau gommée*, que l'on a gâchés. On laisse sécher, et la lampe peut encore fonctionner longtemps.

De même pour les tubes Geissler, il suffit de coller avec de la gomme arabique une petite feuille d'étain aux deux extrémités du tube pour obtenir un bon contact.

Protection mécanique des lampes à incandescence. — Dans les ateliers et mines où l'on manie fréquemment de grosses pièces, les lampes à incandescence sont exposées à des chocs

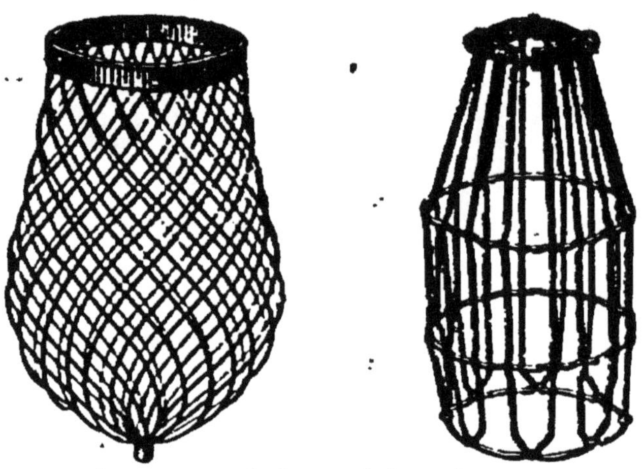

Protecteurs de lampe à incandescence.

qui les briseraient infailliblement. On évite cet inconvénient en les garnissant d'un réseau métallique protecteur dont la figure ci-dessous montre deux types spéciaux.

Dépolissage des globes de lampes à incandescence. (*J.-T. Strange.*) — Un procédé simple et économique pour dépolir rapidement les lampes à incandescence et faire disparaître la crudité de la lumière émise par le filament, sans trop en absorber, consiste à immerger le globe dans une solution plus ou moins saturée d'azotate de potasse (d'autres sels donneraient sans doute des résultats aussi beaux, meilleurs peut-être); il se forme immédiatement des cristaux d'une grande beauté, plus ou moins serrés suivant la densité de la solution, et le résultat final est un aspect de dépoli très agréable et très facile à enlever à un moment donné. Dans le cas de lampes fixes et pendentives, il faut apporter la solution à la lampe, pour éviter d'y toucher avec les doigts une fois la cristallisation développée.

Allumage et extinction des lampes à distance. — Parmi les nombreux problèmes de couplage posés par les installations d'éclairage industriel ou domestique, il s'en trouve un qu'on rencontre assez fréquemment et qui se prête à une solution fort

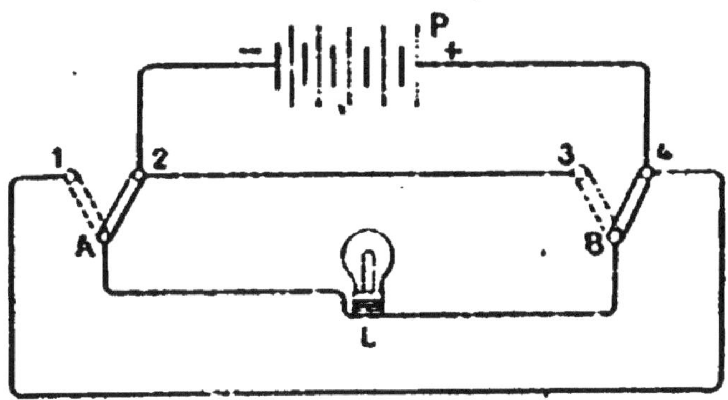

simple. Il s'agit de pouvoir allumer ou éteindre par une seule manœuvre, faite à volonté de deux points différents A et B, une lampe L, alimentée par un générateur P. Il suffit, pour obtenir ce résultat, de poser en A et en B deux commutateurs à double contact, et d'établir entre la source, la lampe et les commutateurs, les communications indiquées par le diagramme ci-dessous. En suivant le passage du courant, il sera facile de s'assurer que le changement de position d'une manette quelconque suffit pour détruire l'effet du changement précédent, et éteindre la lampe si elle était allumée, ou l'allumer si elle était éteinte.

Le petit inconvénient de cette disposition est que la position de la manette du commutateur n'indique pas l'état d'allumage ou d'extinction de la lampe, puisque cette position dépend de la manœuvre précédente. D'autre part, le courant total traverse la canalisation et passe forcément par les deux commutateurs, mais lorsque les distances ne sont pas très grandes, la résistance auxiliaire ainsi introduite n'a pas grande influence, et l'installation est beaucoup plus simple et moins coûteuse que l'emploi d'un relais.

Pour une lampe à arc, la combinaison ne peut être employée qu'avec des courants alternatifs, car le sens des communications avec la source est changé chaque fois que deux manœuvres successives sont faites de deux points différents.

Pince à charbons pour lampes à arc. — L'une des formes des pinces à charbons les plus pratiques est celle représentée ci-dessous et due à M. *Thomas*. Dans cette pince, toutes les pièces sont solidaires de la tige, aucune d'elles ne peut ainsi se détacher, tomber et se perdre; de plus, la mâchoire à charnière est prise dans une gorge ménagée sur la vis, de sorte que cette mâchoire suit les mouvements de la vis et reste ouverte lorsqu'elle est desserrée.

Pince à charbons *Thomas*.

DYNAMOS ET ACCUMULATEURS

DYNAMOS

Dynamos. — Les dynamos doivent être installées dans une pièce très propre, claire, sèche, aussi vaste que possible, et inaccessible aux personnes étrangères au service. Éviter les limailles et poussières métalliques qui peuvent mettre les différentes sections du collecteur en court-circuit.

La dynamo ne peut être installée dans les ateliers où se travaillent le coton, la laine, le lin, le jute, la farine, et toutes autres matières facilement inflammables, ni dans la salle même des accumulateurs.

La dynamo doit être bien isolée du sol, montée sur un bâti en chêne, ou sur des semelles en caoutchouc pour réduire les trépidations.

Le nettoyage de la dynamo doit être fait avec des chiffons de toile, et non avec des déchets. La poussière entre les fils des dynamos doit être enlevée au soufflet, ainsi que la limaille produite par l'usure des balais.

Chaque dynamo doit être munie d'une chemise en toile propre qui sert à la recouvrir lorsqu'elle est en repos.

On doit toujours disposer d'un induit de rechange en cas d'accident.

Graissage des dynamos. — On doit employer des huiles minérales de première qualité toujours bien propres, effectuer le graissage avant la mise en marche en évitant de projeter de l'huile sur la dynamo. Les graisseurs à goutte visible et à réglage ou les graisseurs à bague doivent être employés de préférence.

Il faut fréquemment toucher aux paliers et s'assurer qu'ils ne chauffent pas dangereusement.

Collecteur. — Le collecteur doit être l'objet d'un soin tout spécial. Si les étincelles sont évitées, son usure sera très faible.

Si on les laisse se produire, le métal est rapidement rongé, et une fois l'attaque commencée elle continue très rapidement. Les matières les plus dures ne sont pas les meilleures à employer pour faire les lames de collecteur. L'expérience a consacré l'emploi du cuivre rouge écroui. Il existe cependant des collecteurs en bronze qui fonctionnent parfaitement.

Un collecteur en bon état doit être parfaitement poli, et ce polissage doit être entretenu chaque jour en le frottant pendant sa marche avec du papier de verre fin. On efface ainsi la trace des petites étincelles qui auraient pu subsister et celles qui sont dues au frottement simple du balai. Si la matière de la lame est très dure, et que les étincelles l'aient entamée, il sera très long de ramener le poli de la surface, et l'on a à craindre que cette opération ne soit faite d'une manière incomplète. Le polissage du collecteur doit être fait en montant le papier de verre sur une planchette de bois bien dressée, et non pas en tenant le papier de verre à la main. Si le collecteur a une surface trop accidentée, il doit être retourné à l'outil par le constructeur.

Le collecteur graissé *très légèrement* — c'est la condition essentielle — avec une huile isolante comme la vasvoline, a un frottement très doux, sans qu'on puisse craindre de dérivation entre les lames du collecteur; il chauffe ainsi beaucoup moins, par le frottement mécanique des balais, qu'en le laissant sec. Éviter de graisser les collecteurs isolés au carton ou à l'amiante.

M. Bandsept recommande l'emploi du savon de Marseille pour la lubrification des commutateurs des machines dynamos. Ce lubrifiant doit être employé en très petite quantité à la fois; il aurait l'avantage d'être très efficace pour réduire l'usure des balais.

Balais. — Le balai doit être en fils métalliques ou en lames minces. Les lames épaisses ont un contact insuffisant et sont susceptibles de vibrer. Les balais en fil, avec une section plus grande, ont une élasticité également plus grande, et sont préférables à tous égards.

Il est essentiel de les maintenir d'une manière très rigide

dans leur monture, ou *porte-balai*, surtout pour les machines à grand débit. Un mauvais serrage est une cause d'échauffement, et c'est un fait d'expérience qu'un balai très chaud donne bien plus facilement des étincelles. Le mauvais serrage donne aussi lieu à une perte d'énergie.

Le porte-balai doit remplir deux conditions pour ainsi dire contradictoires : il doit être monté à frottement très doux, de manière à permettre au ressort de pression de transmettre son action au balai; mais en même temps il doit faire un excellent contact avec le boulon autour duquel il pivote.

Un mauvais contact a pour effet de produire une perte d'énergie et un échauffement. En particulier, il arrive souvent qu'une partie importante du courant passe par le ressort tendeur, le recuit, et lui enlève toute élasticité. D'autre part, un contact trop dur empêche le jeu de ce ressort tendeur et, par suite, peut amener des étincelles.

Ce n'est que par des dispositions mécaniques bien étudiées qu'on peut concilier ces deux conditions. En tout cas, le serrage du ressort de tension doit être très doux, et ce n'est jamais par un serrage exagéré qu'on parviendra à supprimer des étincelles.

Les balais doivent être calés sur le diamètre de commutation qui donne le moins d'étincelles. Si les étincelles viennent à souder quelques fils, il faut passer les balais à la meule jusqu'à ce que tous les fils soient dégagés. Lorsqu'ils se détachent et se hérissent, on doit les redresser avec une pince plate. Il est bon de les nettoyer à l'alcool de temps en temps. Éviter de rompre le circuit en écartant les balais lorsque la machine est en marche. La machine doit toujours *tirer* sur les balais; c'est là un moyen pratique de déterminer le sens de la rotation. Les balais d'une dynamo au repos doivent toujours être soulevés.

Le réglage de la position des balais doit être fait en ne touchant qu'un seul balai à la fois, afin d'éviter les secousses ou des décharges dangereuses, mortelles même avec les hautes tensions. Pour les dynamos à haute tension, disposer un tapis en caoutchouc autour de la dynamo, mettre des chaussures à semelles en caoutchouc et des gants en caoutchouc. On recommande aussi de travailler avec *une main dans la poche*, pour éviter tout contact dangereux. Après réglage, bien serrer la disposition qui maintient le balai en place, afin d'éviter un déréglage par trépidations de la dynamo.

Les balais en charbon exigent un collecteur avec lames isolées au mica, bien rond et bien poli : avec un collecteur excentré, et même avec un collecteur bien rond mais rugueux, on n'obtiendra jamais de bons résultats. Avant d'appliquer les balais en charbon, il faut tourner le collecteur et quand il est bien rond, le polir comme une glace. Pour cela, on prend une feuille de papier d'émeri très fin qu'on presse avec un morceau

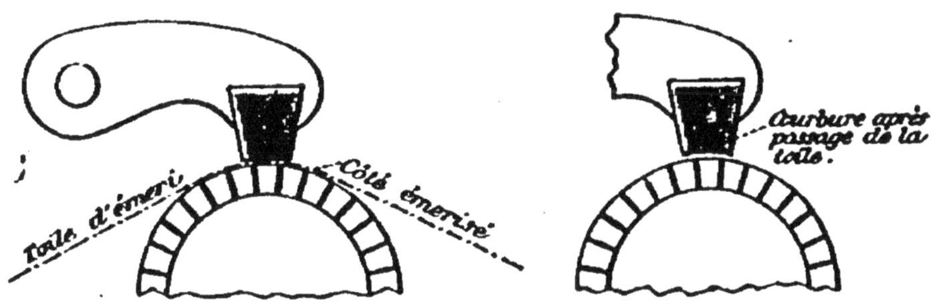

de bois ayant la courbure du collecteur : à la fin de l'opération, on ajoute un peu d'huile pour augmenter encore le poli. On place les balais et on les appuie assez fortement; puis on fait passer entre le collecteur et un ou plusieurs balais une toile d'émeri, la partie émerisée étant tournée du côté des balais : on imprime à cette toile un mouvement de va-et-vient jusqu'à ce que les balais, suffisamment usés, aient pris la courbure du collecteur. On nettoie la machine, on donne aux blocs une pression modérée, pression qu'on pourra diminuer quand les blocs se seront polis par l'usage. Cette pression varie entre 150 et 200 $g : cm^2$. Éviter l'huile sur le collecteur.

Balais en charbons. — Le charbon doit être dur et très homogène. Un charbon tendre s'use trop vite et recouvre la surface du collecteur d'une poudre qui établit des dérivations entre les lames. Le commutateur qui s'échauffe beaucoup; en tous cas il est bon de l'essuyer souvent. Les avis sont très partagés sur la section à donner aux balais en charbon; pour un service courant, les uns indiquent qu'on peut faire passer 15 ampères par cm², et même 30 accidentellement, d'autres conseillent de ne pas dépasser 7 à 8 ampères par cm². Il est bon de cuivrer le charbon et de le disposer perpendiculairement au collecteur.

Balais Boudreaux. — Ces balais sont formés de feuilles métalliques à base de cuivre, laminées à 0,02 ou 0,03 mm d'épaisseur. Ces feuilles sont pliées et superposées pour atteindre l'épaisseur voulue. Le métal employé est très malléable et a les propriétés des métaux *antifriction*. Les balais, en frottant sur le collecteur, glissent doucement sans laisser de trace appréciable. De plus, la surface de frottement étant assez étendue, on peut éviter dans le collecteur ces rainures qui sont si nuisibles. Ces balais sont établis sur une longueur de 18 cm et des largeurs variant de 1 à 5 cm.

Tableaux. — Le tableau de distribution est un panneau vertical en bois, en ardoise ou en marbre, sur lequel sont fixés tous les appareils nécessaires à la manœuvre, au service, au contrôle et à la sécurité, et aux communications systématiquement prévues ou évitées des différents appareils.

La combinaison du tableau et des appareils qui y figurent varie dans chaque cas particulier, mais leurs dispositions d'ensemble obéissent à quelques règles générales que nous allons indiquer.

Les petits tableaux doivent être fixés au mur en laissant, à l'aide de taquets, un vide de quelques cm entre le derrière du tableau et le mur. Tous les appareils distincts doivent venir au tableau par des fils distincts, toutes les communications étant faites sur le tableau lui-même. Des indications spéciales sur tôle émaillée ou métal gravé, feront connaître les tenants et aboutissants de chaque fil amené au tableau. Toutes les communications entre les appareils d'un petit tableau seront disposées extérieurement de préférence.

Les grands tableaux doivent être isolés du mur et distants de celui-ci d'au moins 80 cm pour permettre à un homme de passer facilement derrière le tableau et d'y faire toutes les jonctions, réparations et vérifications nécessaires.

Les fils volants doivent être évités avec le plus grand soin.

Perturbations dans le fonctionnement des dynamos et des moteurs électriques. — CAUSES.

I. ÉTINCELLES AU COMMUTATEUR.

a. Mauvaise position des balais.
b. Mauvais contact.
c. Vibrations ou sautillement des balais.
d. Bobine induite inversée ou en court-circuit.
e. Champ trop faible.
f. Répartition inégale du magnétisme.
g. Grande résistance d'un balai.
h. Vibration de l'ensemble de la dynamo.
i. Commutateur excentré, avec touches en saillies ou rentrées.
j. Rupture du circuit induit.
k. Contact à la masse du fil induit.
l. Induit surchargé.

II. ÉCHAUFFEMENT DE L'INDUIT ET DES INDUCTEURS.

m. Courant excessif.
n. Court-circuit.
o. Humidité.
p. Courants de Foucault.

III. ÉCHAUFFEMENT DU COMMUTATEUR ET DES BALAIS.

q. Crachements aux balais.
r. Couronne de feu sur le commutateur.
s. Résistance au contact.

IV. ÉCHAUFFEMENT DES PALIERS.

t. Insuffisance de graissage.
u. Présence de limailles.
v. Frottements dus à un mauvais ajustement.

V. BRUIT.

w. Vibrations dues à un mauvais équilibrage de l'induit ou de la poulie.
x. Clinquements dus à des mauvais serrages.
y. Sifflement des balais.
z. Chocs du lacet de la courroie.

VI. Vitesse anormale.

a'. Surcharge.
b'. Court-circuit.
c'. Contact à la masse.
d'. Frottements excessifs.

VII. Manque d'excitation d'une dynamo.

e'. Absence de magnétisme résiduel (rare).
f'. Connexions inversées.
g'. Court-circuit.
h'. Circuit ouvert ou rompu.
i'. Mauvaise position des balais.

VIII. Arrêt d'un moteur.

j'. Surcharge excessive.
k'. Rupture d'un circuit.
l'. Fausse connexion.

Remèdes. — *a*. Replacer les balais dans la bonne position en les décalant et en vérifiant, par le nombre de touches entre les balais, s'ils font bien entre eux un angle égal à 360° divisé par le nombre de pôles. Vérifier que, dans une ligne de balais, aucun des balais ne soit en avance ou en retard sur l'autre.

b. Les balais ne touchent que par une pointe ou une arête, ou bien il y a des poussières ou de l'huile entre le balai et le commutateur. Il faut limer les balais métalliques ou user au *papier de verre* la surface des balais en charbon jusqu'à ce que le balai porte sur toute sa surface.

c. Le sautillement des balais radiaux en charbon provient d'une surface trop sèche des commutateurs. Il faut y appliquer une *très légère* couche de vaseline avec le doigt.

d. Vérifier l'enroulement, resouder les parties désoudées, enlever les grains de soudure qui pourraient faire court-circuit, retourner les connexions des bobines reliées à contre-sens.

e. Le bobinage inducteur doit être défait en tout ou en partie, et refait pour enlever la masse, le court-circuit, ou la rupture de circuit d'où provient l'excitation insuffisante.

f. Modifier la forme des pièces polaires pour égaliser le champ.

g. Changer le balai chauffant dangereusement en lui donnant une section suffisante.

h. Équilibrer la poulie et le volant. Refaire le joint de la courroie. Consolider le bâti de la dynamo ou le fixage.

i. Usure du commutateur qui doit être passé de temps en temps à la lime douce ou au papier de verre, mais jamais au papier émeri qui ferait des courts-circuits entre les lames.

j. Si la rupture a lieu à la soudure, on peut réparer facilement. Si elle s'est produite dans la bobine même, il faut enlever la bobine et refaire l'enroulement.

k. Remplacer la bobine en contact avec la masse par rupture de l'isolant.

l. Diminuer la charge ou le champ dans le cas d'une dynamo, accroître le champ dans le cas d'un moteur.

m. Dès qu'il se manifeste de l'odeur ou de la fumée, il faut arrêter la dynamo, et rechercher aussitôt, en touchant à la main, la bobine ou les bobines qui chauffent. En attendant trop longtemps, la chaleur se répartirait dans la masse et rendrait toute localisation impossible. On remédie en enlevant la cause de l'échauffement qui peut provenir d'un court-circuit, d'une fuite ou d'une terre sur la ligne.

n. Enlever et remplacer la bobine en court-circuit.

o. L'humidité se manifeste par un dégagement de vapeur lorsque la dynamo chauffe. On arrête et on étuve les parties défectueuses, ou on sèche en faisant passer dans les enroulements un courant tel que la température ne dépasse pas 75° C.

p. Mauvaises proportions de la dynamo qui doit être rejetée ou reconstruite.

q. Voir les remèdes de *a* à *j*.

r. Mauvais isolement du collecteur vérifier et refaire s'il y a lieu.

s. Surface insuffisante du balai, ou contact fou dû aux vibrations de la machine. Augmenter les dimensions des balais, resserrer les contacts.

t. Graisser abondamment et employer toujours des graisseurs à bagues.

u. Nettoyer les paliers. Filtrer l'huile.

v. Vérifier les alignements et les ajustements et les rectifier. Détendre la courroie si elle est trop tendue. N'employer l'eau ou la glace pour refroidir un palier qui chauffe qu'avec la plus grande circonspection, afin de ne pas mouiller les enroulements ou le collecteur.

w. Équilibrer les pièces tournantes.

x. Vérifier s'il n'existe pas de contacts anormaux entre les pièces mobiles et les pièces fixes. Resserrer tous les écrous sur les cosses.

y. Graisser *très légèrement* la surface du collecteur à la vaseline. Allonger ou raccourcir les balais. Limer le collecteur, le passer au papier de verre ou le retourner.

z. Améliorer le laçage ou employer une courroie collée.

a', *b'*, *c'*, *d'*. Les remèdes ont été indiqués précédemment.

e'. Envoyer le courant d'une pile dans les inducteurs pendant quelques instants. Ramener, à la mise en marche, les balais en arrière du point neutre, ce qui favorise l'excitation des inducteurs.

f', *g'*, *h'*. Remèdes déjà indiqués. En ce qui concerne l'auto-excitation d'une dynamo-série, ne pas oublier que pour chaque vitesse angulaire, il y a une certaine résistance critique du circuit au-dessus de laquelle la dynamo ne s'amorce pas.

i'. Modifier le calage des balais.

j'. Une surcharge excessive arrête un moteur électrique. Il faut aussitôt couper le courant, vérifier les frottements, diminuer la charge et remettre en marche.

k'. Vérifier l'enroulement à la sonnerie ou au galvanomètre.

l'. Vérifier si le montage est conforme aux indications du constructeur, et, si le mauvais fonctionnement persiste, vérifier si les indications de construction sont exactes, et si les schémas ne comportent pas d'erreur.

Règles à observer dans le maniement des courants de haute tension. (*H. Morton.*) — 1. Ne saisissez aucun fil et ne touchez aucun appareil électrique lorsque vos pieds posent directement sur le sol, ou que votre corps est en contact direct, par un point quelconque, avec des objets en fer, des tuyaux d'eau ou de gaz, des constructions en briques ou en maçonnerie, etc., à moins que vos mains ne soient garanties par des gants en caoutchouc, ou que vous ne fassiez usage d'outils isolés reconnus bons et en bon état d'isolement par l'électricien ou tout autre employé compétent de votre Compagnie. S'il est impossible de ne pas reposer sur le sol pendant le travail, il faut employer des souliers à semelles de caoutchouc et des outils protégés par un manche isolant.

2. Il ne faut jamais toucher un fil électrique ou un appareil avec les deux mains à la fois, chaque fois que cela est possible, et s'il est indispensable d'employer les deux mains, il faut s'assurer au préalable qu'il n'y a pas de courant sur la ligne et que les deux mains, ou tout au moins l'une d'elles, sont protégées par des gants en caoutchouc.

3. En touchant aux fils, traiter chacun d'eux comme s'il conduisait un courant dangereux, et, dans aucun cas, n'établissez de contact immédiat entre deux ou plusieurs fils à la fois.

4. Ne coupez jamais un fil en service sans en avoir préalablement averti le directeur de l'usine ou toute autre personne chargée de la surveillance de la canalisation : demandez que la rupture du circuit soit faite d'abord à la station centrale, et que ce circuit ne soit pas refermé à nouveau avant d'avoir donné avis que le travail sur la ligne est complètement terminé.

5. Ne touchez à aucune poulie, dynamo, ni à aucun appareil disposé dans la salle des machines sans être parfaitement au courant de la fonction et du mode d'emploi de l'appareil.

6. Les outils employés par les ouvriers travaillant sur les lignes doivent être munis de manches isolants en ébonite ou toute autre substance parfaitement isolante. C'est le devoir de tout ouvrier de s'assurer que ses outils sont en bon état et remplissent les conditions d'isolement nécessaires à leur sécurité. Dans les lignes aériennes, il doit y avoir un intervalle d'au moins 20 pouces (50 cm) entre les supports des fils disposés sur les bras horizontaux montés sur les poteaux, afin qu'un ouvrier puisse facilement atteindre le faîte de ce poteau et y travailler sans danger.

Précautions à prendre dans l'emploi du voltmètre électrostatique. (*Sir W. Thomson.*) — 1° Dans tous les cas où l'un des conducteurs reliés à un voltmètre est en communication avec la terre d'une façon permanente, ce conducteur doit aussi communiquer avec la cage métallique de l'appareil.

2° Lorsque la condition indiquée dans le paragraphe précédent n'est pas remplie, le voltmètre doit être soigneusement isolé, et les prescriptions des paragraphes suivants bien observées.

3° Le voltmètre à échelle verticale de 400 à 12000 volts, lorsqu'il est en service continu, doit être enfermé dans une boîte (en bois avec face extérieure en verre), afin d'empêcher tout contact accidentel avec la boîte ou les bornes de l'instrument. L'amortisseur est actionné en toute sûreté à l'aide d'une corde de soie passant à travers deux trous ménagés dans la boîte, sur la face en verre et le fond vertical en bois. Pour des expériences ou un service temporaire, cette protection rend l'appareil encombrant, et l'opérateur doit savoir s'en passer en prenant ses précautions pour éviter tout accident.

4° *Prescriptions générales.* — Ne touchez jamais la boîte du voltmètre pour changer les poids et ne touchez aux bornes de l'appareil, pour le relier au circuit ou le retirer, sans vous être assuré que la dynamo est arrêtée, ou que les deux fils communiquant avec le voltmètre en sont prudemment séparés.

5° On peut se demander pourquoi la boîte renfermant l'appareil est en métal. C'est que les conditions répondant à des mesures bien définies exigent que l'aiguille soit protégée de toutes les causes perturbatrices extérieures, et de l'influence des corps portés à un potentiel différent de celui des quadrants. Il semble qu'on pourrait alors simplement garnir la boîte métallique d'une couverture en bois ou en ébonite. *Réponse* : Cette protection serait tout à fait illusoire avec des potentiels de 10000 volts. Le danger est plus sûrement évité avec une enveloppe extérieure placée à 2 ou 3 cm de distance de la cage en métal, à moins que, *ce qui est toujours préférable lorsqu'on le peut*, l'un des conducteurs ne soit en communication avec la terre, ainsi que la cage du voltmètre électrostatique.

ACCUMULATEURS.

Plaques — Tous les accumulateurs électriques actuellement employés dans l'industrie sont du type plomb-plomb, soit avec formation Planté, soit avec oxydes rapportés, soit, enfin, une combinaison mixte dans laquelle l'oxyde appliqué sur les plaques ne s'y maintient qu'un temps limité, suffisant pour permettre une formation Planté des supports :

Pour faciliter la formation des plaques et la rendre plus rapide, M. Parker a indiqué le procédé suivant :

Les plaques de plomb sont immergées, pendant quelques heures, dans une solution ainsi composée :

Acide azotique	1	parties.
Acide sulfurique	2	—
Eau	17	—

Après lavage et rinçage, les plaques sont alors disposées dans les boîtes. Cette immersion a l'avantage de produire un décapage chimique et de favoriser la formation.

Le nombre de plaques positives et négatives des accumulateurs est commandé par des considérations qui conduisent à des conclusions contradictoires. On est obligé d'adopter la solution présentant le moins d'inconvénients pratiques.

Au point de vue chimique, il suffirait d'un nombre *moins grand* de lames réduites. Au point de vue mécanique, les lames oxydées ont besoin d'être *encadrées* par le courant pour ne pas se gondoler. Il en résulte qu'on est obligé de mettre $n + 1$ lames réduites par n lames oxydées. Dans certains accumulateurs, les lames réduites extrêmes se composent de simples feuilles de plomb.

Séparateurs. — Différents moyens sont employés pour maintenir les plaques également distantes; le cofferdam et les peignes en bois ne valent rien, parce que l'acide sulfurique attaque la cellulose et forme de l'acide oxalique et de l'acide acétique qui détériorent rapidement les plaques. Les lanières en caoutchouc

Para sont assez bonnes. Malheureusement le caoutchouc est souvent falsifié par des matières organiques et minérales qui sont attaquées par l'acide sulfurique, de sorte que ces bracelets de caoutchouc se cassent très rapidement et agissent comme le bois. La fibre vulcanisée, qui n'est autre chose que la sciure de bois comprimée, doit donc aussi être écartée. Les fourches en verre sont très bonnes, mais présentent trop de fragilité; néanmoins, dans des installations fixes de grosses batteries, leur emploi peut être recommandé. L'ébonite est aussi très cassante; toutefois, la forme qui a été donnée aux fourches d'ébonite par MM. Drake et Gorham donne une grande flexibilité. La celluloïde est assez élastique, mais ne gêne pas assez le mouvement des plaques lorsqu'elles tendent à se gondoler.

La silice en grains ou en plaques, au contraire, maintient très bien les plaques, mais oblige à employer de l'acide moins dilué. La silice gélatineuse n'est pas assez efficace et augmente la polarisation.

Pour éviter le gondolement et le foisonnement, tout en laissant libre cours à la dilatation, M. *Chatiliez* interpose, entre les électrodes, des plaques poreuses en *terre à vases poreux de piles*. Ces plaques sont ondulées verticalement afin de ménager l'emplacement de l'électrolyte; elles sont en outre percées d'un grand nombre de petits trous qui, tout en aidant la circulation du liquide, diminuent la résistance électrique de l'élément. Les plaques poreuses extrêmes s'appuient contre les parois du récipient seulement, au moyen de petits rouleaux en caoutchouc très souple, ce qui ménage un léger mouvement de recul, et permet, le cas échéant, aux électrodes de se dilater dans tous les sens, tout en réagissant contre le gondolement et la chute des pastilles, même si l'appareil est mis en court-circuit. D'après l'auteur, ce montage présente une solidité à toute épreuve, permettant de diminuer sensiblement le poids des grilles, car les électrodes n'ayant plus à assurer elles-mêmes leur solidité, on peut se dispenser d'un volume relativement considérable de plomb antimonieux, et les alvéoles peuvent être plus grands; malgré l'interposition d'un septum poreux et l'augmentation de distance entre les électrodes, il est possible de diminuer la résistance électrique de l'accumulateur en augmentant le degré d'acidité du liquide.

Quant à l'entretien, il se borne à la vidange périodique des éléments et à un lavage automatique à grande eau, obtenu en établissant une circulation d'eau rapide entre les ondulations des plaques poreuses et les électrodes.

Récipients. — Les récipients des accumulateurs doivent être de préférence en verre toutes les fois que les dimensions des batteries ne sont pas telles qu'elles en prohibent l'emploi, et que les accumulateurs ne doivent pas être déplacés. Dans les grands vases de verre, les nervures du fond venues de coulée sont souvent un peu courbes, de sorte que les plaques reposent mal sur ces nervures et, par ce fait, se dessoudent quelquefois. On devra donc y veiller beaucoup en achetant des vases. Les récipients de grès sont ensuite les meilleurs, mais il faut les rendre imperméables au moyen d'un vernis. On fait en grès des vases munis d'une tubulure à la partie inférieure qui permet de retirer commodément le liquide et de nettoyer l'accumulateur sans le déplacer. Les récipients en ébonite résistent assez longtemps, pourvu que la température de la salle où ils se trouvent reste constante. Le soleil leur est très nuisible. Les boites en bois doublées de plomb sont rarement étanches et coûtent fort cher: si le bois dont elles sont faites n'est pas très sec, il se fendille et déchire quelquefois la chemise interne de plomb. Les boites en bois rendu imperméable par des résines et du goudron doivent être écartées, parce que l'acide attaque ces goudrons et forme de l'acide acétique et de l'acide oxalique qui sont des ennemis du plomb.

Isolateurs. — Les batteries doivent toujours être isolées avec beaucoup de soin, surtout quand le nombre des éléments montés en tension est assez considérable, et cet isolement est en général assez difficile à obtenir, à cause des projections d'eau acidulée pendant la charge qui viennent suinter le long des vases et établir des communications avec la terre. Les isolateurs en porcelaine émaillée ou non et en verre ne valent absolument rien, parce qu'ils se recouvrent très rapidement d'humidité. Mais, au moyen des isolateurs représentés ci-dessous, on peut obtenir un isolement parfait.

On remplit la coupe inférieure avec du pétrole dense, puis on la recouvre de son chapeau dont les bords, dépassant ceux de la coupe inférieure, empêchent quoi que ce soit de tomber dans le pétrole. Sur les quatre isolateurs nécessaires pour chaque

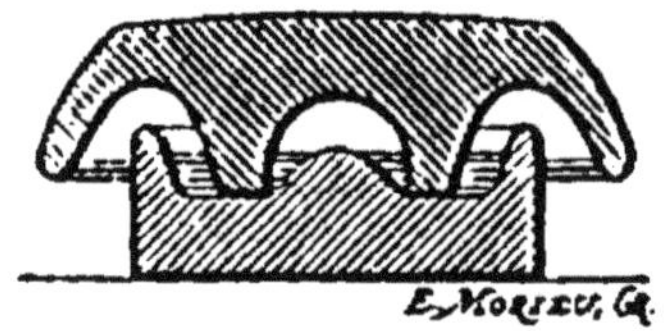

Isolateurs pour accumulateurs.

accumulateur, on dispose une petite caisse dont les dimensions ont 2 ou 3 cm de plus que le fond du récipient, et 3 cm de hauteur. On y met un peu de sciure de bois très fine, de façon que les vases puissent reposer bien également.

Installation. — Les hommes qui manipulent les accumulateurs ne doivent pas porter de vêtements de coton; l'acide attaque peu la laine; ils devront porter un tablier de flanelle doublé de toile d'emballage; les chaussures doivent être graissées de paraffine ou de cire; le contact de l'eau acidulée finit par endolorir les mains; il est bon d'avoir toujours à portée un seau d'eau, dans lequel on a mis de la soude ordinaire, pour pouvoir y tremper les mains et neutraliser l'acide.

La pièce réservée aux accumulateurs doit être sèche, fraîche, bien ventilée, à l'abri de la gelée, assez grande pour que l'on puisse atteindre les plaques, les examiner et les remettre en état, s'il y a lieu.

Il ne faut jamais laisser d'outils ou d'autres objets métalliques dans la chambre des accumulateurs, car ils seraient détériorés très rapidement. S'il y a une porte de communication ou une fenêtre entre le local des accumulateurs et la salle des machines, elles doivent être hermétiquement fermées pendant la charge.

Si le soleil donne sur les fenêtres, on devra mettre des vitres dépolies, pour que les rayons de soleil ne viennent pas tomber brusquement sur les vases de verre des accumulateurs et les faire fendre.

On disposera ensuite des tables étroites ou des madriers pour recevoir les accumulateurs de façon à ne mettre qu'une ou deux rangées de vases à côté les uns des autres et à pouvoir circuler facilement tout autour. Si l'emplacement ne permettait pas de disposer ainsi toute la batterie, on pourra faire avec des madriers de bois deux ou trois étages.

Il ne faut jamais installer les accumulateurs directement sur le sol, parce qu'ils sont plus sujets à être heurtés et moins faciles à surveiller.

Ces dispositions ayant été prises, on badigeonnera les tables ou autres supports avec de l'huile de lin *siccative* bouillante, de façon à former un vernis qui empêchera l'acide d'attaquer le bois. Au bout d'un jour ou deux, ce vernis sera sec et l'on pourra continuer l'installation.

Les éléments, déballés avec soin, sont débarrassés à l'intérieur des détritus d'emballage, poussière, paille, etc., à l'aide d'un soufflet. Les accumulateurs sont disposés sur des supports en bois vernis à la gomme laque. Les boîtes en verre sont placées sur de la sciure sèche maintenue en place par un encadrement en bois, ou, mieux encore, chaque élément en verre est mis dans un châssis en bois supportant la sciure et posé lui-même sur des isolateurs en verre ou des isolateurs à l'huile. Lorsque les accumulateurs sont disposés sur des rayons, il faut entre eux un espace suffisant pour rendre la surveillance facile. Dans le même but, chaque rayon ne doit pas porter plus de deux rangées. Les lames doivent se présenter par la tranche et non par le plat. Il faut un espace de 2 à 3 cm entre chaque accumulateur et de 10 à 15 mm entre les deux rangées.

L'eau acidulée ne doit être introduite dans les accumulateurs qu'au moment où l'on est prêt à effectuer la charge.

Connexion des éléments. — Les queues des accumulateurs doivent être réunies au moyen d'une soudure autogène; l'étain doit être banni. Il est inutile de les recouvrir de vernis si elles sont suffisamment longues. — Les vases de verre sont préférables aux boîtes de bois doublées de plomb, parce que l'on peut surveiller les plaques.

Le meilleur moyen d'éviter les sels grimpants au pôle positif consiste à employer de longues queues en plomb. Il est inutile de les vernir. Les connexions doivent être entretenues dans le plus grand état de propreté. Si elles ne sont pas soudées, et qu'il se trouve du laiton, du bronze ou du cuivre à proximité des éléments, il faut protéger ces pièces métalliques avec de la paraffine ou du vernis.

Mastic pour bornes d'accumulateurs. — Bien nettoyer la borne; chauffer; gratter de nouveau et mettre en contact de la cire de bonne qualité; elle s'étend sur toute la surface nettoyée et adhère fortement.

Mastic employé par M. Gaston Planté pour ses couples secondaires. — Se coule *à chaud* sur les bouchons et les queues des couples secondaires pour empêcher le grimpement de l'eau acidulée :

Arcanson.	1000	parties.
Suif ou cire jaune	100	—
Plâtre-albâtre pulvérisé	250	—
Noir de fumée pour colorer en noir .	2,5	—

Montage des accumulateurs. — Le petites caisses ayant été installées de façon à ne pas se toucher, on y place les récipients des accumulateurs, puis les plaques de façon à connecter entre eux les accumulateurs le plus simplement possible. Généralement on ne monte plus les bornes sur les barres qui réunissent entre elles les plaques semblables d'un élément, mais ces barres sont terminées par des lames d'assemblage de plomb que l'on réunit entre elles au moyen de boulons et d'écrous soit en laiton, soit en alliage de plomb et d'antimoine. Ces derniers sont certainement les meilleurs, mais quand on n'a que des boulons en laiton, il faut, après les avoir bien décapés et fortement serrés, les badigeonner avec du pétrole lourd ou de la valvoline. Le pétrole pénètre dans tous les endroits où il n'y a pas un contact parfait et empêche ainsi les vapeurs acides de venir dans ces endroits et d'attaquer les tiges et les boulons d'assemblage.

Liquide. — La composition du liquide varie un peu suivant les types d'accumulateurs, mais il est généralement constitué par un mélange de 1 volume d'acide et de 5 à 7 volumes d'eau, ce qui correspond à une densité comprise entre 1,18 et 1,14. Pour la densité de 1,14 on obtient des actions locales moins énergiques et une conservation un peu plus longue, mais il faut alors un volume de liquide plus considérable; en outre, la résistance intérieure est légèrement plus grande et la force électromotrice plus faible qu'avec un liquide un peu plus riche. Il faut employer, *autant que possible*, de l'acide sulfurique *pur*, l'acide ordinaire du commerce contenant toujours un peu d'acide nitrique, très nuisible.

Une très petite quantité de sulfate de soude réduit le sulfate de plomb blanc qui se forme quand les accumulateurs sont laissés déchargés pendant quelque temps; le sulfate de soude empêche même dans une grande mesure la formation de ce sulfate de plomb blanc. La pratique nous a montré qu'il suffisait d'ajouter, au liquide ordinaire de densité 1,16 environ, un dixième en volume d'une solution saturée de sulfate de soude.

Les accumulateurs étant donc montés et reliés à la machine dynamo, on verse du liquide dans chacun d'eux, de façon à bien recouvrir les plaques, et on les charge doucement pour commencer.

Remplissage. — Lorsque tout est prêt pour la charge et la machine essayée au point de vue de la polarité, on remplit les accumulateurs en faisant déborder le liquide d'au moins 10 à 15 mm au-dessus des plaques. L'acide sulfurique employé doit être exempt d'impuretés, telles que l'arsenic, l'acide azotique ou chlorhydrique, etc., et doit être dilué avec de l'eau pure jusqu'à ce que sa densité soit de 1,17. Le mélange d'eau et d'acide doit être fait avec soin, et si l'eau dont on dispose n'est pas exempte de chaux, elle doit être distillée avant l'emploi. L'eau acidulée doit être préparée plusieurs heures avant d'être introduite dans les éléments, à la même température que ceux-ci.

L'expérience a prouvé que la meilleure solution sulfurique à employer est celle qui présente une densité de 1,15 avant la charge. Quand l'accumulateur est complètement chargé, cette densité s'accroît et prend une valeur qui, en pratique, doit être maintenue entre 1,17 et 1,22. On est souvent gêné dans ces éléments par la formation de sulfate de plomb blanc qui recouvre les plaques, et c'est, en effet, presque toujours la cause de leur mauvais fonctionnement.

On évite entièrement la formation du sulfate de plomb en employant l'électrolyte de la manière suivante :

Verser lentement, en agitant constamment, 375 cm^3 d'acide sulfurique concentré dans un litre d'une dissolution saturée de carbonate de soude dans l'eau ; remplir l'élément de 19 parties d'eau, de 5 parties d'acide sulfurique concentré et de 1 partie de la solution dont nous venons de donner la préparation. La densité de cet électrolyte devra être de 1,2 environ.

Purification de l'acide sulfurique des accumulateurs. — Lorsque, pour préparer l'eau acidulée des accumulateurs, on emploie de l'acide sulfurique contenant de l'arsenic ou d'autres impuretés métalliques, la capacité diminue rapidement, par suite de violents dégagements gazeux sur les plaques négatives. Or ces métaux nuisibles sont précipités complètement, en solution sulfurique étendue, par l'hydrogène sulfuré. M. Kugel utilise cette propriété pour la purification de l'acide. Pour une précipitation complète, on dirige le courant de gaz sulfhydrique dans l'acide amené à la dilution convenable pour les accumulateurs. On filtre après 24 heures de repos, au bout desquelles le liquide doit sentir encore fortement l'hydrogène sulfuré. Dans le cas où l'on fait soi-même la purification, il est préférable de dégager l'hydrogène sulfuré au sein de l'acide même, en y versant du sulfure de baryum. Cette méthode a été employée d'abord par M. Lucas, à la fabrique d'accumulateurs A. G. Hagen (de Vienne). On arrive ainsi à rendre la capacité garantie à des batteries au service desquelles on avait primitivement affecté un acide impur.

Les accumulateurs montés en tension laissent libre un pôle négatif et un pôle positif qui doivent être reliés, pour la charge, aux pôles du même nom de la machine.

Lorsqu'on dispose plusieurs séries en dérivation, il faut souder les communications chaque fois que cela est possible. On vérifie la polarité de la dynamo de charge de la façon suivante : On place dans un vase renfermant de l'eau acidulée sulfurique deux lames de plomb bien propres, en les séparant par un bloc de bois ; on relie l'une des lames à une des bornes de la dynamo, l'autre lame à une des attaches d'une lampe à incandescence, qui sert de résistance additionnelle, et l'autre attache à l'autre pôle de la dynamo. Après quelques minutes de marche, l'une des lames de plomb devient noire : c'est le pôle positif de la machine qui doit être relié au pôle positif de la série d'accumulateurs, l'autre pôle est relié au pôle négatif des accumulateurs. On peut aussi employer les indicateurs de pôles précédemment décrits.

La machine de charge doit être shunt ou excitée séparément, sa force électromotrice doit pouvoir atteindre 2,5 volts par accumulateur à charger (50 volts, par exemple, pour 20 accumulateurs en tension).

Mise en charge. — Il est très important que la charge des éléments soit commencée dès que la solution acidulée sulfurique est dans les vases, et soit, au moins pour la première charge, continuée aussi longtemps que possible. Il est bon même de continuer la charge jusqu'à ce que l'acide prenne, dans chaque élément, un aspect laiteux. Il faut charger au moins pendant douze heures, et ne pas cesser avant que la densité du liquide ait atteint au moins 1,195. (Cette prescription est spéciale aux accumulateurs de l'E. P. S. En général, ce chiffre dépend des volumes relatifs des plaques et du liquide.)

La densité de l'acide doit tomber lorsqu'on remplit les éléments, et qu'elle ne doit commencer à s'élever que longtemps après la mise en charge.

C'est une erreur de croire que les éléments durent plus longtemps si l'on a soin de ne jamais les charger à saturation. Il a été clairement prouvé que rien ne tend mieux à détruire les plaques qu'une charge partielle suivie d'une décharge à fond.

Le régime de charge est déterminé par la nature des plaques, leur grandeur et leur nombre.

La dynamo doit tourner à vitesse normale avant de mettre les accumulateurs en circuit, et l'excitation doit être amorcée. Il faut avoir soin de rompre le circuit avant d'amorcer la dynamo.

Le tableau de distribution doit être disposé pour pouvoir varier le nombre d'éléments dans le circuit de charge et dans celui de décharge.

Pendant la décharge, la densité du liquide doit augmenter en proportion du courant employé ; elle donne ainsi une indication approchée de la charge renfermée dans la batterie à chaque instant.

Si l'un des éléments ne devient pas laiteux en même temps que les autres, il doit être mis hors du circuit pendant la décharge et remplacé. Cette mise hors circuit se fait en détachant l'élément et rejoignant les deux pôles des éléments voisins ainsi rendus libres par un bout de câble assez gros pour supporter le courant de décharge.

La densité pour laquelle le liquide devient laiteux varie un peu d'un élément à l'autre, mais cela n'affecte pas le service pratique de la batterie.

Les plaques doivent toujours être couvertes par l'électrolyte, et les pertes par évaporation remplacées par des additions d'eau pure : dans aucun cas on ne doit ajouter de l'acide pur. On peut d'ailleurs retarder beaucoup l'évaporation en recouvrant les éléments avec des lames de verre ; les vapeurs condensées à leur surface retombent ainsi dans les éléments.

La mise en court-circuit des éléments avec un bout de câble pour en tirer des étincelles est nuisible à leur conservation. Il faut employer, pour vérifier les éléments, un voltmètre spécial ou une petite lampe à incandescence.

Pour qu'une installation d'accumulateurs fonctionne bien, il faut examiner régulièrement et avec soin tous les éléments et réparer, sans retard, ceux qui présentent une détérioration quelconque. Cet examen doit se faire, autant que possible, tous les jours.

Si le quotient de la différence de potentiel aux bornes de la batterie par le nombre d'éléments ne dépasse pas deux, on doit vérifier la force électromotrice de chaque élément au moyen d'un voltmètre spécial gradué en dixièmes de volt. La mesure de la densité du liquide aux différents moments de la charge fournit des indications précieuses sur le fonctionnement des éléments. Quand ceux-ci sont complètement chargés, la densité est de 1,22 et elle s'abaisse à 1,15 quand ils sont épuisés.

On reconnaît qu'un élément est entièrement chargé quand : 1° La force électromotrice atteint 2,5 volts par élément ; 2° le densimètre indique 1,22 ; 3° l'électrolyte est rendu laiteux par la présence de petites bulles gazeuses qui s'élèvent à travers le liquide pour venir éclater à la surface. Pour éviter les inconvénients du liquide ainsi projeté alentour, on recouvre l'élément d'un filet fin ou de calicot. On emploie souvent aussi une plaque de verre, ou encore on verse sur la surface du liquide de la paraffine bouillante qui, en se solidifiant, forme une croûte. Il faut éviter d'approcher de l'élément en charge avec une lumière à flamme nue, une bougie, par exemple; il peut, en effet, se produire une explosion. La densité du courant de décharge ne doit pas dépasser 1 ampère par dm² de plaque.

Les éléments qui ne donnent lieu à aucun dégagement de gaz, ou bien à un dégagement beaucoup trop faible, doivent être examinés, afin que l'on puisse s'assurer qu'aucune partie de la plaque ne s'est détachée, que les plaques ne se sont pas courbées, ou qu'un court-circuit provenant de toute autre cause ne s'est pas produit. Si ce court-circuit ne pouvait être facilement supprimé, l'élément devrait être complètement réparé. Si les parcelles détachées des plaques restaient entre celles-ci, il faudrait les enlever avec une baguette de verre ou de bois, ou les faire tomber au fond de l'élément.

Les éléments doivent être régulièrement examinés l'un après l'autre, afin de retirer aussitôt que possible les parcelles détachées des plaques. Les plaques qui se courbent doivent être redressées, ou remplacées par des plaques neuves. Les particules, qui se détachent des plaques et qui s'accumulent au fond des éléments, doivent être retirées avant qu'elles n'atteignent le bord inférieur des plaques.

La déformation, souvent subie par les plaques des accumulateurs, n'a pas lieu quand elles sont convenablement traitées. La cause principale de leur déformation et de leur destruction consiste en ce qu'on leur fait débiter un courant trop intense et qu'on néglige de maintenir constants la densité et le niveau du liquide. On ménage généralement une distance de 1 cm entre les plaques, mais on peut augmenter avec avantage cette distance. Les récipients de verre sont les meilleurs, car ils permettent d'examiner les plaques sans démonter l'élément. Les accumulateurs dont les vases sont en bois ou en métal doivent toujours être montés sur des isolateurs à huile. Même avec des vases en verre, cette précaution n'est pas inutile. Pour empêcher les acides de grimper le long des parois des vases, on les enduit, de temps en temps, de paraffine ou de vaseline.

Il ne faut, dans aucun cas, dépasser le régime normal de décharge, ce qui arrive plus particulièrement lorsque les accumulateurs ne peuvent alimenter qu'une partie de l'éclairage, et que la dynamo est reliée à la batterie d'accumulateurs qui sert de régulateur. On doit, dans ce cas, disposer un avertisseur automatique dans le circuit de l'accumulateur.

Dans les installations fixes, il faut éviter d'employer des éléments de trop faible capacité, car ce que l'on gagne sur le prix d'achat est perdu dans le rendement et la durée des plaques.

Les accumulateurs ne doivent jamais rester déchargés. La décharge ne doit jamais faire baisser le potentiel aux bornes au-dessous de 1,8 volt par élément.

Si les éléments doivent rester quelque temps sans fonctionner, il ne faut pas enlever l'acide, mais il faut charger la batterie à saturation, l'abandonner à circuit ouvert en ayant soin de laisser les plaques bien couvertes par la solution. Il sera préférable, si cela est possible, de leur donner une petite charge une fois tous les quinze jours jusqu'à ce que le liquide devienne laiteux : ce traitement entretiendra très longtemps la batterie en bon état.

Moyens d'arrêter les projections d'acide pendant la charge. — Quand les accumulateurs sont à peu près chargés, le bouillonnement devient plus fort et les bulles de gaz, en s'échappant, entraînent de l'acide sulfurique qui vicie l'air et détériore l'isolant des câbles et les objets en cuivre. Pour arrêter ces projections, on peut disposer sur les plaques une feuille de verre qui est alors recouverte par 1 ou 2 cm de liquide. Les bulles viennent se briser sur le verre, glissent latéralement et s'échappent doucement. Mais les queues des plaques ne permettent pas de recouvrir entièrement l'accumulateur, de sorte que l'on ne fait que diminuer dans une grande proportion les projections sans les supprimer totalement. On peut y arriver facilement en recouvrant la surface du liquide d'une couche de paraffine. A cet effet, on verse sur le liquide 2 ou 3 cm d'eau chaude, puis avec une cuiller en fer de la paraffine fondue; la paraffine s'étend partout et forme une fermeture hermétique. Quand elle est solidifiée, on perce un petit trou sur le côté avec un tube de fer chaud pour laisser les gaz s'échapper; on retire ensuite un peu de liquide. Le pétrole ordinaire donne aussi de bons résultats, en même temps qu'il assure un bon isolement par son suintement, mais son odeur en prohibe souvent l'emploi. Les pétroles lourds ne sont pas odorants, mais forment une émulsion avec l'acide sulfurique, qui perd alors toute son efficacité. Cette émulsion, qui renferme un mélange d'hydrogène et d'oxygène en proportions théoriques, est très explosive, et il faut éviter qu'elle puisse venir éventuellement en contact avec une flamme.

VARIA

Fibre vulcanisée. — La fibre vulcanisée s'emploie sous deux aspects, à l'état dur comme l'ébonite, et à l'état souple comme le cuir et le caoutchouc.

Fibre dure. — La fibre dure a l'apparence de l'ébonite. C'est un composé de sciure, de certains bois spéciaux communs en Amérique, comme le sapin du Canada. Cette sciure est traitée par des agents chimiques très énergiques qui lui enlèvent toutes les matières étrangères à la partie fibreuse utile du bois. Ainsi expurgée, elle est mélangée avec un corps liant dans lequel il n'entre pas de gomme, et étendue sous forme de pâte entre des plaques parallèles qu'on resserre continuellement pendant le séchage, qui dure environ trois mois. Cette compression se fait au moyen de presses hydrauliques très puissantes qui donnent jusqu'à 500 kg de pression par centimètre carré, semblables à celles qu'on emploie pour comprimer l'acier liquide et lui enlever ses soufflures.

La fibre obtenue en feuilles se travaille comme le bois et les métaux; sa texture parfaitement homogène rappelle celle du corozzo et de la corne la plus compacte. Elle prend au tour un très joli poli et se laisse forer, limer, tarauder, etc. Les filets obtenus pour vis sont aussi nets qu'avec le métal, on fait même des ajustages de fibre à fibre et par le collage à la colle de poisson on peut obtenir des blocs de toute épaisseur.

Un des inconvénients de la fibre, dans les usages industriels, c'est qu'on ne peut la mouler; en effet, s'il est possible de comprimer les plaques à la presse hydraulique, il n'en est pas de même des pièces de formes variées; or, sans une compression de toute la surface, il est impossible d'avoir une fibre d'égale résistance dans toutes ses parties. On est arrivé à un premier résultat cependant, avec des tuyaux roulés comme les feuilles d'un cigare et qu'on peut fileter et ajouter bout à bout.

La densité de la fibre est de 1,3 environ, les feuilles ont 1,5 m de longueur sur 1 m de largeur, avec des épaisseurs variant de 0,5 mm à 35 mm.

Comme elle est absolument exempte de matières rugueuses, qu'elle produit un frottement insensible et qu'elle est peu conductrice de la chaleur, elle possède des avantages pour la confection de certains organes de machines; on en fait des coussinets, des petites poulies, des navettes et d'autres pièces de filature, des engrenages et des dents remplaçant le cormier, des guides de monte-charges, des étuis, des fourchettes de débrayages, des poulies de friction pour frein d'élévateurs, des poignées de robinets d'eau chaude et de vapeur résistant au feu, etc., etc.

Dans un autre ordre d'idées, on en fait des organes de transmission et de manœuvre pour les mécanismes dans les poudreries, ne dégageant pas d'étincelles et diminuant par conséquent les chances d'explosion, des mécanismes légers pour l'aérostation (la fibre pèse 6,5 fois moins que l'acier et le cuivre), des poignées de culasses pour pièces de siège et de marine, des médailles, jetons de présence et de contrôle, etc.; elle est précieuse partout où il faut des organes légers, résistants, inoxydables, inattaquables aux acides, roulant sans bruit et ne craignant pas les chocs. Beaucoup de petites industries parisiennes qui employaient l'ébonite, la corne, la porcelaine, l'ivoire, le gaïac et même les métaux, leur ont substitué la fibre.

Nous ferons une mention spéciale pour ses applications à l'électricité. En raison de ses qualités isolantes et de sa facilité de transformations, on a pu la faire entrer dans tous les appareils et dans leurs accessoires.

A côté de ces avantages, la fibre a aussi ses inconvénients : elle perd ses qualités dans les milieux humides, il convient donc de ne s'en servir que dans l'intérieur des pièces; à la grande chaleur, les feuilles fines se contractent, mais elles reprennent leur surface primitive à la température normale.

Fibre flexible. — La fibre flexible s'obtient par les mêmes procédés que la fibre dure, en la laissant moins longtemps sous presse. La densité et les dimensions des feuilles sont les mêmes, et son prix est un peu moins élevé que celui de la fibre dure.

Elle remplace le cuir et le caoutchouc dans beaucoup de leurs applications, sauf cependant pour les cuirs dits emboutis et pour les joints de vapeur au delà de 3 atmosphères; passé cette pression, la fibre se désagrège.

La fibre flexible a l'aspect extérieur du cuir et produit au toucher la même impression, elle est souple et ne perd pas sensiblement de ses qualités en restant exposée à l'air, mais elle est surtout faite pour travailler à l'humidité, quelle que soit la nature du liquide qui la produise. Au contact des corps les plus dissolvants, acides, graisses, huiles, essences, elle reste souple sans se décomposer, c'est son principal avantage sur le caoutchouc; pourtant il faut faire une exception pour l'acide sulfurique très concentré et les solutions de bichromate de soude et de potasse, qui arrivent, au bout d'un certain temps, à la désagréger.

Elle est de nature essentiellement hygrométrique; exposée au grand air ou même dans une pièce par des temps humides, elle se couvre de gouttelettes. Le qualificatif de « vulcanisé » que lui ont donné les Américains laisserait supposer qu'il entre du soufre dans sa composition, ce serait une erreur; par « vulcanisée » on entend viser non l'addition de soufre, mais la raideur que donne la vulcanisation.

La plus importante application de la fibre à la mécanique est celle qui a trait aux clapets de pompes. On sait les inconvénients des clapets de caoutchouc, que le battage contre la grille déchire et que l'huile des condenseurs dissout de même qu'elle racornit le cuir. Ces inconvénients ne sont pas à craindre avec la fibre dont l'immersion dans l'eau grasse, chaude ou froide, n'a d'autre effet que d'augmenter la souplesse, partant l'efficacité.

Les grands paquebots transatlantiques ont des clapets en fibre qui font jusqu'à douze voyages de New-York — le Havre et retour — sans se reposer un seul instant en route; il n'y a guère que les clapets métalliques qui offrent les mêmes avantages. La fibre tient d'ailleurs mieux à la mer que dans l'eau douce, certaines eaux de fleuves et rivières ont la propriété de la durcir et de lui enlever l'élasticité suffisante pour remplir son office.

Une application assez commune est celle qui a trait aux rondelles d'essieux, qui, faites en fibre, ont un avantage très marqué sur les rondelles en cuir.

A l'hôpital militaire de Toulon et à l'hôpital Saint-Louis, à Paris, on s'est servi de feuilles minces (4/10 de millimètre d'épaisseur) pour les bandages de membres fracturés; c'est une application à laquelle les Américains n'avaient pas songé!

M. de Rufz de Lavison, ancien officier du génie, après divers essais, avait remarqué que les feuilles minces de 0,5 millimètre d'épaisseur au maximum devenaient sensiblement poreuses, après avoir séjourné quelque temps dans un liquide. De là, à en tenter l'application comme cloison poreuse dans les piles électriques, il n'y avait qu'un pas, et les expériences faites à l'École de physique et de chimie industrielles de la ville de Paris ont prouvé que la fibre vulcanisée, qui est un excellent isolant *à sec*, devient, après imbibition suffisante, une cloison poreuse très conductrice. L'expérience seule pouvait faire découvrir cette propriété qui, *a priori*, paraissait peu en rapport avec les applications antérieures de la fibre. On l'emploie couramment maintenant pour différentes piles, grâce à la facilité avec laquelle on peut lui donner toutes les formes des vases en usage.

Fibre-graphite. (*Iron.*) — Ce produit semble appelé à un certain avenir industriel comme substance *anti-friction* dans tous les systèmes de machines à axe tournant, étant donné que, par son emploi, tout graissage devient inutile, ce qui supprime une grande sujétion et une cause non négligeable de dépenses.

La *fibre-graphite*, comme son nom l'indique, est essentiellement composée de deux substances : fibre de bois dur et graphite. Voici comment ce produit est fabriqué. On commence par réduire le bois dur à l'état de pulpe, on y ajoute ensuite du graphite porphyrisé; la matière est mise dans un moule constitué par un cylindre de fer portant plusieurs petits trous à la partie inférieure, et rappelant, par plusieurs points, la machine à fabriquer le vermicelle. On ajoute de l'eau au mélange et l'on applique la pression à l'aide d'une presse hydraulique. La compression fait échapper l'eau par les petits trous ménagés à la partie inférieure du moule, et comme la poudre de bois dur s'oppose à l'échappement de la poudre de graphite, celle-ci est fortement comprimée entre les fibres qui s'en imprègnent; le résultat est une masse très dense de bois graphité. Lorsque la matière est retirée du moule, elle présente un aspect doux et satiné. Elle est séchée à l'air, saturée d'huile de lin purifiée et cuite au four à une température élevée.

Cette dernière opération fournit la fibre-graphite prête à l'usage. En construisant un palier avec de la fibre-graphite, on réduit considérablement l'usure du tourillon qu'il supporte, la plombagine constituant, comme chacun sait, l'un des meilleurs lubrifiants connus. Les premiers tours de l'arbre dans son palier enduisent ses pores, les remplissent de graphite et le recouvrent d'une couche excessivement mince du nouveau lubrifiant.

Micanite. — Ce produit, introduit en Amérique par MM. Jeffer et Dyer, présente des qualités isolantes et mécaniques remarquables; il est destiné à remplacer avantageusement les pièces isolantes en mica moulé qui ne sont en réalité qu'un mélange de mica en poudre et de gomme laque ou de tout autre ciment. Cette composition a l'inconvénient de se ramollir à la chaleur et de présenter des veines relativement conductrices. Le mica naturel présente aussi de graves inconvénients: les feuilles de grandes dimensions coûtent fort cher; elles ne peuvent être ployées sans se briser, s'effriter ou se cliver; l'humidité se répand facilement entre les feuillets élémentaires, etc. La micanite, au contraire, est obtenue par la superposition de feuilles de mica très finement clivées, cimentées au moyen d'une substance inaltérable à la chaleur et disposées de façon à recouvrir les joints. Cette substance permet de confectionner des objets de toutes formes et de toutes dimensions, et se travaille très facilement au tour et à la lime.

Ivoire artificiel ou lactitis. — On commence par coaguler le lait, comme si l'on voulait faire du fromage; on presse ensuite le coagulum et l'on rejette le petit-lait. On prend 5 kg de caillé qu'on mélange avec une solution de 1,5 kg de borax dans 3 litres d'eau. Ce mélange est mis dans un récipient convenable sur un feu doux, où on le laisse jusqu'à ce qu'il soit séparé en deux parties, l'une liquide comme l'eau, l'autre plutôt épaisse, ayant quelque analogie avec la gélatine fondue. On enlève la partie aqueuse et l'on ajoute au résidu 500 g d'un sel minéral dans 1,5 litre d'eau. On pourra employer à cet effet presque tous les sels minéraux, par exemple, le sucre de plomb, la couperose, le vitriol bleu ou blanc. Cette addition a pour effet de produire une nouvelle séparation de la masse en un liquide et une partie solide molle. On enlève de nouveau la partie liquide par la presse, ou mieux par filtration. C'est le moment d'incorporer la matière colorante, si l'on désire un produit coloré; dans le cas contraire, le produit final sera blanc. On soumet alors la masse à une pression très énergique, dans des moules de la forme désirée, et l'on fait sécher à très haute température. Le produit ainsi obtenu, auquel on a donné le nom de *lactilis*, est très dur et résistant. On peut l'employer dans presque tous les cas où l'on emploie l'os, l'ivoire, l'ébonite ou le celluloïd.

Pignons et dents d'engrenage en cuir vert comprimé. — Un des principaux inconvénients des commandes électriques par engrenages était la sonorité considérable des roues tournant à grande vitesse, sonorité qui, dans certains cas, rendait presque impossible l'emploi de ce genre de commandes.

Les engrenages taillés bois sur fonte avaient bien semblé résoudre la question, dans la transmission de grandes forces, mais les organes deviennent alors lourds, l'usure du bois est rapide et l'action de la température a sur lui tant d'influence, que les engrenages à dents de bois, même les mieux faits, prennent rapidement du jeu quand ils tournent à de grandes vitesses, ce qui donne lieu à un entretien et à des réparations coûteux.

Il s'agissait donc de remplacer le contact de la fonte avec le bois par celui d'une autre matière qui en possédât les avantages sans en présenter les défauts.

MM. A. Piat et ses fils, les spécialistes bien connus, ont résolu avec habileté ce problème important. Ils ont imaginé de recourir à l'emploi du cuir vert comprimé et préparé d'après certains procédés. Ce produit réalise toutes les conditions voulues; il se travaille et se taille de la même façon que la fonte ou le bois. Appliqué à la fabrication des pignons, il ne fait aucun bruit dans le fonctionnement et présente l'élasticité, la résistance, l'adhérence nécessaires. Son usure est insignifiante; grâce à leur élasticité, les dents sont incassables, ce qui évite des pertes de temps et des réparations onéreuses. Il faut encore signaler sa grande légèreté et son inaltérabilité sous l'influence de l'huile, du pétrole, de l'humidité et de la vapeur; on doit cependant éviter une marche continue dans l'eau. Enfin, il amène une économie dans le graissage des engrenages, qui est nul pour la transmission des petites forces, et très faible pour les grandes forces.

Dans la pratique, on fait marcher les pignons en cuir avec des roues à dents de fonte, taillées autant que possible.

La dent de cuir n'a pas besoin d'être plus forte que la dent de fonte; cependant, et comme il s'agit presque toujours de construire des pignons de petit diamètre, il est bon de prévoir une longueur des dents de 15 à 20 pour 100 plus grande.

Le calage des pignons sur les arbres est fait, soit à l'aide de simples clavettes, sans prendre plus de précautions que s'il s'agissait de pignons ordinaires, quand ils ne transmettent qu'une puissance ordinaire et qu'il y a une quantité de matière suffisante sous la dent; soit à l'aide de clavettes coniques qu'on serre au moyen d'un pas de vis et d'un écrou; soit à l'aide de ces deux moyens, mais en ajoutant, par surcroît de sécurité, deux rondelles métalliques reliées par quatre goupilles rivées.

Les pignons, faits en cuir spécialement préparé, conviennent parfaitement pour transmettre le mouvement des dynamos réceptrices, pour les filatures qui peuvent devenir, avec l'emploi judicieux de ces pignons, presque silencieuses, pour les commandes électriques des transmissions ou des treuils si usités maintenant, pour les moulins, la distillerie, etc. Plus de 150 tramways électriques sont déjà pourvus de ces pignons en cuir, qui se comportent bien mieux que les pignons en bronze phosphoreux. On peut les faire jusqu'à 0,30 m et 0,40 m de diamètre, mais en employant la fonte pour le corps du pignon.

Entretien des générateurs de vapeur multitubulaires. — Les générateurs multitubulaires doivent être maintenus entièrement pleins d'eau douce chaque fois qu'ils doivent rester quelque temps sans fonctionner. Pour les grands générateurs ayant de gros tubes, il convient de mêler à l'eau un lait de chaux, conformément aux indications fournies par la maison Belleville pour la conservation des tubes, ou bien une solution de soude. Pour les générateurs à petits tubes, l'eau doit aussi être additionnée de lait de chaux ou de soude; mais, afin d'éviter toute obstruction des tubes, les solutions seront à un titre moindre et serviront uniquement à neutraliser l'acidité de l'eau. Il faut se préoccuper aussi de la conservation *extérieure* des tubes en fer ou en acier des générateurs qui doivent rester inactifs pendant une longue période. Dans ce but, on doit d'abord peindre au minium ou au coaltar toutes les parties accessibles du faisceau. Si certains points n'ont pu être atteints, on brûlera sous le faisceau une certaine quantité de goudron ou de coaltar dont la fumée intense se condensera, sur les surfaces froides des tubes remplis d'eau, et formera sur ces tubes une couche de suie les mettant à l'abri du contact de l'air. La fermeture hermétique de la caisse contenant le faisceau tubulaire devra, en outre, être effectuée et on placera de la chaux vive à l'intérieur. On devra visiter de temps à autre les générateurs ainsi conservés, surtout dans le but de s'assurer que le plein d'eau existe toujours.

Nickelage des appareils électriques et magnétiques. — L'Institut physico-technique d'Allemagne a eu l'occasion de faire d'intéressantes observations sur le rôle joué par le nickelage des appareils magnétiques, desquelles il résulte qu'il n'est pas déplacé de recommander la circonspection dans la coutume de cette pratique. Voici le cas qui donna lieu à cette constatation :

On avait envoyé à l'Institut, pour examen, une boussole pourvue d'une graduation dont l'aiguille aimantée modifiait son orientation par rapport au méridien magnétique, lorsqu'on tournait la boussole sur son axe. La boussole, notamment, fut tournée de 90°, de telle sorte qu'on porta d'abord la direction indique N.-S. et ensuite la direction E.-O. dans le méridien magnétique, l'orientation de l'aiguille aimantée se déplaça d'environ 8°.

On éloigna l'habitacle nickelé, cette irrégularité disparut; plus de doute, la défectuosité devait être attribuée au nickelage; après avoir dépouillé l'habitacle de sa couche de nickel, la boussole se comporta comme indemne de la présence du fer.

L'appareil était fortement nickelé; toutefois une très mince couche de nickel rendait les objets magnétiques, comme l'expérience le révéla. Un bâton de laiton absolument exempt de fer fut recouvert d'une très faible couche de nickel qui laissait encore apercevoir le laiton; néanmoins, le bâton se montra magnétique.

Naturellement, le nickelage n'est pas préjudiciable aux appareils grossiers; mais pour des instruments qui servent à des mesures plus précises, tels que les boussoles, les galvanoscopes pour les épreuves d'isolement, etc., il faut s'abstenir de tout nickelage. Cette abstention s'étend particulièrement à tous les genres d'appareils de la constitution desquels on s'efforce d'écarter la présence du fer.

Champ d'éclairage des lampes électriques. — La surface éclairée par une lampe varie naturellement suivant la hauteur à laquelle celle-ci est placée. Afin de distribuer les appareils d'éclairage d'une manière sensiblement uniforme, et par suite d'obtenir une bonne répartition de la lumière, il ne faut pas qu'un foyer à incandescence éclaire plus de :

8,0 m²	lorsqu'il est à	2,0 m	de hauteur.
7,0	—	2,5	—
6,2	—	3,0	—
6,0	—	3,5	—
5,8	—	4,0	—
5,6	—	4,5	—
5,4	—	5,5	—
5,2	—	6,0	—

Pour les lampes à arc, un appareil ayant une intensité de 800 bougies (arc de 9 à 10 ampères) peut éclairer soit une cour de 1200 à 1500 m², soit des halles de marchés et de gares ayant de 500 à 600 m². Enfin des lampes à arc ayant une intensité de 500 bougies (6 ampères) peuvent éclairer des salles d'ateliers et de fabriques de 150 m².

Méthode pratique pour observer le fonctionnement des arcs. — Placer une lentille à la hauteur de l'arc à une distance un peu inférieure au double de sa longueur focale principale, et recevoir l'image sur un écran blanc. Il est absolument nécessaire d'interposer un diaphragme entre l'arc et la lentille et de suspendre un morceau de porcelaine blanche derrière l'arc pour obtenir une belle image. On peut suivre ainsi le fonctionnement de l'arc avec la plus grande facilité.

Règle pratique pour trouver le sens du courant induit par le déplacement d'un conducteur dans un champ magnétique. (*J. A. Fleming.*) — Considérons le pouce, l'index et le médius de la main droite que nous écartons dans l'espace, en leur donnant conventionnellement comme *sens* le sens allant de l'attache du doigt à son extrémité. On place l'index dans la direction des lignes de force du champ magnétique, le pouce dans la direction du déplacement du conducteur et le médius dans la direction du conducteur, on a ainsi le sens du courant induit dans ce conducteur, par son déplacement. Si l'on veut, au contraire, déterminer le sens du mouvement d'un conducteur traversé par un courant et placé dans un champ magnétique, on se servira de la main *gauche* en plaçant le médius parallèlement au courant et dans sa direction, l'index dans la direction des lignes de force et le pouce perpendiculairement au plan formé par l'index et le médius. Le pouce indiquera alors le sens du déplacement du conducteur.

Cette règle donne facilement et rapidement le sens des courants induits dans chaque élément de conducteur d'une machine, ou le sens de la rotation produit dans un moteur par chaque élément de courant qui traverse la bobine.

DOCUMENTS OFFICIELS

LOI *du 25 juin 1895*, **concernant l'établissement des conducteurs d'énergie électrique** AUTRES QUE LES CONDUCTEURS TÉLÉGRAPHIQUES ET TÉLÉPHONIQUES

Article premier. — En dehors des voies publiques, les conducteurs électriques qui ne sont pas destinés à la transmission des signaux et de la parole, et auxquels le décret-loi du 27 décembre 1851 n'est pas dès lors applicable, pourront être établis sans autorisation ni déclaration.

Art. 2. — Les conducteurs aériens ne pourront être établis dans une zone de 10 mètres en projection horizontale de chaque côté d'une ligne télégraphique ou téléphonique sans entente préalable avec l'Administration des Postes et des Télégraphes.

En conséquence, tout établissement de conducteurs dans les conditions du paragraphe précédent devra faire l'objet d'une déclaration préalable adressée au préfet du département et au préfet de police dans le ressort de sa juridiction. Cette déclaration sera enregistrée à sa date et il en sera donné récépissé. Elle sera communiquée sans délai au chef du service local des Postes et télégraphes et transmise par les soins de ce dernier à l'administration centrale.

Le département des postes et télégraphes devra notifier, dans un délai de trois mois à partir de la déclaration, l'acceptation du projet présenté ou les modifications qu'il réclame dans l'établissement des conducteurs aériens.

En cas de non-entente, les conducteurs aériens seront établis conformément à la décision du Ministre du Commerce, de l'Industrie, des Postes et des Télégraphes, et après avis du Comité d'électricité visé par l'article 6 ci-dessous.

En cas d'urgence et en particulier dans le cas d'installation temporaire, le délai de trois mois prévu au troisième paragraphe du présent article pourra être abrégé.

Art. 3. — Le Ministre, après avis du Comité d'électricité, détermine les modifications à apporter, pour garantir les lignes, aux conducteurs existant actuellement dans la zone ci-dessus, et cela sous réserve des droits qui pourraient être acquis. Le département des Postes et des Télégraphes avisera dans un délai de six mois au plus, à partir de la promulgation de la présente loi, les exploitants dont les conducteurs devraient être modifiés. Ceux qui font usage de ces conducteurs sont tenus de se conformer aux prescriptions ministérielles dans un délai maximum d'un an à partir d'une mise en demeure adressée par le département des Postes et des Télégraphes.

Art. 4. — Aucun conducteur ne peut être établi au-dessus ou au-dessous des voies publiques sans une autorisation donnée par le préfet, sur l'avis technique des ingénieurs des Postes et des Télégraphes, et conformément aux instructions du Ministre du Commerce, de l'Industrie et des Colonies.

Art. 5. — Les dispositions ci-dessus ne concernent pas les installations de conducteurs d'énergie électrique faites pour les besoins de leur exploitation par les administrations de l'État ou par les entreprises de services publics soumises au contrôle de l'administration.

Les projets de ces installations électriques ainsi que toutes les modifications qui y seront apportées devront, sauf lorsqu'ils concerneront les chemins de fer et les voies navigables, être soumis à l'approbation du Ministre des Postes et des Télégraphes, après examen en conférence par les services intéressés.

Art. 6. — Il sera formé, près le ministère du Commerce, de l'Industrie, des Postes et des Télégraphes, un Comité d'électricité permanent, composé, pour une moitié, de représentants professionnels des grandes industries électriques de France ou des industries faisant usage des applications de l'électricité.

Les membres de ce comité et son président seront nommés par le Ministre. Le président sera choisi en dehors des membres du Comité.

Le Comité d'électricité donnera son avis sur les règles générales applicables dans les cas visés aux articles 4 et 5 ci-dessus, et sur toutes les questions qui lui seront soumises par le Ministre.

Art. 7. — Toute installation électrique devra être exploitée et entretenue de manière à n'apporter par induction, dérivation ou autrement, aucun trouble dans les transmissions télégraphiques ou téléphoniques par les lignes préexistantes.

Lorsque l'installation exigera, dans ce but, le déplacement ou la modification des lignes télégraphiques ou téléphoniques préexistantes, le Comité d'électricité sera consulté conformément aux articles 2, 3 et 6 ci-dessus. Les frais, nécessités par ces déplacements ou modifications, seront à la charge de l'exploitant.

Art. 8. — Quiconque aura contrevenu aux dispositions de la présente loi ou des règlements d'exécution sera, après une mise en demeure non suivie d'effet, puni des pénalités portées à l'article 2 du décret-loi du 27 décembre 1851.

Les contraventions seront constatées, poursuivies et réprimées dans les formes déterminées par le titre V dudit décret.

Art. 9. — Le décret du 15 mai 1888 est abrogé.

CIRCULAIRE n° 43 du 5 *septembre* 1898, relative à l'application de la loi du 25 juin 1895.

MONSIEUR LE PRÉFET,

Le décret du 15 mai 1888 rendait obligatoire la formalité de la déclaration pour les installations de conducteurs d'énergie électrique alors même qu'elles n'intéressaient ni la sécurité publique ni le service télégraphique.

La loi du 25 juin 1895 a abrogé ce décret pour lui substituer un régime plus libéral.

Distinction de cinq cas dans l'application de la loi. — Dans l'application de cette loi, il y a lieu de distinguer cinq cas :

1° Les installations faites en dehors des voies publiques et qui ne sont pas susceptibles d'atteindre les lignes télégraphiques ou téléphoniques appartenant à un service de l'État (*art. 1 et 2 de la loi*) (¹).

2° Les installations faites en dehors des voies publiques et comportant des conducteurs aériens passant dans une zone de 10 m, en projection horizontale, de chaque côté d'une ligne télégraphique ou téléphonique appartenant à un service de l'État (*art. 2 de la loi*).

3° Les installations faites au-dessus ou au-dessous des voies publiques ou sur un terrain domanial (*art. 4 de la loi*).

4° Les installations empruntant le domaine public et faites pour les besoins de leur exploitation par les administrations de l'État ou par les entreprises de services publics soumises au contrôle de l'Administration (*art. 5 de la loi*).

5° Les installations concernant les chemins de fer et les voies navigables (*art. 5 de la loi*).

Les installations de la première catégorie ne sont plus soumises à aucune formalité; chacune est libre d'établir, dans ce cas, ses lignes à ses risques et périls, quelles que soient d'ailleurs l'intensité et la tension des courants employés.

Lorsqu'il s'agit d'installations de la deuxième catégorie, on n'a le droit d'établir des conducteurs d'énergie électrique ou de modifier une installation existante qu'après une déclaration préalable adressée au Préfet du département ou au Préfet de police dans le ressort de sa juridiction.

(¹) Les lignes sont considérées comme pouvant être atteintes chaque fois que les conducteurs d'énergie électrique à poser sont aériens et passent dans une zone de 10 m en projection horizontale de chaque côté de ces lignes (*art. 2*). Cette distance de 10 m est, en effet, celle qui est nécessaire pour la protection d'une ligne au point de vue purement mécanique. Elle correspond à la plus grande hauteur au-dessus du sol des poteaux employés, de telle sorte que le renversement d'un poteau sur une ligne voisine maintenue à cette distance ne puisse l'atteindre.

Pour les installations de la troisième catégorie, une autorisation spéciale est nécessaire (*art. 4 de la loi*).

Les projets d'installations de la quatrième catégorie doivent être soumis à l'approbation du Ministre du Commerce, de l'Industrie, des Postes et des Télégraphes, après examen en conférence par les services intéressés.

Enfin les installations de la cinquième catégorie sont soumises aux seules formalités qui découlent de l'application de l'article 2 de la loi.

Les indications qui vont suivre visent uniquement le mode d'application de la loi du 25 juin 1895. Les formalités y relatives sont donc indépendantes de celles déterminées par les règlements de voirie qui demeurent entières.

Obligations du public dans le cas ou il n'y a lieu ni a déclaration ni a autorisation. (*Art. 1 et 2 de la loi.*) — Lorsque l'installation rentre dans la première catégorie et ne donne lieu ni à la déclaration ni à une autorisation, les propriétaires d'installations d'énergie électrique ne sont soumis qu'aux obligations résultant de l'article 7 de la loi qui assure la protection des lignes télégraphiques ou téléphoniques contre les troubles pouvant provenir de l'exploitation des installations d'énergie.

Formalités a remplir dans le cas de déclaration. (*Art. 2 de la loi.*) — Les propriétaires d'installations d'énergie électrique rentrant dans la deuxième catégorie indiquée plus haut, doivent adresser une déclaration au Préfet du département ou au Préfet de police dans le ressort de sa juridiction.

La date de cette déclaration forme le point de départ du délai maximum de trois mois dans lequel l'Administration doit notifier au pétitionnaire l'acceptation du projet ou les modifications qu'elle réclame.

La déclaration doit comprendre :

a. Une description détaillée du projet d'installation;

b. Un croquis sommaire ou diagramme du système de distribution;

c. Un état des renseignements conforme au modèle n° 1 annexé à la présente circulaire;

d. Un tracé de la ligne, fait à une échelle suffisante et comportant tous les détails essentiels aux points importants, tels que croisements avec les lignes télégraphiques ou téléphoniques, etc.

Vous aurez, Monsieur le Préfet, à communiquer, chaque fois, le dossier complet au directeur des Postes et des Télégraphes de votre département.

Lorsque l'ingénieur aura formulé son avis, le directeur vous renverra le dossier, soit directement, soit après communication à l'Administration centrale, lorsque la nature plus particulière des installations projetées aura paru nécessiter un examen spécial du Comité d'électricité.

L'étude du dossier sera faite en appliquant les prescriptions techniques mentionnées dans l'instruction ci-jointe et dont les termes ont été arrêtés après avis du Comité d'électricité, conformément à l'article 6 de la loi.

La communication à l'Administration centrale n'aura lieu que lorsque l'installation projetée comportera une dérogation à ces prescriptions.

Vous ferez connaître à l'intéressé l'avis ainsi établi. Il conviendra de lui rappeler en même temps que les prescriptions en sont obligatoires sauf recours de sa part au Ministre des Postes et des Télégraphes qui, dans ce cas, statuera après avis du Comité d'électricité.

FORMALITÉS A REMPLIR DANS LE CAS D'AUTORISATION. (*Art. 4 de la loi.*) — Toute installation d'énergie électrique rentrant dans cette catégorie suppose une double autorisation préalable :

1° Une autorisation des services de voirie intéressés, donnant au pétitionnaire le droit d'occuper matériellement une partie de l'espace en y établissant des conducteurs;

2° Une autorisation visant les conditions électriques dans lesquelles le courant peut circuler dans lesdits conducteurs.

A cette double autorisation correspond, en outre, un double contrôle : contrôle des conditions de voirie, contrôle des conditions électriques.

Les conditions de délivrance des autorisations de voirie sont régies par les règlements ordinaires affectant la matière, et dont l'effet demeure entier.

Les conditions de délivrance des autorisations de circulation de courant sont les suivantes :

Les propriétaires d'installations d'énergie électrique rentrant dans la troisième catégorie visée par la loi du 25 juin 1895, doivent adresser au Préfet une demande d'autorisation.

A cette demande doivent être joints :

1° Une description détaillée du projet d'installation ;

2° Un croquis sommaire ou diagramme du système de distribution ;

3° Un état des renseignements conforme au modèle n° 2 annexé à la présente circulaire ;

4° Un tracé de la ligne fait à une échelle suffisante et comportant tous les détails essentiels aux points importants, tels que croisement avec les lignes télégraphiques ou téléphoniques, voies ferrées, etc.

Vous aurez à transmettre ce dossier ainsi constitué au directeur des Postes et des Télégraphes de votre département, qui le fera examiner par l'ingénieur, comme il a été dit dans le cas précédent (*art. 4 de la loi*).

Lorsque cet ingénieur aura formulé son avis, le directeur vous renverra le dossier soit directement, soit après communication à l'Administration centrale. La communication à l'Administration centrale ne sera d'ailleurs faite que si l'installation projetée donne lieu de craindre des troubles sur les fils de l'État préexistants et s'il y a lieu, par suite, de passer avec le pétitionnaire une convention réglant les indemnités qui seraient dues par lui à l'Administration des Postes et des Télégraphes pour l'exécution des mesures de préservation nécessaires.

Vous aurez, enfin, Monsieur le Préfet, à prendre un arrêté spécial d'autorisation, pour ce qui concerne la loi du 25 juin 1895, et conforme au type joint à la présente circulaire.

Cette autorisation soumettra le permissionnaire aux conditions électriques indiquées par le service des Postes et des Télégraphes et qui, sauf exception admise après avis du Comité d'électricité, seront toujours conformes à celles énumérées dans l'instruction ci-jointe.

L'arrêté devra notamment désigner l'ingénieur des Postes et des Télégraphes chargé du contrôle des conditions électriques et faire connaître les obligations du permissionnaire, en ce qui concerne la surveillance et l'entretien de son installation.

Dès que cet arrêté aura été rendu, le permissionnaire, *muni des autorisations de voirie nécessaires*, sera libre de procéder à l'installation. Il pourra, *sous réserve des formalités à remplir vis-à-vis des services de voirie*, faire circuler son courant à la suite d'un simple avis adressé contre reçu au directeur des Postes et des Télégraphes, si l'installation est du type dit « à basse tension ». S'il s'agit d'une installation dite « à haute tension », il fera connaître au directeur la date d'achèvement de ses travaux; l'ingénieur chargé du contrôle procédera aussitôt aux essais réglementaires. Si les résultats obtenus sont satisfaisants, mention en sera faite sur le registre de contrôle à la suite des essais, et cette inscription tiendra lieu d'autorisation de mise en service.

Dans quelques cas spéciaux, s'il s'agit, par exemple, de conducteurs prenant appui sur des ouvrages appartenant aux Compagnies de chemins de fer, ou passant en dessus ou en dessous de leurs emprises, etc., il sera nécessaire de demander l'avis et l'adhésion des services intéressés. Cette mission incombe à l'ingénieur des Postes et des Télégraphes au cours de son étude du dossier; le texte d'arrêté qui vous sera proposé par le directeur sera donc toujours établi après cette entente, sans que vous ayez à provoquer de nouvelles conférences à ce sujet.

Les indications qui précèdent visent les formalités à remplir dans le cas de l'établissement d'une installation entièrement nouvelle.

Lorsqu'il s'agira d'établissement de branchements dans une installation déjà autorisée, les formalités seront encore simplifiées; il suffira que le permissionnaire adresse, contre reçu, à l'ingénieur du contrôle des conditions électriques, une demande spécifiant la longueur du branchement, la section et l'isolement des conducteurs, ainsi que tous les renseignements utiles pour définir l'emplacement choisi.

Si, dans les huit jours, le permissionnaire n'a pas reçu avis contraire et toujours sous réserve de l'exécution des formalités de voirie, il sera libre d'exécuter ses travaux.

FORMALITÉS A REMPLIR DANS LE CAS D'APPROBATION MINISTÉRIELLE. (*Art. 5 de la loi.*) — Les installations soumises à l'approbation ministérielle (*art.* 5) sont les installations de conducteurs d'énergie électrique faite pour les besoins de leur exploitation par les administrations de l'État ou par les entreprises de services publics soumises au contrôle de l'Administration.

Il convient d'entendre par là :

1° Les installations faites par les administrations de l'État pour les besoins de leur exploitation et empruntant le domaine public, c'est-à-dire autres que celles tombant sous le coup des articles 1 et 2 de la loi;

2° Les installations faites par les entreprises de services publics soumises à un contrôle électrique déjà organisé par l'État.

Vous remarquerez que cette définition comprend la plupart des installations dont la concession fait l'objet d'une loi ou d'un décret d'utilité publique, notamment les tramways électriques. Par contre, les distributions d'énergie électrique, faites pour le compte des particuliers ou pour les communes et empruntant les voies publiques, tombent sous le coup de l'article 4 de la loi, parce que le contrôle électrique de l'État ne sera organisé pour elles que par l'arrêté préfectoral d'autorisation, comme il est indiqué ci-dessus.

La procédure à suivre dans le cas des installations soumises à l'approbation ministérielle comporte :

1° La tenue d'une conférence à deux degrés entre les services intéressés, l'ingénieur des Postes et des Télégraphes représentant l'Administration au premier degré, le directeur au second degré.

Cette conférence doit être provoquée soit par le représentant de l'Administration pour le compte de laquelle est faite l'installation, soit par le représentant de l'Administration par l'intermédiaire de laquelle l'entreprise en cause a sollicité la concession du service.

Elle a pour but d'arrêter de concert, après examen des projets de l'installation, les conditions électriques qui sont imposables à celle-ci.

Lorsque la concession du service public en cause devra être faite par un décret d'utilité publique ou une loi, une première conférence sommaire devra avoir lieu, dès le début de l'instruction, de manière à faire connaître, dès l'origine, au pétitionnaire, avec toute l'approximation possible, les obligations auxquelles il aura à se soumettre au point de vue des conditions électriques;

2° L'envoi du procès-verbal de la conférence à l'Administration centrale. Cet envoi doit être accompagné d'un dossier constitué comme il a été dit plus haut, à propos des installations soumises au régime de l'autorisation;

3° La promulgation d'un arrêté pris par le Ministre du Commerce, de l'Industrie, des Postes et Télégraphes et déterminant en dernier ressort, d'une part, les conditions électriques imposables à l'installation, d'autre part, les fonctionnaires chargés par lui de vérifier que ces conditions sont bien remplies.

Cet arrêté vous sera ensuite transmis et vous aurez à en faire assurer l'exécution par les intéressés.

CAS DES INSTALLATIONS CONCERNANT LES CHEMINS DE FER ET LES VOIES NAVIGABLES. — Ainsi qu'il a été dit plus haut, les installations concernant les chemins de fer et les voies navigables ne sont soumises à aucune formalité.

Toutefois, conformément à l'article 2 de la loi, elles devront faire l'objet d'une déclaration lorsqu'elles passeront à moins de 10 m en projection horizontale d'une ligne télégraphique ou téléphonique.

MESURES A PRENDRE POUR ASSURER L'APPLICATION DE L'ARTICLE 7. — Toutes les installations électriques, sans exception, demeurent soumises aux prescriptions de l'article 7 de la loi du 25 juin 1895 et doivent être exploitées de manière à n'apporter aucun trouble dans les transmissions télégraphiques ou téléphoniques.

Lorsqu'une installation électrique trouble les transmissions télégraphiques ou téléphoniques d'une manière quelconque, le directeur du département en informe l'exploitant, le met en demeure de faire cesser le trouble immédiatement et prend, s'il y a lieu, toutes les mesures nécessaires, conformément à l'article 12 du décret-loi du 27 décembre 1851.

A partir de cette mise en demeure, l'auteur du dommage n'a plus à exciper de son ignorance. Il sait qu'il tombe sous le coup de la loi et des pénalités qu'elle édicte, s'il ne prend les mesures nécessaires pour remédier à l'état de choses qui lui est signalé.

Lorsque les troubles atteignent les lignes télégraphiques ou téléphoniques, installées postérieurement à l'établissement des conducteurs d'énergie électrique, il appartient à l'Administration des Postes et des Télégraphes d'aviser au moyen de se garantir elle-même contre ces troubles et, s'il est nécessaire, de demander des modifications à l'installation de ces conducteurs ; elle en supportera alors les frais et l'industriel ou le service public intéressé sera tenu de les exécuter.

Instruction technique jointe a la présente circulaire. — Comité d'électricité. — Ainsi qu'il a été dit précédemment, les directeurs et ingénieurs des Postes et des Télégraphes chargés d'étudier les projets d'installation qui leur seront soumis, devront se conformer aux indications contenues dans l'instruction technique jointe à la présente circulaire.

Cette instruction a été arrêtée après avis du Comité d'électricité institué par l'article 6 de la loi et qui a pour mission d'étudier, à titre consultatif, soit les prescriptions réglementaires à imposer, soit les dispositions à prendre dans chaque cas particulier, en vue de garantir le bon fonctionnement des lignes télégraphiques ou téléphoniques.

Vous devrez donner à cette instruction la plus grande publicité possible, de manière à mettre les intéressés en mesure d'en tenir compte dans l'établissement de leurs projets.

Afin de la maintenir toujours en harmonie avec les progrès de la science et les nécessités nouvelles qui en résulteront, cette instruction sera revisée chaque année après avis du Comité d'électricité.

D'une manière générale, tout particulier, en cas de désaccord avec l'Administration locale, peut en référer au Ministre. Le Comité sera toujours appelé à donner son avis sur les questions ainsi soulevées. Sa composition, dans laquelle l'industrie est si largement représentée, et la compétence de ses membres sont un sûr garant que les solutions indiquées seront de nature à sauvegarder heureusement les intérêts en jeu. Ces avis contribueront à former peu à peu une jurisprudence autorisée et il n'est pas douteux qu'à ce point de vue les prévisions du législateur ne soient pleinement justifiées.

Telles sont, Monsieur le Préfet, les dispositions destinées à assurer l'application de la loi du 25 juin 1895. Ces dispositions abrogent toutes les prescriptions d'ordre électrique autres que celles mentionnées dans les instructions ci-jointes.

Vous voudrez bien m'accuser réception de la présente circulaire et de ses annexes. Une ampliation en est également adressée à tous les directeurs des Postes et des Télégraphes.

CIRCULAIRE n° 43 *bis* relative à l'application de la loi du 25 juin 1895.

Aux termes de la circulaire n° 43 du 5 septembre 1898, l'instruction technique pour l'établissement des conducteurs d'énergie électrique doit être revisée, chaque année, après avis du Comité d'électricité. Vous trouverez ci-joint le nouveau texte de l'instruction technique tel qu'il a été adopté par le Comité d'électricité en juillet 1900.

Je vous prie de substituer ce nouveau texte à l'ancien.

En raison d'accidents graves survenus sur des installations électriques à haute tension, le Comité d'électricité a été amené à émettre l'avis qu'à l'avenir, lorsque de grands réseaux de distribution à courants alternatifs ou à courants continus à haute tension desservent un certain nombre d'agglomérations distantes les unes des autres, l'Administration exige :

1° L'existence d'un moyen de communication directe et indépendante, entre chaque agglomération importante d'abonnés desservis et la station centrale;

2° L'installation d'appareils permettant, en cas d'accident, de couper le circuit à l'entrée des conducteurs dans chaque agglomération importante soit automatiquement, soit autrement.

Il y aura lieu d'appliquer, dorénavant, ces nouvelles prescriptions et même, au cas où la sécurité publique l'exigerait, on devra les imposer aux installations existantes.

En outre, le Comité d'électricité a adopté la rédaction de la notice ci-jointe, destinée à être affichée partout où sont à craindre des accidents dus à des canalisations d'énergie électrique. Cette notice donne connaissance au public des précautions à prendre et des premières mesures à appliquer en cas d'accident; elle est rédigée dans des termes qui la mettent à la portée des personnes les moins instruites.

Elle devra être répandue à profusion dans toutes les localités parcourues par des courants électriques dangereux, et affichée sur les poteaux des lignes d'énergie et dans tous les endroits où la chute accidentelle d'un conducteur peut le mettre à la portée de la main.

Avis très important. — Lorsqu'une personne est atteinte par la chute ou le contact d'un fil électrique, les témoins ne doivent, en aucun cas, toucher le fil électrique avec les mains.

Il importe de séparer la victime du fil électrique aussitôt que possible, en se servant, pour cela, d'un morceau de bois sec (manche à balai, par exemple). Cette opération doit être faite avec de grandes précautions.

Avec le même morceau de bois, on écartera le fil s'il gêne la circulation.

Ensuite on doit courir à l'usine électrique, à la mairie, ou au poste téléphonique le plus voisin, pour faire arrêter le courant et prévenir le médecin qui traitera la victime exactement comme un noyé.

INSTRUCTION TECHNIQUE pour l'établissement des conducteurs d'énergie électrique. — (*Application de la loi du 25 juin* 1895). — Texte adopté par le *Comité technique d'électricité* en décembre 1901.

La présente instruction a pour objet de définir les conditions électriques imposables aux installations d'énergie électrique, par application de la loi du 25 juin 1895.

On désignera, dans ce qui suit :

Sous le nom d'*installations à haute tension* les installations à courant continu utilisant des tensions supérieures à 600 volts, et les installations à courants alternatifs utilisant des tensions maxima efficaces supérieures à 120 volts.

Sous le nom d'*installations à basse tension* les installations à courant continu utilisant des tensions inférieures ou égales à 600 volts, et les installations à courants alternatifs utilisant des tensions maxima efficaces inférieures ou égales à 120 volts.

CHAPITRE PREMIER. — PRESCRIPTIONS TECHNIQUES SPÉCIALES AUX CONDUCTEURS AÉRIENS.

Art. 1er. SUPPORTS. — Les supports doivent présenter toutes les garanties de solidité nécessaires.

En particulier, les supports en bois doivent être prémunis contre les actions de l'humidité ou du sol.

Art. 2. ISOLATEURS. — La distance entre deux isolateurs consécutifs ne doit pas être supérieure à 100 m, sauf exception motivée.

L'emploi des isolateurs à huile ou à simple cloche est considéré comme insuffisant dans les installations à haute tension.

Art. 3. CONDITIONS SPÉCIALES D'ÉTABLISSEMENT DES CONDUCTEURS AÉRIENS. — § 1er. *Résistance mécanique.* — Les conducteurs doivent avoir une résistance suffisante à la traction pour qu'il n'y ait aucun danger de rupture sous l'action des efforts qu'ils auront à supporter.

§ 2. *Conducteurs recouverts d'un isolant.* — Lorsqu'un conducteur est recouvert d'un isolant, la matière isolante doit avoir une épaisseur d'au moins 2 mm et être suffisamment protégée, aux points d'attache, contre la détérioration ou l'usure par le frottement.

Cette couverture doit être entretenue en bon état.

§ 3. *Interdiction de l'accès des conducteurs au public.* — *a.* Les conducteurs doivent être hors de la portée du public([1]).

b. Chaque support portera l'inscription : « Défense absolue de toucher aux fils ».

c. Dans le cas de courants continus à tensions supérieures à 600 volts ou de courants alternatifs, le permissionnaire doit munir les supports, sur une hauteur de 50 cm à partir de 2 m au-dessus du sol, de dispositions spéciales pour empêcher, autant que possible, le public d'atteindre les conducteurs.

En outre, sur les appuis d'angle, on prendra les dispositions nécessaires pour que le conducteur d'énergie électrique au cas où il viendrait à abandonner l'isolateur, soit encore retenu et ne risque pas de traîner sur le sol.

§ 4. *Traversée des voies publiques.* — Dans le cas de courants continus à tensions supérieures à 600 volts ou de courants alternatifs, un dispositif de protection sera établi au-dessous des conducteurs d'énergie électrique, dans toute la partie correspondant à la traversée des voies publiques, rivières et canaux navigables, à moins que le permissionnaire n'ait fait agréer une disposition rendant le conducteur inoffensif en cas de rupture.

La même précaution pourra être imposée dans tous les cas où la chute d'un conducteur serait susceptible de compromettre la sécurité de la circulation.

§ 5. *Traversée des lieux habités.* — Dans la traversée des lieux habités, les conducteurs d'énergie électrique sont, en outre, soumis aux règles suivantes :

Si les conducteurs de la canalisation principale prennent leur appui aux maisons riveraines, ils doivent être placés à

([1]) Arrêté du Préfet de la Seine du 26 juillet 1895, réglementant les installations intérieures alimentées par les secteurs électriques concessionnaires de la ville de Paris.

1 m au moins des façades, à 0,5 m au moins au-dessus des fenêtres les plus élevées, et, en tout cas, hors de la portée des habitants.

S'ils passent au-dessus d'un toit ils doivent en être à une distance de 2,5 m au moins.

§ 6. *Branchements particuliers.* — Les conducteurs formant branchement particulier doivent être protégés dans toutes parties où ils sont à la portée des personnes.

Art. 4. Voisinage des lignes télégraphiques et téléphoniques appartenant a l'État. — § 1. Dans tous les cas, la distance entre les conducteurs d'énergie électrique et les fils télégraphiques ou téléphoniques doit être d'un mètre au moins.

§ 2. Lorsque les conducteurs d'énergie électrique parcourus par des courants dits « à haute tension » suivent parallèlement une ligne télégraphique ou téléphonique, la distance à établir entre ces lignes devra toujours être fixée de manière qu'en aucun cas il ne puisse y avoir de contact accidentel.

Lorsque les conducteurs d'énergie seront fixés sur toute leur longueur, cette distance pourra être réduite à 1 m, comme il est dit ci-dessus (§ 1er). Dans tous les autres cas, elle ne sera jamais inférieure à 2 m.

Les distances ci-dessus (§ 1 et 2) sont d'ailleurs indiquées sous les réserves spécifiées à l'article 7 de la loi.

§ 3. Aux points de croisement et dans le cas de courants dits « à haute tension », tout contact éventuel entre les conducteurs d'énergie électrique et les fils télégraphiques ou téléphoniques préexistants sera prévenu à l'aide d'un dispositif mécanique de garde, ou, à défaut, par une modification des lignes de l'État.

En outre, l'Administration établira, si elle le juge nécessaire, aux frais dudit permissionnaire, des coupe-circuits spéciaux sur les fils télégraphiques ou téléphoniques intéressés.

§ 4. Si l'Administration vient à établir ultérieurement des lignes télégraphiques ou téléphoniques croisant les conducteurs d'énergie électrique, les frais résultant des mesures de précaution indiquées ci-dessus seront à la charge de l'Administration et le permissionnaire sera tenu d'exécuter les travaux qui lui seront indiqués.

Art. 5. ISOLEMENT ÉLECTRIQUE DE L'INSTALLATION. — L'ensemble des conducteurs aériens de l'installation sera établi de manière à présenter un isolement kilométrique minimum de 5 mégohms, s'il s'agit d'installations dites « à haute tension » ou de 1 mégohm, s'il s'agit d'installations dites « à basse tension ».

Dans l'appréciation de cette valeur, minimum d'isolement, les agents contrôleurs devront d'ailleurs tenir compte de l'ensemble des mesures périodiques qui doivent être réglementairement effectuées par les exploitants.

CHAPITRE II. — PRESCRIPTIONS TECHNIQUES SPÉCIALES AUX CONDUCTEURS SOUTERRAINS.

Art. 6. CONDITIONS GÉNÉRALES D'ÉTABLISSEMENT DES CONDUCTEURS SOUTERRAINS. — § 1er. *Protection mécanique.* — Les conducteurs d'énergie électrique souterrains doivent être protégés mécaniquement contre les avaries que pourraient leur occasionner le tassement des terres, le contact des corps durs ou le choc des outils en cas de fouille.

§ 2. *Conducteurs électriques placés dans une conduite métallique.* — Dans tous les cas où les conducteurs d'énergie électrique sont placés dans une enveloppe ou conduite métallique, ils doivent être isolés avec le même soin que s'ils étaient placés directement dans le sol.

§ 3. *Précautions contre l'introduction des eaux.* — Les conduites, quelle que soit leur nature, doivent être établies de manière à éviter, autant que possible, l'introduction des eaux. En tout cas, des précautions doivent être prises pour assurer la prompte évacuation des eaux et le drainage des fouilles.

§ 4. *Passage sur des ouvrages métalliques.* — Lorsque les câbles seront installés sur un ouvrage métallique, l'établissement de boîtes de coupure aux deux extrémités de l'ouvrage pourra être exigé de manière à permettre de vérifier aisément si le tronçon ainsi constitué présente la résistance d'isolement prescrite par l'article 11 ci-dessous.

Art. 7. Voisinage des conduites de gaz. — Lorsque, dans le voisinage des conducteurs d'énergie électrique, il existe des conduites de gaz et que ces conducteurs ne sont pas placés directement dans le sol, le permissionnaire doit prendre les mesures nécessaires pour assurer la ventilation régulière de la conduite renfermant les câbles électriques et éviter l'accumulation des gaz.

Art. 8. Voisinage des conduites télégraphiques et téléphoniques. — § 1. Lorsque les conducteurs d'énergie électrique suivent une direction commune avec une ligne télégraphique ou téléphonique, une distance d'au moins 1 m en projection horizontale doit exister entre ces conducteurs et la ligne télégraphique ou téléphonique, sous les réserves spécifiées à l'article 7 de la loi.

§ 2. Aux points de croisement, les conducteurs d'énergie électrique doivent être placés à une distance minimum de 0,50 m des conduites télégraphiques ou téléphoniques, à moins que la canalisation ne présente en ces points les mêmes garanties, aux points de vue de la sécurité publique, de l'induction et des dérivations, que les câbles concentriques ou cordés, à enveloppe de plomb et armés.

Art. 9. Regards. — Les regards établis par le permissionnaire ne doivent renfermer ni tuyaux d'eau, de gaz, d'air comprimé, etc., ni conducteurs d'électricité appartenant à un autre permissionnaire.

Les regards doivent être disposés de manière à pouvoir être ventilés.

Les plaques des regards doivent être convenablement isolées par rapport aux conducteurs d'énergie électrique.

Art. 10. Branchements. — Les conducteurs d'énergie électrique formant branchements particuliers doivent être recouverts d'un isolant protégé mécaniquement d'une façon suffisante, soit par l'armature du câble conducteur, soit par des conduites en matière résistante et durable.

Art. 11. Isolement électrique de l'installation. — Le réseau de conducteurs doit être disposé de telle manière qu'on puisse débrancher les canalisations privées et diviser en tronçons la canalisation principale.

La résistance absolue d'isolement de chaque tronçon entre les conducteurs et la terre, exprimée en ohms, ne doit jamais être numériquement inférieure à cinq fois le carré de la plus grande différence de potentiel efficace entre les conducteurs, exprimée en volts.

Chapitre III. — Tramways a traction électrique.

Art. 12. Voies. — La conductibilité de la voie devra être assurée dans les meilleures conditions possibles.

La perte de charge kilométrique le long de la voie ne devra pas dépasser 1 volt. Toutefois, dans certains cas particuliers, une perte de charge supérieure pourra être autorisée. Dans tous les cas, des précautions spéciales pourront, en outre, être prescrites en vue de protéger les masses métalliques de toute nature contre l'action des courants de retour.

Lorsque la voie passera sur un ouvrage métallique, elle devra être, autant que possible, isolée électriquement du sol dans la traversée de l'ouvrage. Les connexions devront être établies de telle sorte que la chute de potentiel entre les deux extrémités de l'ouvrage ne dépasse pas, en marche normale, 0,25 volt. Des mesures d'espèce pourront enfin être prescrites en vue d'atténuer la différence de potentiel entre la masse de l'ouvrage et le sol toutes les fois que cela sera jugé nécessaire.

Les limites indiquées ci-dessus devront s'appliquer uniquement aux pertes de charge moyennes rapportées à la durée de marche.

Art. 13. Fil de trolley. — Des dispositifs destinés à protéger mécaniquement les lignes télégraphiques ou téléphoniques contre les contacts avec le fil de trolley devront être établis à tous les points de croisement.

Art. 13 *bis*. — Les fils de suspension du conducteur de trolley doivent être isolés avec soin de ce conducteur et de la terre.

Art. 14. Cas particulier du montage avec fil neutre. — L'emploi de deux fils de trolley supportés par un même appui sera admis lorsque le montage de l'installation comportera l'emploi des voies de retour comme fil neutre.

Art. 15. Prescriptions générales. — Sous réserves des prescriptions ci-dessus, il sera fait application aux installations de tramways de toutes les dispositions énoncées dans les chapitres I et II, et applicables en l'espèce.

Chapitre IV. — Dispositions générales.

Art. 16. Il est interdit d'employer la terre comme partie du circuit.

Art. 17. Transformateurs. — Toutes les parties accessibles des transformateurs devront être mises soigneusement à la terre.

L'isolement entre chacun de leurs circuits ainsi qu'entre le primaire et la terre ne devra jamais être inférieur à 100 mégohms, mesuré à froid (15° environ) ou 10 mégohms, mesuré à chaud (70° environ).

Art. 18. Voisinage des poudreries et poudrières. — Aucun conducteur d'énergie électrique ne peut être établi à moins de 20 m d'une poudrerie ou d'un magasin à poudre, à munitions ou à explosifs, si ce conducteur est aérien, de 10 m si ce conducteur est souterrain.

Cette distance se compte à partir de la clôture qui entoure la poudrerie ou du mur d'enceinte spécial qui entoure le magasin. Si ce mur n'existe pas, on devra considérer comme limite dudit magasin :

1° Le pied du talus des massifs de terre recouvrant les locaux, si ceux-ci sont enterrés;

2° Les points où émergent les gaines ou couloirs qui mettent les locaux en communication avec l'extérieur, si ceux-ci sont souterrains.

Art. 19. Exceptions. — Les demandes relatives à des installations comportant des tensions égales ou supérieures à 10 000 volts ou des dispositions techniques non prévues dans la présente instruction, ou des dérogations à cette instruction, sont réservées à l'examen et à la décision de l'Administration supérieure.

Art. 20. Responsabilité du permissionnaire. — Il demeure entendu que, nonobstant les autorisations obtenues et l'application des dispositions ci-dessus, le permissionnaire est responsable vis-à-vis des tiers des accidents qui résulteraient de ses travaux ou de la présence de ses conduites et des conducteurs d'énergie électrique qu'elles contiennent.

DÉCRET *du* 30 *avril* 1880, **portant règlement d'administration publique sur les chaudières à vapeur autres que celles placées à bord des bateaux.**

Article premier. — Sont soumis aux formalités et aux mesures prescrites par le présent règlement : 1° les générateurs de vapeur, autres que ceux qui sont placés à bord des bateaux; 2° les récipients définis ci-après (titre V).

Titre premier. — Mesures de sûreté relatives aux chaudières placées à demeure.

Art. 2. — Aucune chaudière neuve ne peut être mise en service qu'après avoir subi l'épreuve réglementaire ci-après définie. Cette épreuve doit être faite chez le constructeur et sur sa demande.

Toute chaudière venant de l'étranger est éprouvée avant sa mise en service, sur le point du territoire français désigné par le destinaire dans sa demande.

Art. 3. — Le renouvellement de l'épreuve peut être exigé de celui qui fait usage d'une chaudière :

1° Lorsque la chaudière, ayant déjà servi, est l'objet d'une nouvelle installation;

2° Lorsqu'elle a subi une réparation notable;

3° Lorsqu'elle est remise en service après un chômage prolongé.

A cet effet, l'intéressé devra informer l'ingénieur des mines de ces diverses circonstances, en particulier si l'épreuve exige la démolition du massif du fourneau ou l'enlèvement de l'enveloppe de la chaudière et un chômage plus ou moins prolongé. Cette épreuve pourra ne point être exigée lorsque des renseignements authentiques sur l'époque et les résultats de la dernière visite, intérieure et extérieure, constitueront une présomption suffisante en faveur du bon état de la chaudière. Pourront être notamment considérés comme renseignements probants les certificats délivrés aux membres des associations de propriétaires d'appareils à vapeur par celles de ces associations que le Ministre aura désignées.

Le renouvellement de l'épreuve est exigible également lorsque, à raison des conditions dans lesquelles une chaudière fonctionne, il y a lieu, pour l'ingénieur des mines, d'en suspecter la solidité.

Dans tous les cas, lorsque celui qui fait usage d'une chaudière contestera la nécessité d'une nouvelle épreuve, il sera, après une instruction où celui-ci sera entendu, statué par le Préfet.

En aucun cas, l'intervalle entre deux épreuves consécutives n'est supérieur à dix années. Avant l'expiration de ce délai, celui qui fait usage d'une chaudière à vapeur doit lui-même demander le renouvellement de l'épreuve.

Art. 4. — L'épreuve consiste à soumettre la chaudière à une pression hydraulique supérieure à la pression effective qui ne doit point être dépassée dans le service. Cette pression d'épreuve sera maintenue pendant le temps nécessaire à l'examen de la chaudière, dont toutes les parties doivent pouvoir être visitées.

La surcharge d'épreuve par centimètre carré est égale à la pression effective, sans jamais être inférieure à un 1/2 kg ni supérieure à 6 kg.

L'épreuve est faite sous la direction de l'ingénieur des mines et en sa présence, ou, en cas d'empêchement, en présence du garde-mine opérant d'après ses instructions.

Elle n'est pas exigée pour l'ensemble d'une chaudière dont les diverses parties, éprouvées séparément, ne doivent être réunies que par des tuyaux placés, sur tout leur parcours, en dehors du foyer et des conduits de flamme, et dont les joints peuvent être facilement démontés.

Le chef de l'établissement où se fait l'épreuve fournit la main-d'œuvre et les appareils nécessaires à l'opération.

Art. 5. — Après qu'une chaudière ou partie de chaudière a été éprouvée avec succès, il y est apposé un timbre indiquant, en kilogrammes par centimètre carré, la pression effective que la vapeur ne doit pas dépasser.

Les timbres sont poinçonnés et reçoivent trois nombres indiquant le jour, le mois et l'année de l'épreuve.

Un de ces timbres est placé de manière à être toujours apparent après la mise en place de la chaudière.

Art. 6. — Chaque chaudière est munie de deux soupapes de sûreté, chargées de manière à laisser la vapeur s'écouler dès que sa pression effective atteint la limite maximum indiquée par le timbre réglementaire.

L'orifice de chacune des soupapes doit suffire à maintenir, celle-ci étant au besoin convenablement déchargée ou soulevée et quelle que soit l'activité du feu, la vapeur dans la chaudière à un degré de pression qui n'excède, pour aucun cas, la limite ci-dessus.

Le constructeur est libre de répartir, s'il le préfère, la section totale d'écoulement nécessaire des deux soupapes réglementaires entre un plus grand nombre de soupapes.

Art. 7. — Toute chaudière est munie d'un manomètre en bon état placé en vue du chauffeur et gradué de manière à indiquer en kilogrammes la pression effective de la vapeur dans la chaudière.

Une marque très apparente indique sur l'échelle du manomètre la limite que la pression effective ne doit pas dépasser.

La chaudière est munie d'un ajutage terminé par une bride de 4 cm (0,04 m) de diamètre et 5 mm (0,005 m) d'épaisseur disposée pour recevoir le manomètre vérificateur.

Art. 8. — Chaque chaudière est munie d'un appareil de retenue, soupape ou clapet, fonctionnant automatiquement et placé au point d'insertion du tuyau d'alimentation qui lui est propre.

Art. 9. — Chaque chaudière est munie d'une soupape ou d'un robinet d'arrêt de vapeur placé, autant que possible, à l'origine du tuyau de conduite de vapeur, sur la chaudière même.

Art. 10. — Toute paroi en contact par une de ses faces avec la flamme doit être baignée par l'eau sur sa surface opposée.

Le niveau de l'eau doit être maintenu dans chaque chaudière, à une hauteur de marche telle qu'il soit, en toute circonstance, à 6 cm (0,06 m) au moins au-dessus du plan pour lequel la condition précédente cesserait d'être remplie. La position limite sera indiquée d'une manière très apparente, au voisinage du tube de niveau mentionné à l'article suivant.

Les prescriptions énoncées au présent article ne s'appliquent point :

1° Aux surchauffeurs de vapeur distincts de la chaudière ;

2° A des surfaces relativement peu étendues et placées de manière à ne jamais rougir, même lorsque le feu est poussé à son maximum d'activité, tels que les tubes ou parties de cheminée qui traversent le réservoir de vapeur, en envoyant directement à la cheminée principale les produits de la combustion.

Art. 11. — Chaque chaudière est munie de deux appareils indicateurs du niveau de l'eau, indépendants l'un de l'autre, et placés en vue de l'ouvrier chargé de l'alimentation.

L'un de ces deux indicateurs est un tube en verre, disposé de manière à pouvoir être facilement nettoyé et remplacé au besoin.

Pour les chaudières verticales de grande hauteur, le tube en verre est remplacé par un appareil disposé de manière à reporter en vue de l'ouvrier chargé de l'alimentation l'indication du niveau de l'eau dans la chaudière.

TITRE II. — ÉTABLISSEMENT DES CHAUDIÈRES A VAPEUR PLACÉES A DEMEURE.

Art. 12. — Toute chaudière à vapeur destinée à être employée à demeure ne peut être mise en service qu'après une déclaration adressée par celui qui fait usage du générateur, au Préfet du département. Cette déclaration est enregistrée à sa date. Il en est donné acte. Elle est communiquée sans délai à l'ingénieur en chef des mines.

Art. 13. — La déclaration fait connaître avec précision :

1. Le nom et le domicile du vendeur de la chaudière ou l'origine de celle-ci ;

2. La commune et le lieu où elle est établie ;

3. La forme, la capacité et la surface de chauffe ;

4. Le numéro du timbre réglementaire ;

5. Un numéro distinctif de la chaudière, si l'établissement en possède plusieurs ;

6. Enfin, le genre d'industrie et l'usage auquel elle est destinée.

Art. 14. — Les chaudières sont divisées en trois catégories.

Cette classification est basée sur le produit de la multiplication du nombre exprimant en mètres cubes la capacité totale de la chaudière (avec ses bouilleurs et ses réchauffeurs alimentaires, mais sans y comprendre les surchauffeurs de vapeur) par le nombre exprimant en degrés centigrades l'excès de la température de l'eau correspondant à la pression indiquée par le timbre réglementaire sur la température de 100°, conformément à la table annexée au présent décret.

Si plusieurs chaudières doivent fonctionner ensemble dans un même emplacement, et si elles ont entre elles une communication quelconque, directe ou indirecte, on prend, pour former le produit comme il vient d'être dit, la somme des capacités de ces chaudières.

Les chaudières sont de la première catégorie, quand le produit est plus grand que 200 ; de la deuxième, quand le produit n'excède pas 200, mais surpasse 50 ; de la troisième, si le produit n'excède pas 50.

Art. 15. — Les chaudières comprises dans la première catégorie doivent être établies en dehors de toute maison d'habitation et de tout atelier surmonté d'étages. N'est pas considérée comme un étage, au-dessus de l'emplacement d'une chaudière, une construction dans laquelle ne se fait aucun travail nécessitant la présence d'un personnel à poste fixe.

Art. 16. — Il est interdit de placer une chaudière de première catégorie à moins de trois mètres (3 m) d'une maison d'habitation.

Lorsqu'une chaudière de première catégorie est placée à moins de dix mètres (10 m) d'une maison d'habitation, elle en est séparée par un mur de défense.

Ce mur, en bonne et solide maçonnerie, est construit de manière à défiler la maison par rapport à tout point de la chaudière distant de moins de dix mètres (10 m), sans toutefois que sa hauteur dépasse d'un mètre (1 m) la partie la plus élevée de la chaudière. Son épaisseur est égale au tiers au moins de sa hauteur, sans que cette épaisseur puisse être inférieure à un mètre (1 m) en couronne. Il est séparé du mur de la maison voisine par un intervalle libre de trente centimètres (0,30 m) de largeur au moins.

L'établissement d'une chaudière de première catégorie à la distance de dix mètres (10 m) ou plus d'une maison d'habitation, n'est assujetti à aucune condition particulière.

Les distances de trois mètres (3 m) et de dix mètres (10 m), fixées ci-dessus, sont réduites respectivement à un mètre cinquante centimètres et à cinq mètres, lorsque la chaudière est enterrée de façon que la partie supérieure de ladite chaudière se trouve à un mètre (1 m) en contre-bas du sol, du côté de la maison voisine.

Art. 17. — Les chaudières comprises dans la deuxième catégorie peuvent être placées dans l'intérieur de tout atelier, pourvu que l'atelier ne fasse pas partie d'une maison d'habitation.

Les foyers sont séparés des murs des maisons voisines par un intervalle libre d'un mètre au moins.

Art. 18. — Les chaudières de troisième catégorie peuvent être établies dans un atelier quelconque, même lorsqu'il fait partie d'une maison d'habitation.

Les foyers sont séparés des murs des maisons voisines par un intervalle libre de cinquante centimètres au moins.

Art. 19. — Les conditions d'emplacement prescrites pour les chaudières à demeure, par les précédents articles, ne sont pas applicables aux chaudières pour l'établissement desquelles il aura été satisfait au décret du 25 janvier 1865, antérieurement à la promulgation du présent règlement.

Art. 20. — Si, postérieurement à l'établissement d'une chaudière, un terrain contigu vient à être affecté à la construction d'une maison d'habitation, celui qui fait usage de la chaudière devra se conformer aux mesures prescrites par les articles 16, 17 et 18, comme si la maison avait été construite avant l'établissement de la chaudière.

Art. 21. — Indépendamment des mesures générales de sûreté prescrites au titre 1er et de la déclaration prévue par les articles 12 et 13, les chaudières à vapeur fonctionnant dans l'intérieur des mines sont soumises aux conditions que pourra prescrire le Préfet, suivant les cas, et sur le rapport de l'ingénieur des mines.

Titre III. — Chaudières locomobiles.

Art. 22. — Sont considérées comme locomobiles les chaudières à vapeur qui peuvent être transportées facilement d'un lieu dans un autre, n'exigent aucune construction pour fonctionner sur un point donné et ne sont employées que d'une manière temporaire à chaque station.

Art. 23. — Les dispositions des articles 2 à 11 inclusivement du présent décret sont applicables aux chaudières locomobiles.

Art. 24. — Chaque chaudière porte une plaque sur laquelle sont gravés, en caractères très apparents, le nom et le domicile du propriétaire et un numéro d'ordre, si ce propriétaire possède plusieurs chaudières locomobiles.

Art. 25. — Elle est l'objet de la déclaration prescrite par les articles 12 et 13. Cette déclaration est adressée au Préfet du département où est le domicile du propriétaire.

L'ouvrier chargé de la conduite devra représenter, à toute réquisition, le récépissé de cette déclaration.

Titre IV. — Chaudières des machines locomotives.

Art. 26. — Les machines à vapeur locomotives sont celles qui, sur terre, travaillent en même temps qu'elles se déplacent par leur propre force, telles que les machines de chemins de fer et des tramways, les machines routières, les rouleaux compresseurs, etc.

Art. 27. — Les dispositions des articles 2 à 8 inclusivement et celles des articles 11 et 24 sont applicables aux chaudières des machines locomotives.

Art. 28. — Les dispositions de l'article 5, § 1er, s'appliquent également à ces chaudières.

Art. 29. — La circulation des machines locomotives a lieu dans les conditions déterminées par les règlements spéciaux.

Titre V. — Récipients.

Art. 30. — Sont soumis aux dispositions suivantes les récipients de formes diverses, d'une capacité de plus de 100 litres, au moyen desquels les matières à élaborer sont chauffées, non directement au feu nu, mais par de la vapeur empruntée à un générateur distinct, lorsque leur communication avec l'atmosphère n'est point établie par des moyens excluant toute pression effective nettement appréciable.

Art. 31. — Ces récipients sont assujettis à la déclaration prescrite par les articles 12 et 13.

Ils sont soumis à l'épreuve, conformément aux articles 2, 3, 4 et 5. Toutefois, la surchage d'épreuve sera, dans tous les cas, égale à la moitié de la pression maximum à laquelle l'appareil doit fonctionner, sans que cette surcharge puisse excéder 4 kg par centimètre carré.

Art. 32. — Ces récipients sont munis d'une soupape de sûreté réglée pour la pression indiquée par le timbre, à moins que cette pression ne soit égale ou supérieure à celle fixée pour la chaudière alimentaire.

L'orifice de cette soupape, convenablement déchargée ou soulevée au besoin, doit suffire à maintenir, pour tous les cas, la vapeur dans le récipient à un degré de pression qui n'excède pas la limite du timbre.

Elle peut être placée soit sur le récipient lui-même, soit sur le tuyau d'arrivée de la vapeur, entre le robinet et le récipient.

Art. 33. — Les dispositions des articles 30, 31 et 32 s'appliquent également aux réservoirs dans lesquels de l'eau à haute température est emmagasinée, pour fournir ensuite un dégagement de vapeur ou de chaleur, quel qu'en soit l'usage.

Art. 34. — Un délai de six mois, à partir de la promulgation du présent décret, est accordé pour l'exécution des quatre articles qui précèdent.

Titre VI. — Dispositions générales.

Art. 35. — Le Ministre peut, sur le rapport des ingénieurs des mines, l'avis du Préfet et celui de la Commission centrale des machines à vapeur, accorder dispense de tout ou partie des prescriptions du présent décret, dans tous les cas où, à raison soit de la forme, soit de la faible dimension des appareils, soit de la position spéciale des pièces contenant de la vapeur, il serait reconnu que la dispense ne peut pas avoir d'inconvénient.

Art. 36. — Ceux qui font usage de générateurs ou de récipients de vapeur veilleront à ce que ces appareils soient entretenus constamment en bon état de service.

A cet effet, ils tiendront la main à ce que des visites complètes, tant à l'intérieur qu'à l'extérieur, soient faites à des intervalles rapprochés pour constater l'état des appareils et assurer l'exécution, en temps utile, des réparations ou remplacements nécessaires.

Ils devront informer les ingénieurs des réparations notables faites aux chaudières et aux récipients, en vue de l'exécution des articles 3 (1°, 2° et 3°) et 31, § 2.

Art. 37. — Les contraventions au présent règlement sont constatées, poursuivies et réprimées conformément aux lois.

Art. 38. — En cas d'accident ayant occasionné la mort ou des blessures, le chef de l'établissement doit prévenir immédiatement l'autorité chargée de la police locale et l'ingénieur des mines chargé de la surveillance. L'ingénieur se rend sur les lieux, dans le plus bref délai, pour visiter les appareils, en constater l'état et rechercher les causes de l'accident. Il rédige sur le tout :

1° Un rapport qu'il adresse au Procureur de la République, et dont une expédition est transmise à l'ingénieur en chef, qui fait parvenir son avis à ce magistrat.

2° Un rapport qui est adressé au Préfet, par l'intermédiaire et avec l'avis de l'ingénieur en chef.

En cas d'accident n'ayant occasionné ni mort, ni blessure, l'ingénieur des mines seul est prévenu; il rédige un rapport qu'il envoie, par l'intermédiaire et avec l'avis de l'ingénieur en chef, au Préfet.

En cas d'explosion, les constructions ne doivent point être réparées et les fragments de l'appareil rompu ne doivent point être déplacés ou dénaturés avant la constatation de l'état des lieux par l'ingénieur.

Art. 39. — Par exception, le Ministre pourra confier la surveillance des appareils à vapeur aux ingénieurs ordinaires et aux conducteurs des ponts et chaussées, sous les ordres de l'ingénieur en chef des mines de la circonscription.

Art. 40. — Les appareils à vapeur qui dépendent des services spéciaux de l'État sont surveillés par les fonctionnaires et agents de ces services.

Art. 41. — Les attributions conférées aux Préfets des départements par le présent décret sont exercées par le Préfet de police dans toute l'étendue de son ressort.

Art. 42. — Est rapporté le décret du 25 janvier 1865.

Art. 43. — Le Ministre des travaux publics est chargé de l'exécution du présent décret, qui sera inséré au *Bulletin des Lois*.

DÉCRET du 10 *mars* 1894 portant règlement d'administration publique pour l'application de la loi du 12 juin 1893 en ce qui concerne les mesures d'hygiène, de salubrité et de protection à prendre dans les manufactures, fabriques, usines et ateliers de tous genres.

Article premier. — Les emplacements affectés au travail dans les manufactures, fabriques, usines, chantiers, ateliers de tous genres et leurs dépendances seront tenus en état constant de propreté. Le sol sera nettoyé à fond au moins une fois par jour avant l'ouverture ou après la clôture du travail, mais jamais pendant le travail. Ce nettoyage sera fait soit par un lavage, soit à l'aide de brosses ou de linges humides si les conditions de l'industrie ou la nature du revêtement du sol s'opposent au lavage. Les murs et les plafonds seront l'objet de fréquents nettoyages : les enduits seront refaits toutes les fois qu'il sera nécessaire.

Art. 2. — Dans les locaux où l'on travaille des matières organiques altérables, le sol sera rendu imperméable et toujours bien nivelé ; les murs seront recouverts d'un enduit permettant un lavage efficace.

En outre, le sol et les murs seront lavés aussi souvent qu'il sera nécessaire avec une solution désinfectante. Un lessivage à fond avec la même solution sera fait au moins une fois par an.

Les résidus putrescibles ne devront jamais séjourner dans les locaux affectés au travail et seront enlevés au fur et à mesure.

Art. 3. — L'atmosphère des ateliers et de tous les autres locaux affectés au travail sera tenue constamment à l'abri de toute émanation provenant d'égouts, fossés, puisards, fosses d'aisances ou de toute autre source d'infection.

Dans les établissements qui déverseront les eaux résiduaires ou de lavage dans un égout public ou privé, toute communication entre l'égout et l'établissement sera munie d'un intercepteur hydraulique fréquemment nettoyé et abondamment lavé au moins une fois par jour.

Les travaux dans les puits, conduites de gaz, canaux de fumée, fosses d'aisances, cuves ou appareils quelconques pouvant contenir des gaz délétères ne seront entrepris qu'après que l'atmosphère aura été assainie par une ventilation efficace. Les ouvriers, appelés à travailler dans ces conditions, seront attachés par une ceinture de sûreté.

Art. 4. — Les cabinets d'aisances ne devront pas communiquer directement avec les locaux fermés où seront employés des ouvriers. Ils seront éclairés, abondamment pourvus d'eau, munis de cuvettes avec inflexion siphoïde du tuyau de chute. Le sol, les parois seront en matériaux imperméables, les peintures seront d'un ton clair.

Il y aura au moins un cabinet pour cinquante personnes et des urinoirs en nombre suffisant.

Aucun puits absorbant, aucune disposition analogue ne pourra être établie qu'avec l'autorisation de l'administration supérieure et dans les conditions qu'elle aura prescrites.

Art. 5. — Les locaux fermés affectés au travail ne seront jamais encombrés ; le cubo d'air par ouvrier ne pourra être inférieur à 6 m³.

Ils seront largement aérés. Ces locaux, leurs dépendances et notamment les passages et escaliers, seront convenablement éclairés.

Art. 6. — Les poussières ainsi que les gaz incommodes, insalubres ou toxiques, seront évacués directement au dehors de l'atelier au fur et à mesure de leur production.

Pour les buées, vapeurs, gaz, poussières légères, il sera installé des hottes avec cheminées d'appel ou tout autre appareil d'élimination efficace.

Pour les poussières déterminées par les meules, les batteurs, les broyeurs et tous autres appareils mécaniques, il sera installé, autour des appareils, des tambours en communication avec une ventilation aspirante énergique.

Pour les gaz lourds, tels que vapeurs de mercure, de sulfure de carbone, la ventilation aura lieu *per descensum* : les tables ou appareils de travail seront mis en communication directe avec le ventilateur.

La pulvérisation des matières irritantes ou toxiques ou autres opérations, telles que le tamisage et l'embarillage de ces matières, se feront mécaniquement en appareils clos.

L'air des ateliers sera renouvelé de façon à rester dans l'état de pureté nécessaire à la santé des ouvriers.

Art. 7. — Pour les industries désignées par arrêté ministériel, après avis du Comité consultatif des arts et manufactures, les vapeurs, les gaz incommodes et insalubres et les poussières seront condensés ou détruits.

Art. 8. — Les ouvriers ne devront point prendre leurs repas dans les ateliers ni dans aucun local affecté au travail.

Les patrons mettront à la disposition de leur personnel les moyens d'assurer la propreté individuelle, vestiaires avec lavabos, ainsi que l'eau de bonne qualité pour la boisson.

Art. 9. — Pendant les interruptions de travail pour les repas, les ateliers seront évacués et l'air en sera entièrement renouvelé.

Art. 10. — Les moteurs à vapeur, à gaz, les moteurs électriques, les roues hydrauliques, les turbines, ne seront accessibles qu'aux ouvriers affectés à leur surveillance. Ils seront isolés par des cloisons ou barrières de protection.

Les passages entre les machines, mécanismes, outils mus par ces moteurs, auront une largeur d'au moins 80 cm : le sol des intervalles sera nivelé.

Les escaliers seront solides et munis de fortes rampes.

Les puits, trappes, cuves, bassins, réservoir de liquides corrosifs ou chauds, seront pourvus de solides barrières ou garde-corps.

Les échafaudages seront munis, sur toutes leurs faces, de garde-corps de 90 cm de haut.

Art. 11. — Les monte-charge, ascenseurs, élévateurs, seront guidés et disposés de manière que la voie de la cage du monte-charge et des contrepoids soit fermée; que la fermeture du puits à l'entrée des divers étages ou galeries s'effectue automatiquement; que rien ne puisse tomber du monte-charge dans le puits.

Pour les monte-charge destinés à transporter le personnel, la charge devra être calculée au tiers de la charge admise pour le transport des marchandises, et les monte-charge seront pourvus de freins, chapeaux, parachutes ou autres appareils préservateurs.

Art. 12. — Toutes les pièces saillantes mobiles et autres parties dangereuses des machines, et notamment les bielles, roues, volants, les courroies et câbles, les engrenages, les cylindres et cônes de frictions ou tous autres organes de transmission qui seraient reconnus dangereux seront munis de dispositifs protecteurs, tels que gaines et chéneaux de bois ou de fer, tambours pour les courroies et les bielles, ou de couvre-engrenage, garde-mains, grillages.

Les machines-outils à instruments tranchants, tournant à grande vitesse, telles que machines à scier, fraiser, raboter, découper, hacher, les cisailles, coupe-chiffons et autres engins semblables, seront disposés de telle sorte que les ouvriers ne puissent, de leur poste de travail, toucher involontairement les instruments tranchants.

Sauf le cas d'arrêt du moteur, le maniement des courroies sera toujours fait par le moyen de systèmes tels que monte-courroie, porte-courroie, évitant l'emploi direct de la main.

On devra prendre, autant que possible, des dispositions telles qu'aucun ouvrier ne soit habituellement occupé à un travail quelconque dans le plan de rotation ou aux abords immédiats d'un volant, d'une meule ou de tout autre engin pesant et tournant à grande vitesse.

Art. 13. — La mise en train et l'arrêt des machines devront être toujours précédés d'un signal convenu.

Art. 14. — L'appareil d'arrêt des machines motrices sera toujours placé sous la main des conducteurs qui dirigent ces machines. Les contremaîtres ou chefs d'atelier, les conducteurs de machines-outils, métiers, etc., auront à leur portée le moyen de demander l'arrêt des moteurs.

Art. 15. — Des dispositifs de sûreté devront être installés dans la mesure du possible pour le nettoyage et le graissage des transmissions ou mécanismes en marche.

En cas de réparation d'un organe mécanique quelconque, son arrêt devra être assuré par un calage convenable de l'embrayage ou du volant : il en sera de même pour les opérations de nettoyages qui exigent l'arrêt des organes mécaniques.

Art. 16. — Les sorties des ateliers sur les cours, vestibules, escaliers et autres dépendances intérieures de l'usine doivent être munies de portes s'ouvrant de dedans en dehors. Ces sorties seront assez nombreuses pour permettre l'évacuation rapide de l'atelier; elles seront toujours libres et ne devront jamais être encombrées de marchandises, de matières en dépôt ni d'objets quelconques. Le nombre des escaliers sera calculé de manière que l'évacuation de tous les étages d'un corps de bâtiment contenant des ateliers puisse se faire immédiatement. Dans les ateliers occupant plusieurs étages, la construction d'un escalier extérieur incombustible pourra, si la sécurité l'exige, être prescrite par une décision du Ministre du commerce, après avis du Comité des arts et manufactures.

Les récipients pour l'huile ou le pétrole servant à l'éclairage seront placés dans des locaux séparés et jamais au voisinage des escaliers.

Art. 17. — Les machines dynamos devront être isolées électriquement. Elles ne seront jamais placées dans un atelier où des corps explosifs, des gaz détonants ou des poussières inflammables se manient ou se produisent.

Les conducteurs électriques placés en plein air pourront rester nus; dans ce cas, ils devront être portés par des isolateurs de porcelaine ou de verre; ils seront écartés des masses métalliques, telles que gouttières, tuyaux de descente, etc.

A l'intérieur des ateliers, les conducteurs nus destinés à des prises de courant sur leur parcours seront écartés des murs, hors de la portée de la main, et convenablement isolés.

Les autres conducteurs seront protégés par les enveloppes isolantes.

Toutes précautions seront prises pour éviter l'échauffement des conducteurs à l'aide de coupe-circuits et autres dispositifs analogues.

Art. 18. — Les ouvriers et ouvrières qui ont à se tenir près des machines doivent porter des vêtements ajustés et non flottants.

Art. 19. — Les délais d'exécution des travaux de transformation qu'implique le présent règlement sont : (*Périmés.*)

Art. 20. — Le Ministre du commerce, de l'industrie et des colonies est chargé de l'exécution du présent décret.

TARIF GÉNÉRAL DES DOUANES

EN VIGUEUR DEPUIS LE 1er FÉVRIER 1892

Extrait du *Journal officiel* du 12 janvier 1892. — Les prix en francs se rapportent à l'unité de 100 kg.

Numéros d'ordre.	Désignation.	Droits (décimes compris) Tarif général.	Tarif minimum
		fr.	fr.
138.	Buis	1,5	1
142 *bis*.	Chanvre peigné	20	15
144.	Jute brut ou peigné	Exempt.	Exempt
104.	Cire minérale ou ozokérite brute	12	10
194.	— raffiné	50	40
199.	Paraffine	35	30
203.	Aluminium	200	150
221.	Cuivre, pur ou allié de zinc ou d'étain, en fils de toute dimension, poli ou noir, autres que doré ou argenté. Bronze d'aluminium ne contenant pas plus de 20 pour 100 d'aluminium.	13	10
224.	Zinc laminé	4	4
225.	Nickel pur battu, laminé ou étiré	13	10
252.	Chlorhydrate d'ammoniaque brut	10	8
	— raffiné	15	12
273.	Sulfate de cuivre	4	3
281 *ter*.	Celluloïd brut, en masses, en plaques ou en feuilles	150	75
302.	Charbons préparés pour l'éclairage électrique	75	50
361.	Lampes électriques à incandescence, munies de leur monture	400	350
361 *bis*.	Lampes électriques à incandescence, non munies de leur monture	800	700

Numéros d'ordre.	Désignation.	Droits (décimes compris) Tarif général.	
		Tarif général.	Tarif minimum.
		fr.	fr.
505.	Compteur de tours, d'électricité, d'eau, de gaz et, en général, tout compteur ou appareil de mesure dans lequel entre un mouvement d'horlogerie . .	100	75
524.	Machines dynamo-électriques { de 1000 kg et plus. . .	30	20
	de 50 kg à 1000 kg. . .	45	30
	de 10 kg et pas plus de 50 kg.	100	80
536.	Induits de machines dynamo-électriques et pièces détachées, telles que : bobines pleines ou vides en métal entouré de cuivre isolé; pièces travaillées en cuivre, pesant moins de 1 kg, numérotées et marquées, ajustées ensemble ou démontées pour appareils électriques. Lampes à arc dites régulateurs.	100	75
574.	Ouvrages en cuivre pur ou allié de zinc ou d'étain. Articles de lampisterie et de ferblanterie ouvragés, formés de l'association de divers métaux avec le cuivre pur ou allié : brunis, polis, vernis.	60	45
576 *bis*.	Accumulateurs électriques.	17	13
620.	Feuilles en caoutchouc pur non vulcanisé et fils de caoutchouc vulcanisé.	60	40
620.	Courroies-tuyaux, clapets et autres ouvrages en caoutchouc ou gutta-percha, purs ou mélangés, souples ou durcis, combinés ou non aux tissus ou autres matières	90	70
620 *bis*.	Ouvrages en amiante filé, tiré ou moulé, avec ou sans mélange de matières textiles ou minérales	70	60
634.	Instruments et appareils scientifiques.	Exempts.	Exempts.
646.	Bimbeloterie (jeux, jouets et autres) .	75	60

DOCUMENTS ADMINISTRATIFS

PRÉFECTURE DU DÉPARTEMENT DE LA SEINE

ARRÊTÉ *du 30 juillet 1891*, **relatif aux canalisations électriques sur la voie publique, et jusqu'à l'entrée des immeubles particuliers.**

ARTICLE PREMIER. — *Conducteurs électriques placés dans une enveloppe métallique.* — Dans tous les cas où les conducteurs électriques seront placés dans une enveloppe métallique, ils devront être isolés avec le même soin que s'ils étaient placés directement dans le sol.

ART. 2. — *Voisinage d'autres canalisations.* — Dans tous les cas où les conducteurs électriques passeront à moins de cinquante centimètres (50 cm) d'une masse métallique ou d'une canalisation bonne conductrice de l'électricité (eau, gaz, air comprimé, etc.), le permissionnaire devra prendre des mesures spéciales d'isolement pour toute la partie de ces conducteurs placée dans cette situation.

ART. 3. — *Regards.* — Les regards, établis par un permissionnaire pour le service des conducteurs électriques, ne pourront renfermer ni tuyau de gaz, d'eau, d'air comprimé, etc., ni conducteurs électriques appartenant à un autre permissionnaire.

Ces regards devront être disposés de manière à pouvoir être ventilés.

ART. 4. — *Branchements d'électricité.* — Tous les branchements d'électricité seront constitués par des conducteurs isolés. Ces conducteurs seront protégés mécaniquement, d'une manière suffisante, soit par l'armature même du câble conducteur, soit par des caniveaux.

A leur entrée dans les immeubles, les branchements devront être disposés de manière que leur pénétration ne laisse aucun vide dans les murs.

Art. 5. — *Canalisations rencontrées dans l'exécution des travaux.* — Lorsque le permissionnaire, dans l'exécution des travaux, rencontrera des canalisations d'une nature quelconque (électricité, eau, gaz, air comprimé, etc.), il devra avertir immédiatement les propriétaires ou concessionnaires de ces canalisations (Compagnie parisienne du gaz, Compagnie générale des eaux, etc.). A cet effet, il sera adressé auxdits propriétaires ou concessionnaires une déclaration dûment signée et conforme à un modèle approuvé par l'Administration. Des duplicatas de ces signalements seront adressés à l'ingénieur chargé du service de la voie publique.

Art. 6. — *Vérification de l'état de canalisation pendant la période d'exploitation.* — Le permissionnaire sera tenu de vérifier l'état électrique de son réseau, de manière que toutes les parties en soient visitées au moins une fois par an.

Le permissionnaire avisera préalablement l'Administration des époques choisies pour les différentes opérations.

Les résultats des vérifications seront consignés sur un registre dont le modèle devra être soumis à l'Administration et qui devra être présenté à toute réquisition.

Art. 7. — L'Inspecteur général, Directeur des travaux de Paris, est chargé de l'exécution du présent arrêté qui sera inséré au *Recueil des actes administratifs.*

PRÉFECTURE DE POLICE

ORDONNANCE du 1er *septembre* 1898, concernant l'emploi de la lumière électrique dans les théâtres, cafés-concerts et autres salles de divertissements publics.

CHAPITRE PREMIER. — FORMALITÉS PRÉLIMINAIRES.

Article premier. — Toute personne désirant installer la lumière électrique dans un théâtre, concert ou autre lieu public soumis à notre autorisation, est tenue d'adresser, au moins un mois avant le commencement des travaux :

1° Une note indiquant si le courant sera fourni par un concessionnaire ou par des machines installées dans l'établissement;

2° Un plan détaillé en triple exemplaire qui indiquera l'emplacement des générateurs, des machines à gaz ou à air, des machines dynamo-électriques, des accumulateurs, des tableaux de distribution, des interrupteurs secondaires, des résistances, des lampes de secours et autres servant à l'éclairage normal, ainsi que le tracé des conducteurs, et un exemplaire du cahier des charges imposées par les secteurs;

3° Une note explicative sur les machines motrices, leur force en chevaux-vapeur, sur les machines dynamo-électriques et sur les lampes à arc ou à incandescence, leur nombre par circuit et leur pouvoir éclairant;

4° Un échantillon de chacun des conducteurs avec une note détaillée sur la distribution des circuits, la nature et le diamètre des conducteurs et le courant qui doit les traverser.

Art. 2. — Les travaux ne pourront être commencés qu'après que l'Administration aura fait notifier au déclarant s'il y a ou non des modifications à introduire dans l'exécution des plans et projets déposés.

Art. 3. — La mise en usage de l'éclairage électrique ne

pourra avoir lieu qu'après que la Commission technique aura procédé sur place à la vérification de l'installation, aux mesures électriques nécessaires et après avis favorable de la Commission supérieure.

Art. 4. — Après réception des appareils, aucune modification ne pourra être apportée à l'installation, sans l'accomplissement des mêmes formalités.

Toute modification à l'éclairage de la scène constitué par la rampe, les portants, les traînées et les herses, devra être l'objet d'une autorisation spéciale.

Chapitre II. — Chaudières, machines et conduits de fumée.

Art. 5. — Les machines à vapeur et les machines à gaz actionnant les dynamos-électriques et les foyers des machines à vapeur ne pourront être placés dans les parties accessibles au public ou aux artistes et devront toujours se trouver en dehors des bâtiments affectés à la scène et à la salle.

Ces machines seront installées de façon à offrir toute sécurité contre les accidents.

Art. 6. — Les foyers des chaudières à vapeur et le combustible destiné à leur alimentation devront être placés dans des locaux distincts construits en matériaux complètement incombustibles, avec portes en fer, et séparés des autres dépendances de l'établissement par des murs en maçonnerie, ainsi que par des voûtes ou des planchers en fer, hourdés de briques, d'épaisseur suffisante.

Ces locaux seront bien aménagés, ils seront convenablement ventilés soit naturellement par des prises d'air débouchant hors des voies publiques, ou par des courettes suffisamment isolées des dépendances de l'établissement.

Art. 7. — On se conformera, pour l'installation des chaudières à vapeur, aux règlements d'administration publique en vigueur.

Art. 8. — Les conduits de fumée seront en briques d'une épaisseur et d'une section suffisantes pour l'importance des foyers qu'ils desservent. Ils seront toujours montés à 5 m en contre-haut des souches des cheminées voisines.

Ces conduits de fumée devront être placés à l'extérieur des bâtiments, dans les cours ou courettes, à moins de dispositions particulières spécialement autorisées, après avis de la Commission supérieure des théâtres.

En aucun cas, ces cheminées ne devront produire de fumées épaisses ou incommodes; on emploiera soit des appareils fumivores efficaces, soit des combustibles maigres.

Chapitre III. — Accumulateurs et machines dynamo-électriques.

Art. 9. — Les accumulateurs seront installés dans un local *spécial bien ventilé*, et, dans le cas d'émission de vapeurs nuisibles, placés sous des hottes avec cheminées d'appel entraînant les gaz et les vapeurs au-dessus des toits. Les acides et autres produits chimiques destinés à leur entretien seront enfermés dans un local spécial et ne devront jamais rester à la disposition du personnel étranger à ce service.

On n'emploiera dans la salle des accumulateurs que des lampes à incandescence dites de sûreté, à double enveloppe, en proscrivant toute lumière à feu nu.

Art. 10. — Les machines dynamo-électriques seront placées dans un endroit sec, ne contenant aucune matière facilement inflammable et à l'abri des poussières. Elles seront convenablement isolées et toujours tenues en état de propreté.

L'installation devra offrir toute garantie de sécurité; des dispositions spéciales seront prises dans le cas de l'emploi des courants alternatifs.

Le service sera fait par des surveillants et des ouvriers expérimentés. Les mesures de prudence seront inscrites sur un tableau placardé d'une manière très apparente dans la salle des machines.

Chapitre IV. — Cables et fils conducteurs.

Art. 11. — Tous les conducteurs, dans la chambre des machines, seront solidement supportés, bien en vue, marqués et numérotés.

Art. 12. — Un voltmètre et un ampèremètre par tableau principal seront installés à poste fixe pour contrôler les courants.

Art. 13. — Le tableau d'arrivée de courant et le jeu d'orgue seront convenablement placés, d'un accès facile et hors des atteintes du public; les commutateurs employés pour diriger les courants seront construits avec soin et montés sur des supports en matière isolante et incombustible.

L'indication bien apparente de chaque circuit sera portée par une inscription fixe sur plaquette.

Art. 14. — Un coupe-circuit magnétique sera placé au tableau sur les fils d'arrivée.

Chaque circuit principal partira d'un tableau de distribution et sera commandé par un interrupteur bipolaire et par un double coupe-circuit. Il y aura un coupe-circuit bipolaire à chaque dérivation de lampes à incandescence, et pas plus de 12 lampes par dérivation. Chaque ligne d'arcs comprendra un interrupteur double, un coupe-circuit sur chaque pôle et un rhéostat.

Art. 15. — Les coupe-circuits montés sur socles isolants et incombustibles seront disposés de telle sorte que la fusion d'un fil fusible détermine une rupture efficace et immédiate du courant. Les fils fusibles seront faciles à remplacer et recouverts de manière à ne pas donner lieu à des projections de métal fondu; ils seront étalonnés et ne devront laisser passer au maximum qu'un courant double de la valeur normale lorsque l'intensité sera au-dessous de 10 ampères, et triple lorsqu'elle sera supérieure à ce nombre d'ampères.

Art. 16. — Dans chacune des parties d'un circuit, le diamètre des conducteurs devra être en rapport avec l'intensité du courant, de telle sorte qu'il ne puisse se produire en aucun point un échauffement dangereux pour l'isolement des conducteurs ou des objets voisins.

Il ne pourra passer dans un câble plus de deux ampères au maximum par millimètre carré de section.

Art. 17. — L'emploi des conduites d'eau et de gaz et des parties métalliques de la construction comme conducteur est rigoureusement interdit.

Art. 18. — Les fils et câbles seront recouverts d'une matière offrant toutes garanties au point de vue de l'isolement (1).

Art. 19. — En dehors des herses, portants et traînées, il ne sera pas fait usage de fils souples tant sur la scène que dans les loges d'artistes.

Les conducteurs concentriques sont interdits pour ces accessoires de luminaire.

Art. 20. — Les câbles alimentant les lampes des portants, des herses et des traînées, seront garnis de cuir sur toute leur longueur et leurs attaches renforcées. Les cordes de suspension des herses seront disposées de telle sorte qu'aucune traction ne puisse s'exercer sur les conducteurs électriques.

Art. 21. — Sauf au voisinage des lampes, tous les fils et câbles seront placés sous moulures ou montés sur isolateurs de porcelaine.

Les conducteurs ne pourront être mis en paquet, même s'ils sont d'un même pôle; chaque câble sera éloigné de son voisin d'au moins 10 mm et à une distance proportionnée à l'intensité du courant qui doit le traverser. L'espace entre les fils et les pièces métalliques de la construction sera de 10 cm, à moins que le câble ne soit placé sous plomb.

Art. 22. — Quand les conducteurs traverseront des planchers, paliers, murs et cloisons, ils seront recouverts d'une gaine de caoutchouc supplémentaire et protégés, en outre, par une enveloppe en matière dure et incombustible.

Dans les croisements de câbles, ceux-ci seront également recouverts d'une gaine isolante supplémentaire; il en sera de même lorsque les fils seront en contact avec les parties métal-

(1) Les conditions relatives à la hauteur des appuis au-dessus du sol sont définies par les services de voirie intéressés.

liques d'un appareil d'éclairage, tels que lustres, bras, appliques, qui seront eux-mêmes isolés électriquement.

Art. 23. — Pour les courants continus, la différence de potentiel ne devra pas dépasser 300 volts aux bornes des machines ou à l'entrée du théâtre, si la source d'électricité est extérieure.

Avec les courants alternatifs, on mettra au plus quatre arcs en série ou un nombre de lampes à incandescence correspondant à la même tension électrique.

En dehors de ces limites, une autorisation particulière devra être accordée par délibération spéciale de la Commission supérieure des théâtres.

Lorsqu'il sera fait usage de transformateurs ou de dynamos réceptrices, ces appareils devront être disposés de façon à éviter tout accident; des précautions spéciales seront prises pour les isoler et les mettre hors de la portée des personnes qui ne sont pas appelées à s'en servir.

Chapitre v. — Lampes, rhéostats.

Art. 24. — Les lumières à feu nu sont prohibées.

Art. 25. — Les lampes à arc seront isolées de leur point de suspension; elles seront munies de globes grillagés pour arrêter les étincelles et les bris de verre.

Art. 26. — Les lampes à incandescence dont l'intensité dépassera 5 carcels devront être également protégées par un grillage.

Art. 27. — Les câbles de suspension des lampes seront incombustibles et indépendants des fils conducteurs, lesdits fils ne pouvant, dans aucun cas, servir de suspension aux lampes.

Art. 28. — Sur scène, les lampes des portants et des herses seront placées de manière à être protégées contre tout choc intérieur.

Art. 29. — Les résistances seront placées dans un endroit

aéré, suffisamment éloigné des matériaux combustibles et de manière à ne dégager aucune chaleur près du tableau de distribution, ni des moulures contenant les conducteurs.

Éclairage de secours. — *Art.* 30. — Un nombre suffisant de lampes de secours, alimentées par l'électricité, sera placé dans la salle à chaque direction de sortie dans les couloirs, foyers et escaliers mis à la disposition du public. Les câbles ou fils amenant le courant à ces lampes seront entièrement en dehors de la cage de scène et complètement indépendants des câbles et interrupteurs servant à l'éclairage normal.

Une dérivation du circuit de secours pénétrant dans la cage de scène alimentera les lampes de secours de la scène et de ses dépendances.

Cet éclairage spécial devra être fourni par un deuxième secteur; en cas d'impossibilité, il sera assuré par au moins deux batteries d'accumulateurs, qui devront toujours être chargés en dehors de la durée des représentations. Pendant la durée des représentations, les batteries seront complètement isolées des machines.

Les interrupteurs servant à réunir les batteries d'accumulateurs aux machines devront être placés dans des endroits apparents et d'un accès facile; ils seront fixés sur un tableau indiquant clairement la disposition adoptée pour isoler les batteries des machines; ce tableau sera muni d'un ampèremètre et d'un voltmètre pour le contrôle de la charge des accumulateurs.

Les batteries d'accumulateurs alimenteront chacune une des colonnes montantes placées aux côtés cour et jardin; les dérivations faites sur ces colonnes montantes se croiseront complètement à chaque étage, de manière qu'à chaque étage les lampes de secours voisines l'une de l'autre soient alimentées alternativement, l'une par la batterie du côté cour, l'autre par celle du côté jardin.

Toutes les lampes de secours devront porter un signe particulier permettant, au service qui en sera chargé, d'exercer facilement une surveillance efficace sur l'éclairage de secours de tous les théâtres.

Les lampes de secours devront toujours avoir chacune une intensité au moins égale à celle d'un carcel.

Il ne pourra être dérogé aux prescriptions du présent article concernant l'éclairage de secours qu'exceptionnellement et après avis de la Commission technique.

Art. 31. — Les théâtres, concerts et autres lieux publics soumis à notre autorisation, qui sont actuellement éclairés à la lumière électrique et dont l'installation ne serait pas conforme aux prescriptions de la présente ordonnance, devront y satisfaire dans un délai de six mois.

Art. 32. — Sont rapportées l'ordonnance du 17 avril 1888 et toutes les dispositions des autres ordonnances ou arrêtés qui seraient contraires à la présente.

Art. 33. — La présente ordonnance sera imprimée, publiée et affichée à Paris et dans les communes du ressort de la Préfecture de police.

Sont chargés d'en assurer l'exécution, chacun en ce qui le concerne, le directeur de la police municipale, le directeur du laboratoire municipal, les commissaires de police et autres préposés de la Préfecture de police.

Le colonel des sapeurs-pompiers est requis de concourir à son exécution.

DIRECTION DES TRAVAUX DE LA VILLE DE PARIS

AUTORISATION relative à la pose des canalisations d'électricité sous les voies publiques de Paris

CAHIER DES CHARGES ADOPTÉ PAR DÉLIBÉRATION DU CONSEIL MUNICIPAL *le 29 décembre* 1888.

Article premier. — M. [1]......... demeurant à........... est autorisé à placer en terre, sous les chaussées ou les trottoirs, dans le secteur déterminé par les voies indiquées au tableau A ci-annexé, les fils ou câbles destinés à la transmission de courants électriques pour la production de la lumière ou le transport de la force motrice, et à exécuter, sous la surveillance de l'Administration, tous les travaux nécessaires pour cette canalisation.

Aucune autorisation ou concession d'éclairage électrique ne pourra être accordée qu'à des Français ou à des sociétés françaises, ayant leur siège social en France.

Art. 2. — Les fils ou câbles ne pourront être placés dans les galeries d'égout ou de carrières souterraines sous Paris.

Ils seront placés sous les trottoirs dans des conduites en poterie, en maçonnerie, en métal ou en toute matière suffisamment résistante et acceptée par le Conseil municipal, après avis de l'Administration.

L'emplacement, la profondeur et le diamètre extérieur maximum de ces conduites seront fixés dans chaque cas par l'Administration, qui tiendra compte pour cette détermination, non seulement des canalisations déjà établies sous le même trottoir,

[1] Si la concession est faite à une Compagnie, le nom du représentant de la Compagnie, signataire de la demande, doit être complété par la dénomination très exacte de la Compagnie et l'indication de son siège social.

mais encore et surtout de celles qu'elle pourra se réserver d'établir elle-même dans l'avenir pour les usages municipaux, étant entendu que la canalisation du Service municipal d'électricité sera la plus rapprochée du sol. Le permissionnaire ne sera admis à présenter aucune réclamation, à raison du refus d'autorisation de passer dans certaines rues pour défaut de place sous les trottoirs, dans les conditions ci-dessus indiquées, ou pour motif de réserve municipale.

Les fils ou câbles ne seront établis sous chaussées que pour la traversée des voies. Ces traversées se feront à une profondeur d'au moins 1 mètre.

Il sera établi une canalisation sous chaque trottoir longeant des immeubles à desservir, de manière que les branchements d'immeubles ne traversent jamais la chaussée. Il ne pourra être fait exception à cette règle que pour les voies d'une largeur reconnue insuffisante par le Conseil municipal.

Des regards seront établis de distance en distance pour permettre la visite de la canalisation, et celle-ci sera disposée de manière que, en cas d'avarie, on puisse, en se servant des regards, retirer et remplacer les fils sans ouverture de fouille. Les emplacements et dispositions de ces regards seront d'ailleurs fixés par l'Administration. Dans tous les cas, ils seront recouverts de trappes bitumées.

Un regard sera placé obligatoirement à l'une ou à l'autre des extrémités de chacune des traversées de câbles sous chaussées. Pour la traversée des voies larges ou fréquentées, et en particulier lorsque la chaussée sera sur fondation de béton, un regard sera établi à chacune des extrémités de la traversée et l'Administration pourra, en outre, exiger que ces regards soient reliés par des galeries dont elle fixera le type et qui, dans aucun cas, ne devront être mises en communication avec les égouts ou les branchements particuliers.

Si la galerie se trouve coupée par un égout, le câble passera d'un côté à l'autre par-dessus l'égout. Toutefois, si la hauteur disponible entre l'égout et la chaussée est insuffisante, ou si la chaussée est en bois ou en asphalte, le câble pourra traverser l'égout dans un manchon.

Au cas où plusieurs sociétés seraient autorisées à s'établir sous un même trottoir, les câbles de ces diverses sociétés pourront être placés dans une conduite commune, construite à frais communs et dont les dimensions et conditions d'établissement devront être approuvées par l'Administration, après avis du Conseil municipal.

Art. 3. — Les fils ou câbles ne pourront être placés qu'à une distance minima de 1 mètre des façades des maisons, cet emplacement étant réservé au réseau municipal d'électricité, et lorsque l'Administration, après délibération du Conseil municipal, aura constaté :

1° Que la place ne fait pas défaut ;

2° Qu'ils peuvent, eu égard à l'intensité du courant et à la disposition des enveloppes isolantes, y être logés sans danger pour les personnes et sans inconvénient pour le fonctionnement des divers services publics.

La réserve de 1 mètre susmentionnée pourra être réduite par le Conseil municipal dans les voies pour lesquelles il aura reconnu que la largeur des trottoirs est insuffisante.

Art. 4. — Les fils pénétrant dans les immeubles seront établis entre le câble principal et la façade, dans des conduites reliées à celles du câble principal

Toutes les installations autres que les fils de branchement, telles que coupe-circuits, etc., seront placées en dehors des limites de la voie publique.

Art. 5. — S'il est fait usage de transformateurs, ils seront installés en dehors de la voie publique.

Art. 6. — Avant tout commencement d'exécution de chaque portion de canalisation sous les voies publiques, les projets en seront présentés au Conseil municipal et à l'Administration en quintuple expédition par le permissionnaire, qui ne pourra mettre la main à l'œuvre qu'après que l'acceptation de ces projets lui aura été notifiée.

Pour les dresser, il pourra prendre communication, dans tous les bureaux d'ingénieurs, de tous les éléments dont dispose l'Administration en ce qui concerne les conduites d'eau, de gaz, ou autres canalisations déjà autorisées, les égouts et branchements particuliers, les nivellements existants ou projetés, etc., mais il ne pourra, en aucun cas, se prévaloir contre l'Administration des erreurs, imperfections ou lacunes dont pourraient être entachés les documents mis à sa disposition, ni des difficultés matérielles qui pourraient surgir dans l'exécution des travaux.

Art. 7. — Le permissionnaire tiendra constamment à jour un plan, à l'échelle de 1 mm, du réseau de sa canalisation. Chaque branchement d'immeuble y sera indiqué avec le nombre et la catégorie des lampes qu'il alimente, ou l'indication en chevaux-vapeur de la force motrice qu'il dessert. Ce plan sera complété par tous renseignements sur la destination et la composition des câbles, la nature, les dimensions et l'emplacement des conduites, etc. Des coupes détaillées à l'échelle de 2 cm ou de 5 cm y signaleront les dispositions spéciales adoptées sur tel ou tel point du réseau, notamment à la rencontre des égouts, branchements de conduites d'eau ou de gaz, ainsi que dans les traversées de chaussées.

Ce plan sera fourni en quatre expéditions qui seront revisées et mises au courant tous les six mois.

Art. 8. — Trois jours avant de commencer un travail quelconque de canalisation, le permissionnaire devra en donner avis aux ingénieurs du Service municipal. Il en sera de même pour tous les travaux d'entretien et de réparation de la canalisation, sauf en ce qui concerne les recherches en cas d'accident, pour lesquelles l'avis pourra n'être donné que le jour même de la recherche.

Le permissionnaire devra aviser simultanément le président du Conseil municipal et l'Administration des modifications qu'il se proposerait d'apporter à sa canalisation ou qui, en cas d'urgence, auraient été apportées par lui, d'accord avec l'Administration.

Art. 9. — Le permissionnaire acquittera à la caisse municipale, sur le vu d'états trimestriels de recouvrements qui seront soumis à son acceptation, les frais de réfection définitive de la voie publique nécessités par les ouvertures de tranchées, soit pour le premier établissement, soit pour l'entretien, soit enfin pour l'enlèvement des conduites. Ces frais seront établis à forfait, d'après les bases ci-après :

Chaussées.

Pavage en pierre sur sable	4 fr le mètre carré.
— sur béton.	—
Empierrement.	3 —
Revêtement en asphalte comprimé. . .	16 —
Pavage en bois	20 —

Trottoirs et contre-allées.

Dallage en granit	5 fr le mètre carré.
— en bitume.	6 —
Pavage en pierre pour entrée de porte cochère.	5 —
Sablage et repiquage des contre-allées.	1 —
Bordures droites ou circulaires de toutes dimensions.	5 fr le mètre linéaire.

Immédiatement après l'exécution des travaux et jusqu'à la réception définitive, le permissionnaire devra rétablir et entretenir la viabilité provisoire sur les tranchées ouvertes par lui, sans toutefois que cet entretien à sa charge puisse se prolonger plus de quinze jours après l'achèvement des remblais dans chaque rue.

Toutes réfections d'ouvrages publics nécessitées par l'établissement de la canalisation et ne rentrant pas dans l'une des catégories ci-dessus définies, seront recouvrées sur états dressés d'après la dépense effective constatée par attachements.

Art. 10. — Le permissionnaire sera tenu de se conformer, pour l'exécution des travaux, à toutes les prescriptions des services municipaux dépendant de la direction technique de la voie publique et des promenades ou de celle des eaux et de l'assainissement.

Il sera d'ailleurs soumis d'une manière générale, tant pour l'établissement que pour l'exploitation du réseau, à tous les règlements et arrêtés qui sont actuellement ou seront en vigueur pendant la durée de l'autorisation.

Art. 11. — La présente autorisation est accordée pour une durée de dix-huit années à partir de la date de la notification de la décision approbative, sans monopole, ni privilège quelconque, la ville de Paris se réservant le droit absolu d'accorder d'autres autorisations du même genre, même dans l'étendue du réseau de voies auquel s'applique la présente autorisation.

Art. 12. — La ville de Paris s'engage à réserver au permissionnaire, à l'exclusion de tout autre, pendant la durée de l'autorisation, les emplacements qui auront été attribués à sa canalisation.

Mais elle se réserve le droit de prescrire, et même, en cas d'urgence, d'opérer le déplacement ou l'enlèvement aux frais du permissionnaire de telles ou telles parties de la canalisation, toutes les fois que l'intérêt des services publics ou celui des services municipaux l'exigera. Le permissionnaire sera invité au moins cinq jours à l'avance, sauf le cas de force majeure, à opérer ces déplacements ou enlèvements et, en cas d'inexécution, la ville de Paris pourra y faire procéder d'office aux frais du permissionnaire et sans qu'il puisse en résulter pour lui aucun droit à indemnité. Le permissionnaire sera d'ailleurs autorisé en pareil cas à rétablir la canalisation dans des conditions à fixer par l'Administration.

Sauf les cas d'urgence constatés, le Conseil municipal sera appelé à donner son avis toutes les fois qu'il s'agira d'une modification de la canalisation.

Art. 13. — Le permissionnaire restera absolument maître de ses tarifs, sous réserve de ne pas dépasser un maximum de 0,045 fr pour une carcel-heure, ou de 0,45 fr pour une quantité d'énergie électrique livrée aux abonnés et équivalente à 1 cheval-vapeur pendant une heure.

L'électricité livrée pourra être également évaluée, à la demande de l'abonné, en watts-heure ou en ampères-heure à une tension déterminée. Dans ce cas, le tarif sera au maximum de 0,15 fr par 100 watts-heure.

Le permissionnaire devra faire agréer par l'Administration les modèles de ses polices d'abonnement, dans lesquelles les intensités lumineuses devront être rapportées à la carcel prise pour unité. Chacune desdites polices portera la mention suivante :

« La présente police deviendra nulle de plein droit si le permissionnaire n'est pas en mesure de fournir l'électricité au plus tard deux mois après qu'un autre permissionnaire, en état de la livrer, aura posé sa canalisation dans la voie habitée par le signataire de la police. »

La ville de Paris se réserve la faculté d'abaisser les prix maxima ci-dessus fixés, tous les cinq ans, à dater de la notification de l'approbation par le Préfet de l'autorisation accordée.

Il sera procédé pour chaque concession à cette revision, qui sera proportionnée aux abaissements notables dans le prix de revient que les sociétés auront réalisés par l'emploi de nouveaux procédés.

Les abaissements de tarifs profiteront à tous les consommateurs, quelles que soient les conditions de leur police d'abonnement.

La détermination de ces abaissements de prix sera constatée par une commission de quatre membres : deux nommés par le Préfet de la Seine, après avis conforme du Conseil municipal, deux par le permissionnaire.

En cas de désaccord, un cinquième expert sera nommé par le président du tribunal civil.

L'avis de cette commission n'aura d'effet qu'après approbation du Conseil municipal.

En cas de non-désignation de deux experts par le permissionnaire, il sera procédé à cette désignation par le président du tribunal civil.

Les polices, les suppléments et toutes les pièces ou conventions quelconques passées entre le permissionnaire et les abonnés seront établis en triple expédition, dont un exemplaire, signé par la Société et l'abonné, sera remis à la Ville de Paris.

Tous les abaissements de tarifs consentis par le permissionnaire à ses abonnés seront considérés comme acquis jusqu'à l'expiration de l'autorisation, et les tarifs ne pourront plus être relevés.

Tout permissionnaire, dans l'étendue du réseau à lui concédé, fournira sur la demande de la Ville, pour l'éclairage public, de la lumière électrique par arc voltaïque au tarif maximum de 0,025 fr la carcel-heure.

Art. 14. — Le permissionnaire sera tenu, sauf dans des circonstances spéciales que l'Administration se réserve d'apprécier, après avis du Conseil municipal, de fournir dans les conditions de ses polices l'électricité à toute personne qui la demandera sur tout parcours desservi par ses câbles de distribution.

Il s'interdit, d'une façon absolue, la faculté de s'imposer à ses abonnés pour leurs installations intérieures.

Art. 15. — Le permissionnaire sera constamment tenu d'organiser à ses frais les installations nécessaires pour tous les essais photométriques et toutes autres vérifications que le Conseil municipal ou l'Administration jugeront utile d'effectuer.

Art. 16. — Le permissionnaire payera trimestriellement à la Ville pendant toute la durée de l'autorisation :

1° Une redevance de 100 francs par an pour chaque kilomètre ou fraction de kilomètre de conduite longitudinale posée sous trottoirs;

2° Un prélèvement de 5 pour 100 sur les produits constatés soit par le montant de ses polices d'abonnement, soit par le relevé des compteurs, pour l'éclairage comme pour la force motrice. A cet effet, le permissionnaire, chaque trimestre, présentera un état des produits et un décompte de recouvrement dans le courant du mois qui suivra l'achèvement du trimestre. Il ne sera fait aucune déduction pour les non-valeurs, mais il sera tenu compte des cessations d'abonnement régulièrement signalées par le permissionnaire.

Art. 17. — Dans le cas où l'électricité serait produite dans des usines hors de Paris, le prélèvement sur les produits bruts sera augmenté de 1 pour 100.

Si les droits d'octroi sur le charbon viennent à subir des

variations quelconques, la redevance supplémentaire variera proportionnellement.

Art. 18. — Le permissionnaire s'acquittera chaque trimestre des redevances ci-dessus déterminées dans le délai de huit jours à dater de l'avis qui lui sera donné à cet effet par le receveur municipal. Il donnera aux fonctionnaires ou agents de la Ville chargés des vérifications relatives à l'établissement de ces redevances toutes les indications nécessaires à cet effet. Il devra notamment mettre à leur disposition les livres et pièces justificatives dont ils auront besoin.

Art. 19. — Les frais de contrôle à exercer par la Ville seront à la charge du permissionnaire, exigibles dès la première quinzaine de janvier et entièrement acquis à la Ville, dès cette époque.

Art. 20. — L'autorisation sera retirée après avis du Conseil municipal :

1° Si le permissionnaire transfère ouvertement ou clandestinement à des tiers ou à un autre permissionnaire tout ou partie des droits et obligations résultant pour lui du cahier des charges, sans une autorisation expresse et par écrit du Préfet de la Seine, après avis du Conseil municipal ;

2° S'il n'a pas commencé son exploitation dans le délai de six mois à partir de la date de l'autorisation, et si, dans le délai de deux ans, il n'est pas en état de satisfaire aux demandes d'électricité sur l'ensemble des voies indiquées au tableau B ci-annexé ;

3° Si, pour les autres voies formant le périmètre du secteur ou intérieures au secteur, le permissionnaire ne prolonge pas sa canalisation et ne fournit pas l'électricité dans les conditions de ses polices toutes les fois que les demandes atteindront 750 watts pendant 750 heures par an, pour un décamètre de canalisation ;

4° Si, pendant la durée de l'autorisation, il suspend la distribution de l'électricité sur la totalité ou sur une partie de son réseau sans avoir été autorisé au préalable par une délibération du Conseil municipal ;

5° Si le permissionnaire ne se conforme pas aux obligations imposées par le présent cahier des charges.

En cas de faillite ou de déconfiture du permissionnaire, la présente autorisation deviendra nulle et non avenue de plein droit, la Ville se réservant, d'ailleurs, d'agréer de nouveaux concessionnaires ou d'exercer la faculté de rachat.

Si la faillite survenait pendant le cours des travaux de canalisation, l'administration de la Ville pourrait remettre immédiatement en état la voie publique.

Art. 21. — La Ville de Paris se réserve le droit de rachat à toute époque, après l'expiration des dix premières années de la durée de l'autorisation.

Le prix du rachat sera déterminé de la manière suivante:

On calculera la moyenne des produits nets annuels obtenus par le permissionnaire pendant les trois années qui auront précédé celle où sera effectué le rachat.

Ce produit net moyen formera le montant d'une annuité qui sera due et payée au permissionnaire pendant chacune des années restant à courir pour la durée de la présente autorisation. Il sera loisible à la Ville de se libérer à un moment quelconque des annuités restant à payer du rachat, en soldant le capital représentant la valeur actuelle de ces annuités sous déduction d'un escompte de 5 pour 100.

En ce qui concerne la canalisation, les machines et appareils de toute nature, l'outillage des ateliers, le mobilier des bureaux, les terrains, bâtiments, etc., et, en général, tout ce qui sert à l'exploitation du permissionnaire, la Ville de Paris les reprendra en totalité, d'après leur valeur au moment du rachat, à dire d'experts.

Cette valeur sera payée au permissionnaire dans les dix mois qui suivront le rachat. Moyennant le payement de ce prix de rachat, le permissionnaire devra subroger la Ville à tous ses droits et privilèges, baux, locations, promesses de vente, etc. Cette subrogation ne pourrait toutefois avoir pour résultat, en aucun cas et dans aucune mesure, d'associer la Ville aux procès ou autres difficultés litigieuses qui pourront exister au moment de la vente entre le permissionnaire et les tiers quelconques. En vue de l'application de cette clause, il est interdit au permissionnaire d'aliéner ou d'hypothéquer, au profit de qui que ce soit, les immeubles formant l'actif de la Société ainsi que toutes les installations sous la voie publique ou dans les propriétés privées. Sont exceptés de cette clause les immeubles appartenant au permissionnaire, mais non utilisés pour l'exploitation qui fait l'objet de la présente autorisation.

Art. 22. — A l'époque fixée pour l'expiration de la présente autorisation, la canalisation restera la propriété de la Ville, à moins que celle-ci ne préfère qu'elle soit enlevée, et, dans ce dernier cas, les lieux seront remis dans leur état primitif aux frais du permissionnaire, soit par ses soins, soit d'office, sans qu'il puisse prétendre à aucune indemnité.

Il en sera de même en cas de retrait de l'autorisation, soit pour la totalité, soit pour une partie du réseau.

Art. 23. — Le permissionnaire sera entièrement et uniquement responsable, tant envers la Ville qu'envers les tiers, de toutes les conséquences dommageables que pourraient entraîner l'exécution, la présence ou le fonctionnement de la canalisation électrique.

De plus le permissionnaire s'interdit le droit d'exercer aucun recours contre la Ville de Paris du fait d'avaries que pourraient subir soit sa canalisation, soit ses installations par suite d'accidents survenus à la suite de travaux sur la voie publique ou pour toute autre cause. Il conserve son droit de recours contre les tiers, mais déclare renoncer à appeler en garantie la Ville de Paris.

Art. 24. — Le permissionnaire devra, comme garantie des obligations ci-dessus énumérées et comme garantie d'exécution, constituer à la Caisse municipale un cautionnement de . , . . .

Ce cautionnement sera acquis à la Ville de Paris au cas où le permissionnaire n'exécuterait pas les clauses du cahier des charges, notamment celles qui sont indiquées aux paragraphes 2 et 3 de l'article 20 du présent cahier des charges.

Les cautionnements ne pourront être fournis qu'en rente sur

l'État français 3 pour 100 ou en obligations de la Ville de Paris, au porteur, au cours moyen de la veille du dépôt. Le permissionnaire en touchera les arrérages.

Art. 25. — La proportion des ouvriers étrangers employés par le permissionnaire ne devra pas excéder 1/10ᵉ.

La journée de travail sera de neuf heures.

L'heure de travail de l'ouvrier électricien et mécanicien sera payée, au minimum, 0,80 fr de six heures du matin à six heures du soir, 1,20 fr de six heures du soir à minuit, 1,60 fr de minuit à six heures du matin.

Ces prix minima seront revisés tous les cinq ans et varieront dans la même proportion que la moyenne des salaires portés à la série de la Ville de Paris.

Pour les travaux prévus à la série des prix de la Ville de Paris, les prix de salaires seront ceux portés à la série.

Le travail à forfait sera interdit.

Les permissionnaires seront tenus d'assurer contre les accidents les ouvriers qu'ils emploieront, sans retenue sur les salaires.

Toutes les garanties utiles de sécurité des travailleurs et du public seront prises suivant les indications de l'Administration.

Art. 26. — Toute inexécution des clauses du cahier des charges, toute infraction aux règlements en vigueur ou aux prescriptions édictées par l'Administration dans la limite des droits que lui confère le cahier des charges, donnera lieu à l'application d'une amende de 50 francs, par infraction et par jour de retard, jusqu'à l'exécution de la prescription, sans qu'il soit besoin d'aucune mise en demeure et sans préjudice de l'application des clauses relatives au retrait de l'autorisation.

Le montant de ces amendes, ainsi que les frais d'exécution d'office, seront prélevés sur le cautionnement, qui devra être reconstitué dans son intégralité dans le délai maximum d'un mois après prélèvement.

En cas d'insuffisance ou de non-reconstitution du cautionnement, l'Administration aura le droit de saisir les produits de l'exploitation du permissionnaire jusqu'à due concurrence.

Ces dispositions sont également applicables au cas où le permissionnaire ne verserait pas à la Caisse municipale, dans les délais fixés, les redevances dues par lui à la Ville en vertu du présent cahier des charges.

Art. 27. — Le matériel tout entier, y compris les fils électriques et les lampes à incandescence, seront fournis par des maisons françaises et fabriqués en France.

Art. 28. — Le permissionnaire aura à se pourvoir, en temps opportun, sous sa responsabilité, de toutes autorisations nécessaires en dehors de l'administration municipale de Paris.

Art. 29. — Le permissionnaire devra faire élection de domicile à Paris.

Art. 30. — Les frais de timbre et d'enregistrement, d'impression et tous autres auxquels donnera lieu la présente autorisation, seront à la charge du permissionnaire.

Il en sera de même de toutes les taxes et contributions, de quelque nature qu'elles soient, auxquelles pourrait donner lieu la présente autorisation.

RÈGLES à observer pour la pose et l'exploitation des canalisations d'électricité sous les voies publiques de Paris.

LE PRÉFET DE LA SEINE,

Vu le rapport, en date du 8 avril 1891, dans lequel M. le Directeur de la voie publique et des promenades a signalé les divers accidents survenus sur la voie publique et pouvant être attribués à l'électricité, et proposé la nomination d'une commission chargée d'étudier les mesures à prendre en vue d'en prévenir le retour;

Vu la lettre, en date du 16 avril 1891, qui a constitué ladite commission;

Vu les résolutions adoptées par cette commission, dans sa séance du 2 juin 1891;

Attendu que, s'il appartient au Préfet de police de veiller au bon établissement et entretien des installations électriques à l'intérieur des immeubles, c'est au Préfet de la Seine qu'incombe le soin de prévenir les dangers présentés par les canalisations électriques sur la voie publique et jusqu'à l'entrée des immeubles particuliers;

Sur l'avis du Directeur des travaux,

Arrête :

ARTICLE PREMIER. — *Conducteurs électriques dans une enveloppe métallique.* — Dans tous les cas où les conducteurs électriques seront placés dans une enveloppe métallique, ils devront être isolés avec le même soin que s'ils étaient placés directement dans le sol.

ART. 2. — *Voisinage d'autres canalisations.* — Dans tous les cas où les conducteurs électriques passeront à moins de cinquante centimètres (50 cm) d'une masse métallique ou d'une canalisation bonne conductrice de l'électricité (eau, gaz, air comprimé, etc.), le permissionnaire devra prendre des mesures spéciales d'isolement pour toute la partie de ces conducteurs placée dans cette situation.

ART. 3. — *Regards.* — Les regards, établis par un permissionnaire pour le service des conducteurs électriques, ne pourront renfermer ni tuyau de gaz, d'eau, d'air comprimé, etc., ni conducteurs électriques appartenant à un autre permissionnaire.

Ces regards devront être disposés de manière à pouvoir être ventilés.

ART. 4. — *Branchements d'électricité.* — Tous les branchements d'électricité seront constitués par des conducteurs isolés. Ces conducteurs seront protégés mécaniquement d'une manière suffisante, soit par l'armature même du câble conducteur, soit par des caniveaux.

A leur entrée dans les immeubles, les branchements devront être disposés de manière que leur pénétration ne laisse aucun vide dans les murs.

Art. 5. — *Canalisations rencontrées dans l'exécution des travaux.* — Lorsque le permissionnaire, dans l'exécution des travaux, rencontrera des canalisations d'une nature quelconque (électricité, eau, gaz, air comprimé, etc.), il devra avertir immédiatement les propriétaires ou concessionnaires de ces canalisations (Compagnie parisienne du gaz, Compagnie générale des eaux, etc.). A cet effet, il sera adressé auxdits propriétaires ou concessionnaires une déclaration dûment signée et conforme à un modèle approuvé par l'administration. Des duplicata de ces signalements seront adressés à l'ingénieur chargé du service de la voie publique.

Art. 6. — *Vérification de l'état des canalisations pendant la période d'exploitation.* — Le permissionnaire sera tenu de vérifier l'état électrique de son réseau, de manière que toutes les parties en soient visitées au moins une fois par an.

Le permissionnaire avisera préalablement l'administration des époques choisies pour les différentes opérations.

Les résultats des vérifications seront consignés sur un registre dont le modèle devra être soumis à l'administration et qui devra être présenté à toute réquisition.

Art. 7. — L'Inspecteur général, Directeur des travaux de Paris, est chargé de l'exécution du présent arrêté.

RÈGLEMENT de l'usine municipale d'électricité des Halles centrales pour l'exécution et l'entretien des installations intérieures chez les abonnés.

Article premier. — *Vérification préalable de l'Administration.* — Aucune installation d'abonné ne sera mise en service sans que le service municipal d'éclairage électrique y ait fait, au préalable, toutes les vérifications jugées nécessaires. En tout cas, les installations devront être conformes aux dispositions qui suivent.

CHAPITRE Ier. — CONDITIONS D'ÉTABLISSEMENT. — MATÉRIAUX ET APPAREILS.

ART. 2. — *Tableaux de distribution.* — Dans les installations comprenant plusieurs circuits, un tableau de distribution sera établi à leur point de raccordement. L'indication bien apparente de chaque circuit y sera portée par une inscription ou une étiquette.

Un interrupteur bipolaire sera placé sur chacun des circuits.

ART. 3. — *Interrupteurs.* — Dans toutes les installations, les interrupteurs seront montés sur matières isolantes (porcelaine, marbre, ébonite, etc.). Les interrupteurs devront assurer un bon contact et ne pas s'échauffer sous le passage des courants. La densité du courant ne devra pas dépasser 10 ampères par cm^2 de surface de contact. La fermeture et la rupture devront se faire de préférence par glissement, sans que le courant puisse passer ni par l'axe ni par un ressort. L'interruption devra être rapide et complète, de manière à ne pouvoir donner naissance à un arc persistant.

ART. 4. — *Coupe-circuits.* — Il y aura obligatoirement un coupe-circuit au départ de chaque dérivation de lampes à incandescence et de chaque ligne d'arc. Il y aura également un coupe-circuit sur les circuits principaux, à chaque changement de section des câbles. Enfin les dérivations importantes seront partagées en groupes, protégés chacun par un coupe-circuit et qui ne pourront comprendre plus de huit lampes.

Les coupe-circuits seront toujours bipolaires. Ils seront d'un modèle accepté par l'Administration et porteront l'indication du courant normal pour lequel ils seront établis.

Aucun remplacement des plombs fusibles ne pourra avoir lieu qu'en présence d'un agent de l'Administration.

ART. 5. — *Câbles et fils à deux conducteurs.* — L'emploi des câbles ou fils à deux conducteurs sera évité autant que possible. En tout cas, les deux fils devront avoir des couches isolantes séparées et indépendantes de l'enveloppe protectrice extérieure.

ART. 6. — *Relation entre les sections des câbles et fils et les débits maxima.* — Les sections de cuivre devront être calculées de manière qu'en tous les cas le débit ne puisser dépasser 3 ampères par mm² de section pour les conducteurs au-dessous de 10 mm², et 2 ampères pour les conducteurs de section plus grande. Il ne sera pas employé de conducteurs d'une section inférieure à 0,7 de mm² (fil de 0,9 de mm de diamètre).

Dans toute installation, à moins d'une autorisation spéciale, la perte entre le compteur et un point quelconque de la canalisation intérieure ne dépassera pas 2 volts, toutes les lampes étant allumées.

Art. 7. — *Pose des câbles et fils.* — L'usage des fils nus est absolument interdit.

Les câbles ou fils seront posés autant que possible sous des moulures en bois ou tendus sur des taquets. Si l'emploi des moulures ou des taquets est impossible, dans des endroits d'ailleurs secs, les fils pourront être mis dans une gaine isolante et posés sous crochets, à la condition qu'au point de contact entre le fil et le crochet, un isolant supplémentaire soit interposé.

Il est absolument interdit de poser deux fils sous le même crochet et on devra laisser au moins 1 cm d'écartement net entre deux fils distincts.

Les crochets devront être posés alternativement sur les deux fils d'une même dérivation, de manière à ménager une distance d'au moins 10 cm entre deux crochets placés sur des fils différents. Pour le passage des murs et des plafonds qui ne seraient pas traversés en moulures, les fils seront protégés séparément par un tube isolant. Lorsque l'ensemble sera placé dans un fourreau, la longueur de ce fourreau sera un peu inférieure à celle des tubes isolants.

Si les conducteurs rencontrent des tuyaux de gaz, ceux-ci devront être encastrés dans le mur ou en être écartés de manière à ménager le passage de la moulure.

Pour les conducteurs exposés à l'humidité, on emploiera exclusivement des fils sous plomb, qui seront, soit posés dans des moulures revêtues d'un enduit hydrofuge, soit fixés sur des isolateurs en porcelaine, assez rapprochés pour éviter le contact entre les fils.

A l'extérieur des maisons, les fils sous plomb devront être supérieurement isolés et tenus à 10 cm d'écartement; ils ne pourront jamais reposer sur des fers de vitrages ni sur des feuilles de zinc ou de plomb.

Art. 8. — *Epissures.* — Dans les parties de câbles, destinées à être reliées par une épissure, le décapage se fera au moyen de résine; l'emploi des acides est proscrit.

L'épissure terminée et convenablement vérifiée sera revêtue de soudure et l'ensemble sera finalement ébarbé à la lime.

L'isolant du câble sera rétabli par l'emploi de matières isolantes équivalentes à celles qui lui servent d'enveloppe.

Art. 9. — *Moulures.* — Les moulures devont être en bois sain et sec; elles seront fixées solidement aux parois, au besoin à l'aide de tampons.

Les fils devront entrer sans effort dans les rainures et leur pose sera faite de manière à ne pas endommager l'isolant.

La moulure ne devra présenter aucune discontinuité dans les angles, courbes et raccords. Les angles des rainures devront être arrondis à chaque changement de direction. Les fils ne devront jamais être fixés dans les moulures au moyen de pointes ou de crochets. Les couvercles seront cloués avec grand soin et vissés, si besoin est; toutes les pointes ou vis seront fixées dans l'âme de la moulure.

Art. 10. — *Appareillage.* — Le plus grand soin sera apporté dans l'équipement des lustres, bras, appliques, qui seront toujours montés sur un raccord isolant d'au moins 1 cm d'épaisseur.

Les conducteurs qui y seront placés seront supérieurement isolés au caoutchouc, ils épouseront les formes des appareils le plus strictement possible.

Dans les lustres ayant cinq lampes ou davantage, on devra éviter les épissures; les fils de chaque lampe seront de préférence réunis à la dérivation sur des couronnes métalliques munies de vis.

Art. 11. — *Circuits de lampes à arc.* — Chaque circuit d'arcs comprendra un interrupteur, deux coupe-circuits, et, s'il y a lieu, un rhéostat.

Le rhéostat sera placé dans un endroit aéré et loin de toutes matières inflammables, son fil sera séparé par une couche d'air d'au moins 3 cm du mur ou du tableau portant le rhéostat.

Les lampes à arc seront isolées de leur point de suspension, elles seront munies de globes grillagés, supportés et non suspendus; si les globes ne sont pas fermés, ils porteront à leur partie inférieure un cendrier.

Pour les lampes à arc placées au dehors, un chapeau servira à abriter les entrées de fils; les globes ou cendriers devront présenter à leur base un trou de 3 mm pour l'écoulement de l'eau de pluie.

Chapitre II. — Conditions d'isolement. — Essais.

Art. 12. — *Isolement.* — Les mesures se feront avec une force électromotrice de 200 volts.

Chaque partie d'un conducteur, pouvant être isolée de l'ensemble, devra présenter, au moment de la mise en service, une résistance d'isolement minimum de 2 mégohms, soit entre ce conducteur et la terre, soit entre ce conducteur et celui de nom contraire.

En service, l'isolement ne devra pas tomber au-dessous de 200 000 ohms.

Art. 13. — *Délai pour la remise en bon état des installations en cas de mauvais isolement.* — Dans les cas où l'isolement d'une installation, soit neuve, soit en service, serait reconnu trop faible, un délai ferme sera assigné à l'abonné pour faire rechercher et réparer les défauts.

A l'expiration de ce délai, une nouvelle vérification aura lieu.

Art. 14. — *Arrêt du service de toute installation défectueuse.* — Si l'Administration reconnaît qu'une installation ou partie d'installation est défectueuse, à n'importe quelle époque elle pourra en interdire l'usage et pour cela retirer au besoin à l'abonné la disposition du courant électrique.

DOCUMENTS DIVERS

ASSOCIATION DES INDUSTRIELS DE FRANCE CONTRE LES ACCIDENTS DU TRAVAIL

Siège social : 3, rue de Lutèce, Paris.

L'Association des Industriels de France contre les accidents du travail, reconnue établissement d'utilité publique, a pour but de donner à ses adhérents tous les conseils et tous les renseignements de nature à réduire le plus complètement possible, dans leurs usines ou ateliers, les risques d'accidents.

Elle agit par des inspections, par des publications, comprenant des Bulletins annuels, des brochures spéciales et des affiches d'atelier.

Elle compte aujourd'hui près de 1800 membres et son action protectrice s'exerce déjà dans 72 départements et sur près de 250 000 ouvriers.

L'industriel qui appartient à cette utile association crée en sa faveur une présomption de prudence et de prévoyance dont il lui est tenu compte et marche vers un abaissement des primes d'assurance contre les accidents.

INSTRUCTIONS concernant la mise en marche et l'arrêt des moteurs.

Article premier. — Le mécanicien ne devra jamais mettre le moteur en marche, même quand les ouvriers ne sont pas encore rentrés dans l'atelier, sans donner préalablement le signal de la façon suivante : trois coups de sifflet ou de cloche, séparés par un intervalle de cinq secondes environ.

Art. 2. — Lorsque arrive le moment où le moteur doit être

mis au repos, le mécanicien l'annonce par un coup de sifflet ou de cloche; puis, après le temps nécessaire pour débrayer les machines, il donne un autre coup de sifflet ou de cloche, et arrête.

Art. 3. — Quand, dans le cours du travail, l'arrêt du moteur est demandé pour une cause quelconque, le mécanicien doit fermer d'abord son robinet de vapeur et répondre ensuite par deux coups de sifflet ou de cloche. Il ne devra, dans ce cas, remettre sa machine en marche que sur l'ordre du contremaître et après avoir donné le signe habituel.

Observation. — Dans les machines de grandes dimensions et surtout dans les machines à condensation, il arrive quelquefois que le moteur se remet en marche après l'arrêt et fait 1/4 ou 1/2 révolution. Les ouvriers devront donc attendre un instant après le signal d'arrêt avant de se mettre en contact avec la transmission.

INSTRUCTIONS concernant les transmissions.

Article premier. — Aussitôt que le signal de mise en marche du moteur est donné, les ouvriers occupés à nettoyer ou à réparer les transmissions ou machines doivent se retirer immédiatement. Quand on arrête le moteur, les ouvriers ne doivent se mettre en contact avec les transmissions qu'après que le dernier signal est donné.

Art. 2. — Il est expressément interdit, pendant que la transmission est en marche, de se mettre en contact direct avec elle pour la nettoyer en tenant à la main du déchet ou des chiffons.

Art. 3. — Pour nettoyer ou épousseter les arbres et les poulies de transmission pendant la marche, on doit le faire sans quitter le sol, et se servir d'une perche, soit à brosse, soit à crochet garni de vieilles cordes.

L'emploi d'une échelle ou tout autre appui pour s'élever au-dessus du sol est formellement interdit.

Art. 4. — Les roues, les poulies folles, les supports et les coussinets ne doivent être nettoyés et graissés que lorsque la transmission est en repos, et seulement pendant les arrêts réglementaires réguliers. Autant que possible un homme sera désigné spécialement pour ce travail.

Si un palier vient à chauffer pendant la marche, on arrêtera la transmission pour le graisser; l'ouvrier spécial sera seul chargé de ce travail en prenant toutes les précautions indiquées.

Art. 5. — Il est expressément interdit de monter les courroies sur leurs poulies pendant que la transmission est en marche. Dans certains cas, sur l'autorisation du contremaître qui doit être prévenu, l'ouvrier peut déroger à cet article, mais en se servant toujours de la perche à crochet sans quitter le sol.

Art. 6. — Lorsqu'il y a quelqu'un occupé à la transmission durant les heures de repos ou le matin avant la mise en marche, le contremaître et le mécanicien doivent en être prévenus.

Le mécanicien ne devra mettre en marche que sur un ordre exprès du contremaître.

Observations. — Il a été constaté que les vêtements trop amples ont été la cause de fréquents accidents. Il faut donc tenir essentiellement à ce que les ouvriers en général et surtout ceux employés aux transmissions soient vêtus de vestes fermées. Les cravates à bouts flottants et les tabliers sont formellement interdits.

Les contremaîtres sont spécialement chargés de faire exécuter les règlements et tenus de bien les observer eux-mêmes.

ACADÉMIE DE MÉDECINE

RAPPORT *du 4 décembre 1891* **sur une Instruction concernant les soins à donner aux victimes des accidents électriques,** au nom d'une Commission composée de MM. Bouchard, D'Arsonval, Laborde et Gariel, *rapporteur.*

M. le Ministre des travaux publics a demandé à l'Académie de lui donner le texte d'une instruction sur les soins à donner aux victimes des accidents qui peuvent se produire dans les usines productrices d'électricité et sur le parcours des conducteurs électriques. Cette instruction doit être communiquée à tous les agents qui peuvent être présents lors des accidents et qui, par là, peuvent être à même de porter les premiers secours; c'est dire qu'elle doit être essentiellement pratique, que toute considération théorique doit en être écartée.

C'est le texte de cette instruction que nous allons soumettre à l'approbation de l'Académie.

Lorsqu'un individu est victime d'un accident dû au contact de conducteurs d'électricité ou de machines génératrices, le contact peut exister encore lorsque les secours arrivent, ou le contact peut avoir cessé.

Dans le premier cas, des précautions particulières doivent être prises pour faire cesser le contact, sans que les personnes qui interviennent puissent être victimes également.

S'il est possible, il convient de faire cesser immédiatement le fonctionnement de la machine génératrice; si ce n'est pas possible, on interrompra le courant en coupant le conducteur avec des instruments dans lesquels la partie tranchante sera séparée du manche par des parties isolantes; ou bien encore, on établira la mise à la terre, ou une dérivation (un shunt) à l'aide d'un conducteur de faible résistance, qui diminuera l'intensité du courant dans la partie où la victime est en contact avec le conducteur principal, etc.

Ces remarques sont signalées à titre d'indication seulement; elles ne présentent rien de particulier sur quoi l'Académie de médecine ait une compétence spéciale et devront être précisées par la Commission technique instituée par le Ministère des travaux publics.

Nous avons, en réalité, pour l'instruction qui nous est demandée, à nous occuper seulement du cas où la victime n'est plus en contact avec le conducteur ou la machine.

INSTRUCTION sur les premiers soins à donner aux foudroyés, victimes des accidents électriques.

On transportera d'abord la victime dans un lieu aéré où l'on ne conservera qu'un petit nombre d'aides, trois ou quatre, toutes les autres personnes étant écartées. On desserrera les vêtements et l'on s'efforcera, le plus rapidement possible, à rétablir la respiration et la circulation. Pour rétablir la respiration, on peut avoir recours principalement aux deux moyens suivants : la traction rythmée de la langue, et la respiration artificielle.

1° *Méthode de la traction rythmée de la langue.* — Ouvrir la bouche de la victime, et, si les dents sont serrées, les écarter, en forçant avec les doigts ou avec un corps résistant quelconque, morceau de bois, manche de couteau, dos de cuiller ou de fourchette, extrémité d'une canne....

Saisir solidement la partie antérieure de la langue entre le pouce et l'index de la main droite, nus ou revêtus d'un linge quelconque, d'un mouchoir de poche par exemple (pour empêcher le glissement), et exercer sur elle de fortes tractions répétées, successives, cadencées ou rythmées, suivies de relâchement, en imitant les mouvements rythmés de la respiration elle-même, au nombre d'au moins vingt par minute. Les tractions linguales doivent être pratiquées sans retard et avec persistance durant une demi-heure, une heure et plus.

2° *Méthode de la respiration artificielle.* — Coucher la victime sur le dos, les épaules légèrement soulevées, la bouche ouverte, la langue bien dégagée. Saisir les bras à la hauteur des coudes, les appuyer assez fortement sur les parois de la poitrine, puis les écarter et les porter au-dessus de la tête, en décrivant un arc de cercle; les ramener ensuite à leur position primitive, en pressant sur les parois de la poitrine. Répéter ces mouvements environ vingt fois par minute, en continuant jusqu'au rétablissement de la respiration naturelle. Il conviendra de commencer toujours par la méthode de la traction de la langue, en appliquant en même temps, s'il est possible, la méthode de la respiration artificielle. D'autre part, il conviendra concurremment de chercher à ramener la circulation en frictionnant la surface du corps; en flagellant le tronc avec les mains ou avec des serviettes mouillées, en jetant de temps en temps de l'eau froide sur la figure, en faisant respirer de l'ammoniaque ou du vinaigre.

CONSEIL D'HYGIÈNE PUBLIQUE ET DE SALUBRITÉ DU DÉPARTEMENT DE LA SEINE

(*Séance du 9 juillet 1897*).

INSTRUCTIONS sur les premiers secours à donner aux foudroyés.

On transporte le patient à quelque distance du lieu de l'accident, on dégage son cou et sa poitrine et l'on s'efforce de provoquer *le retour de la respiration* par l'une des méthodes suivantes :

A. Tractions rythmées de la langue;

B. Respiration artificielle.

Il conviendra de procéder toujours aux tractions rythmées de la langue, en appliquant en même temps, s'il est possible, la méthode de la respiration artificielle.

A. TRACTIONS RYTHMÉES DE LA LANGUE.

Les manœuvres devront être commencées aussitôt que possible :

1° Coucher l'individu sur le dos, la tête légèrement tournée de côté;

2° Ouvrir les mâchoires, en les écartant de force, si elles sont serrées;

3° Saisir la langue avec la main droite, entre le pouce et l'index, avec un mouchoir ou un linge quelconque;

4° Tirer fortement la langue hors de la bouche, environ vingt fois par minute; ne pas craindre de tirer très fort : il faut qu'à chaque traction, les mâchoires étant largement ouvertes, la langue sorte complètement de la bouche;

5° Les manœuvres de traction de la langue doivent être continuées avec persistance pendant une heure au moins.

Nota. — Si l'opérateur est embarrassé pour le nombre des tractions à opérer, il pourra se régler sur sa propre respiration et exercer sur la langue du foudroyé une traction à chaque inspiration. L'apparition du hoquet ou du vomissement est un signe favorable; s'il se produit, il faudra continuer longtemps encore les tractions de la langue.

B. Respiration artificielle.

Coucher le malade sur le dos, les épaules légèrement soulevées, la bouche ouverte, la langue bien tirée.

Puis, employer une des méthodes suivantes :

Première méthode. — Saisir les bras du malade à la hauteur des coudes, les appuyer assez fortement sur les parois de sa poitrine, puis les écarter et les porter au-dessus de sa tête, en décrivant un arc de cercle; les ramener ensuite à leur position primitive, en passant sur les parois de la poitrine.

Répéter ces mouvements environ vingt fois par minute, en continuant jusqu'au rétablissement de la respiration naturelle.

Deuxième méthode. — Appliquer énergiquement ses mains à plat sur la partie inférieure et latérale du thorax, en exerçant une assez forte pression, et lâcher aussitôt après.

Répéter ces mouvements environ vingt fois par minute, en continuant jusqu'au rétablissement de la respiration naturelle.

SOCIÉTÉ INTERNATIONALE DES ÉLECTRICIENS

RECONNUE D'UTILITÉ PUBLIQUE PAR DÉCRET DU 7 DÉCEMBRE 1886

Siège social : 12, rue de Staël, Paris.

EXTRAIT DES STATUTS

Article premier. — La Société internationale des Électriciens a pour but :

1° De centraliser, pour leur étude et leur discussion, les renseignements et les documents concernant les progrès de l'Électricité;

2° De favoriser la vulgarisation et le développement de l'Électricité par tous les moyens. A cet effet, elle exerce son action par des réunions, des conférences, des publications, des dons en instruments ou en argent, aux personnes travaillant à des recherches ou entreprises scientifiques qu'elle aurait provoquées ou approuvées;

3° D'établir et d'entretenir des relations suivies et de solidarité entre les divers membres, français ou étrangers, de la Société;

Art. 3. — Pour devenir Membre de la Société, il faut :

Adresser au Président une demande écrite appuyée par deux Membres de la Société;

Être élu en séance, à la majorité des voix.

Les Sociétés et Compagnies scientifiques et industrielles peuvent, sur l'avis motivé du Comité, figurer parmi les Membres de la Société internationale des Électriciens. Elles sont alors représentées dans les actes de la Société par un délégué spécial.

Tout Membre ayant fait don à la Société d'une somme d'au moins 500 fr reçoit la qualité de donateur.

Art. 4. — Tous les Membres de la Société, sauf les Membres honoraires, payent une cotisation annuelle dont le minimum est fixé à 20 fr.

EXTRAIT DU RÈGLEMENT

Art. 3. — Le payement de la première cotisation doit être effectué par chaque membre nouveau, immédiatement après son admission. La cotisation de l'année en cours est due, quelle que soit la date de l'admission.

Art. 4. — Le payement des cotisations suivantes devra être effectué du 1er janvier au 30 juin.

Art. 5. — Les quittances seront détachées d'un registre à souches et signées du Trésorier.

Art. 6. — En cas de non-payement d'une cotisation échue et réclamée, l'envoi des publications est suspendu.

Art. 7. — Tout membre en retard de deux années pour le payement de ses cotisations sera, après un dernier avertissement, considéré comme ne faisant plus partie de la Société.

Art. 8. — Toute démission donnée ne sera valable qu'après acquittement des cotisations dues; sinon la radiation sera prononcée.

LABORATOIRE CENTRAL D'ÉLECTRICITÉ, 12 *et* 14, *rue de Staël, Paris.*

Le Laboratoire central d'Électricité, fondé par la Société internationale des Électriciens, a pour objet de : 1° réunir et conserver une série d'étalons de toutes les grandeurs électriques; 2° former une bibliothèque aussi complète que possible des ouvrages français et étrangers traitant d'Électricité; 3° étalonner des appareils de mesure appartenant à des tiers; 5° déterminer les constantes d'appareils électriques industriels (piles, accumulateurs, dynamos, brûleurs, etc.); 5° étudier des appareils nouveaux ou des méthodes nouvelles ayant trait à l'Électricité; 6° faciliter des études et des recherches personnelles sur le même sujet.

TARIF DES ESSAIS ET ÉTALONNEMENTS

I. — ESSAIS DONNANT LIEU A UN CERTIFICAT

PREMIÈRE CATÉGORIE

Étalonnements d'appareils industriels de mesure.

Courants continus :

	Francs.
Ampèremètres de 0 à 100 ampères	5
— 100 à 500 —	10
— 500 à 1000 —	20
Voltmètres de 0 à 150 volts	5
— 150 à 500 —	10
— 500 à 1000 —	20

Courants alternatifs :

Ampèremètres de 0 à 100 ampères	10
— 100 à 500 —	15
— 500 à 1000 —	25
Voltmètres ou électromètres de 0 à 150 volts	10
— 150 à 500 —	15
— 500 à 1000 —	25
— 1000 à 5000 —	50
— au-dessus de 5000 volts	100

Wattmètres :

De 0 à 5000 watts	15
De 5000 à 10000 —	25
Au-dessus de 10000 watts	50

Compteurs :

De 0 à 100 ampères et de 0 à 250 volts	20
De 100 à 1000 — 250 à 1000 —	40
Étude de la marche d'un compteur pendant une heure	40
Condensateurs : Condensateur industriel (capacité)	10

DEUXIÈME CATÉGORIE

Essais d'appareils industriels.

Lampes à incandescence :

Dépense de puissance et intensité lumineuse dans une direction donnée	5
Dépense de puissance et intensité lumineuse, pour deux à cinq lampes de même voltage	10
Courbe de répartition de la radiation dans un plan	20
Variation de l'intensité lumineuse avec le voltage	10

	Francs.
Lampes à arc :	
Dépense de puissance et intensité lumineuse dans une direction donnée	20
Courbe de répartition de la radiation dans un plan . .	40
Intensité moyenne sphérique	40
Essai du fonctionnement d'une lampe à arc, et enregistrement de la différence de potentiel aux bornes ou du courant pendant une heure.	25
Chaque heure supplémentaire	5
Gaz et sources lumineuses usuelles :	
Consommation et intensité dans une direction donné. .	20
Éclairement : mesure de l'éclairement en un point quelconque	15
Piles : Essai d'une pile depuis.	20
Accumulateurs : Essai d'un accumulateur : chaque chargé et décharge mesurée	10
Transformateurs : Mesure de la puissance à vide :	
Jusqu'à 5 kilowatts.	15
Au-dessus de 5 kilowatts	25
Paratonnerres : Vérification d'un paratonnerre	20
Ce prix sera augmenté des frais de déplacement.	
Dynamos :	
Essai au frein d'un moteur de moins de 1 cheval. . . .	25
Essai d'une machine de plus de 1 cheval (prix à établir de gré à gré d'après la puissance de la machine et le programme de l'essai).	
Coupe-circuits :	
Essai de coupe-circuits au-dessous de 20 ampères; les 10.	10
— de 20 à 100 ampères; les 10 . .	20
— de 100 à 500 ampères; les 10 . .	30

TROISIÈME CATÉGORIE

Essais de matériaux.

Conducteurs :	
Résistance d'un conducteur de plus de $\frac{1}{100}$ d'ohm à la température ordinaire	10
Résistance d'un conducteur de moins de $\frac{1}{100}$ d'ohm à la température ordinaire	25
Essai mécanique d'un fil (charge de rupture, allongement, pliages)	10

Francs.

Isolants :

Résistance d'isolement d'un diélectrique sous forme de plaques 20

Essai d'un isolateurs 15

Câbles :

Essai d'un câble à la température ordinaire. 20

Essai d'un câble maintenu pendant vingt-quatre heures dans l'eau à 24° 50

Charbons :

Conductibilité d'un crayon de charbon pour arcs, à la température ordinaire. 5

Essai d'un charbon pour arc. 30

Fers :

Perméabilité d'un échantillon de fer pour une induction donnée (dimensions définies par le laboratoire) . . . 25

Étude complète du cycle entre deux valeurs de l'induction. 50

QUATRIÈME CATÉGORIE

Mesures de précision.

Résistances :

Étalonnement à $\frac{1}{1000}$ près d'une bobine de résistance de plus de $\frac{1}{10}$ d'ohm à la température ordinaire. . . . 10

Étalonnement à $\frac{1}{1000}$ près d'une caisse de résistances, suivant le nombre de bobines; à partir de. 25

Étalonnement à $\frac{1}{10000}$ près d'un étalon de résistance à la température ordinaire. 50

Étalonnement à $\frac{1}{10000}$ près d'un étalon de résistance à zéro et coefficient de variation avec la température. . 100

Résistance d'une barre métallique de moins de $\frac{1}{100}$ d'ohm et coefficient de variation avec la température. . . . 50

Résistance à 0° d'un fil métallique de plus de $\frac{1}{100}$ d'ohm et coefficient de variation avec la température. . . . 25

Force électromotrice :

Étalonnement à $\frac{1}{10000}$ près de la force électromotrice d'un étalon de force électromotrice à la température ordinaire 10

Étalonnement à $\frac{1}{10000}$ près de la force électromotrice d'un étalon de force électromotrice et coefficient de variation avec la température. 100

Francs.

Intensité :

Étalonnement à $\frac{1}{1000}$ près d'un ampèremètre de précision à la température ordinaire. 50

Capacité :

Capacité d'un condensateur de précision 50

— subdivisé. 50

Induction :

Coefficient de self-induction d'une bobine sans fer; à partir de 10

Prix réduits, applicables au tarif des essais des quatre premières catégories :

5 essais identiques sont tarifés au prix de 4 essais.
10 — — 7 —
25 — — 15 —

CINQUIÈME CATÉGORIE. — *Travaux imprévus.*

Des travaux non prévus au tarif peuvent être faits par le Laboratoire. Le prix en sera établi d'après le temps et les dépenses nécessaires.

II. — ESSAIS NE DONNANT PAS LIEU A UN CERTIFICAT

Essais faits au Laboratoire par l'intéressé lui-même sans le concours du personnel du Laboratoire :

La journée de huit heures. 15
La demi-journée de quatre heures 10

Les fournitures avancées par le Laboratoire sont facturées en sus au prix de revient. L'énergie électrique est comptée à raison de 1,50 fr par kilowatt-heure.

Le concours du personnel du Laboratoire pourra être obtenu, si les circonstances le permettent, dans les conditions suivantes :

Par journée pour un agent du personnel technique . . 25
— — auxiliaire . . 10

III. — ESSAIS FAITS EN DEHORS DU LABORATOIRE

Les prix du tarif ci-dessus demeurent applicables, ils sont majorés : 1° Des dépenses avancées par le Laboratoire pour le transport du personnel et du matériel; 2° D'une indemnité de déplacement de 25 fr par jour et par opérateur, ou de 15 fr par demi-journée.

SYNDICAT PROFESSIONNEL DES INDUSTRIES ÉLECTRIQUES

Siège social : 11, rue Saint-Lazare, Paris.

STATUTS approuvés par l'Assemblée générale du 7 février 1899.

TITRE PREMIER. — FORMATION ET OBJET DE LA SOCIÉTÉ. — DÉNOMINATION. — SIÈGE SOCIAL. — DURÉE :

Article premier. — Il est formé, conformément au texte de la Loi du 21 mars 1884, entre tous ceux qui adhéreront aux présents statuts, une Société qui prend le nom de Syndicat professionnel des Industries Électriques.

Art. 2. — Les conditions essentielles d'admission au Syndicat sont :

1° D'être attaché aux industries électriques par sa fabrication, son commerce, sa profession ou ses intérêts;

2° De n'avoir été frappé d'aucune condamnation judiciaire ou déshonorante;

3° De ne pas être en état de faillite ou de suspension de paiements;

4° D'être présenté par deux membres du Syndicat et admis par la Chambre Syndicale à la majorité des deux tiers des membres présents.

Art. 3. — Le Syndicat a pour objet :

1° De se livrer à l'étude et à la défense des intérêts des industries électriques; de veiller à la considération, à la prospérité et au développement de ces industries; de régulariser les rapports et de resserrer les liens de confraternité entre tous ses membres;

2° D'examiner et de présenter toutes réformes et améliorations, toutes mesures économiques ou législatives dont l'expérience aurait démontré la nécessité et de les soutenir auprès des autorités compétentes et des pouvoirs publics;

3° D'augmenter la sécurité de l'industrie par des renseignements mutuels;

4° De donner de l'unité aux règles et usages qui existent dans chaque établissement concernant les rapports entre patrons et ouvriers et de faciliter l'entente entre les uns et les autres;

5° De fournir des arbitres et des experts pour l'examen des questions litigieuses concernant la profession.

Art. 4. — Le siège du Syndicat est à Paris.

Art. 5. — Le Syndicat a pris naissance en 1877; sa durée est illimitée.

TITRE II. — ADMINISTRATION DU SYNDICAT :

Art. 6. — Le Syndicat est administré par une Chambre Syndicale composée de trente-cinq membres au moins, élus par l'Assemblée générale des sociétaires, au scrutin de liste et à la majorité relative des membres présents ou des votes adressés par correspondance.

Art. 7. — Les membres de la Chambre Syndicale doivent être Français ou naturalisés Français et en pleine possession de leurs droits civils. — L'acceptation des membres élus est constatée par le procès-verbal de l'Assemblée ou dans le délai d'un mois après notification adressée par le Secrétaire.

Art. 8. — Les membres de la Chambre Syndicale sont élus pour trois ans.

Art. 9. — En cas de non-acceptation, de décès ou de démission d'un ou plusieurs membres de la Chambre, celle-ci pourvoit d'office à leur remplacement. Les membres ainsi désignés fonctionneront jusqu'à la plus prochaine Assemblée générale. Les fonctions du nouveau membre expirent avec le mandat de celui auquel il a succédé. Si le nombre des décès ou démissions réduit d'un tiers les membres de la Chambre, le Président convoquera une Assemblée générale pour remplacer les manquants.

Art. 10. — La Chambre nomme dans son sein un Bureau composé : d'un Président, d'un ou plusieurs Vice-Présidents, d'un ou plusieurs Secrétaires et d'un Trésorier.

Le Bureau tout entier est renouvelé tous les ans; les membres sortants sont rééligibles; cependant, les fonctions de Président ne peuvent pas être exercées par la même personne pendant plus de trois années consécutives. Les anciens Présidents font de droit partie du Bureau.

Art. 11. — Les fonctions de Président consistent à présider les réunions de la Chambre Syndicale et les Assemblées générales; y maintenir l'ordre, faire observer les statuts, poser les questions, diriger la discussion, proclamer les votes, présider les commissions, et enfin s'occuper de toutes les questions intéressant le Syndicat.

Art. 12. — Les Vice-Présidents assistent le Président, le suppléent et le remplacent.

Art. 13. — Les Secrétaires rédigent les procès-verbaux des séances de la Chambre et les rapports aux Assemblées générales. Ils gardent, s'il y a lieu, les archives et la correspondance. En cas d'absence, ils sont suppléés par un membre de la Chambre désigné par elle.

Art. 14. — Le Trésorier perçoit les cotisations et, d'une manière générale, les recettes du Syndicat. Il tient la comptabilité, fait des fonds de caisse l'emploi déterminé par la Chambre Syndicale, acquitte les dépenses après vérification par le Président ou par la Chambre, ou par ses délégués.

Art. 15. — La Chambre se réunit régulièrement une fois chaque mois au siège social.

Art. 16. — La Chambre ne peut délibérer valablement que si le tiers de ses membres assiste à la séance.

Art. 17. — La Chambre statue sur les admissions, démissions et radiations.

Elle fait exécuter les mesures arrêtées dans les Assemblées générales; examine les propositions et mémoires qui lui sont adressés; répond, s'il y a lieu, aux demandes formées par les sociétaires; examine et concilie, si faire se peut, les affaires qui sont soumises à son appréciation; désigne ceux des membres du Syndicat qui sont jugés aptes à être présentés aux tribunaux civils ou de commerce, pour être inscrits sur la liste des experts ou des arbitres.

Art. 18. — La Chambre Syndicale est investie des pouvoirs les plus étendus par l'administration du Syndicat.

Elle fixe les dépenses générales de l'Administration, vérifie les mémoires et autorise les payements.

Elle veille à la perception des cotisations et de tous autres revenus du Syndicat; reçoit et a la faculté d'accepter tous dons et legs qui sont faits au Syndicat dans les limites fixées par la loi.

Elle détermine l'emploi des fonds disponibles.

Elle autorise tous retraits, transferts et aliénations de fonds, rentes et valeurs appartenant au Syndicat : elle donne toutes quittances.

Elle autorise toutes mainlevées d'opposition ou inscriptions hypothécaires.

Elle autorise toute action judiciaire, tous traités, transactions, compromis.

Elle peut aider à la création de salles de réunion, de bibliothèques et de cours d'instruction professionnelle. Elle autorise les marchés de toute nature, les achats de matériaux, de machines, de terrains et d'immeubles nécessaires au Syndicat; elle autorise, dans le même but, tous achats et ventes d'objets mobiliers.

Elle nomme et révoque tous employés et agents, détermine leurs attributions et fixe leur traitement.

Art. 19. — La Chambre Syndicale peut déléguer tout ou partie de ses pouvoirs par un mandat spécial soit aux membres du Bureau, soit à des Commissions prises dans son sein.

TITRE III. — DES ASSEMBLÉES GÉNÉRALES :

Art. 20. — Une assemblée générale a lieu dans le premier trimestre de chaque année.

Elle entend le compte rendu annuel des travaux; approuve les comptes; procède aux élections pour le renouvellement de la Chambre Syndicale; statue sur les propositions qui lui sont faites par la Chambre et qui auront été, au préalable, inscrites à l'ordre du jour.

Cette assemblée est présidée par le Président de la Chambre Syndicale ou, en son absence, par l'un des Vice-Présidents ou par tout autre membre de la Chambre, qui, à défaut de l'un ou de l'autre, est désigné par la Chambre.

Les décisions sont prises à la majorité relative des membres présents.

Le scrutin secret est de droit sur la demande de dix membres. Les membres adhérents ayant payé leur cotisation sont seuls admis à voter soit par le dépôt direct de leur vote dans la séance, soit par correspondance.

Art. 21. — Des assemblées générales extraordinaires peuvent être convoquées par le Président, sur l'avis de la Chambre, en limitant l'objet de la réunion.

Les convocations pour les Assemblées générales ordinaires ou extraordinaires doivent être faites au moins cinq jours à l'avance et indiquer l'ordre du jour.

TITRE IV. — DE LA COTISATION :

Art. 22. — La cotisation est fixée à 24 francs par an pour tous les membres adhérents.

Elle est due intégralement pour tout membre admis dans le courant de l'année sociale, qui commence le 1er janvier. Toutefois, les membres admis dès le 1er octobre auront la faculté de ne pas payer la cotisation de l'année courante.

Le Trésorier détache les quittances d'un registre à souche, contenant le numéro d'ordre, les noms, prénoms et professions des sociétaires et l'importance du versement effectué ou à effectuer.

TITRE V. — LES DÉMISSIONS OU EXCLUSIONS :

Art. 23. — Tout membre adhérent pourra se retirer du Syndicat quand bon lui semblera, en donnant avis par écrit au Président.

Les membres démissionnaires abandonnent à la caisse du Syndicat les versements qu'ils ont faits.

Il ne peut leur être réclamé, en outre des versements, que la cotisation de l'année courante.

Art. 24. — La Chambre Syndicale cite devant elle, d'office ou sur la demande qui lui en a été faite par un ou plusieurs membres, tout membre du Syndicat dont les opérations lui paraissent contraires à la loyauté et à la probité commerciales.

Si le membre convoqué ne comparaît pas après deux invitations, ou s'il ne justifie pas des faits relevés contre lui, la Chambre peut prononcer son exclusion.

Le membre exclu pourra former un recours devant l'une des Assemblées générales, après en avoir prévenu le Président trois jours avant la réunion; mais les décisions prises par l'Assemblée sont souveraines et ne sont susceptibles d'aucun recours devant les tribunaux.

Art. 25. — Sont exclus de droit les membres qui, après trois invitations, n'ont pas payé leur cotisation: ceux condamnés pour peines infamantes, ceux déclarés en faillitte et ceux qui ont suspendu leurs paiements; ils ne peuvent être admis de nouveau qu'après avoir justifié de leur réhabilitation ou de la reprise régulière de leurs opérations.

Les versements restent acquis à la Caisse du Syndicat.

TITRE VI. — BULLETIN :

Art. 26. — Un Bulletin mensuel rend compte des travaux de la Chambre Syndicale; il donne, en outre, les documents officiels, les avis commerciaux et les renseignements divers intéressant les industries électriques.

Le Bureau détermine la composition de chaque Bulletin. Il est envoyé gratuitement à tous les membres adhérents.

Des abonnements peuvent être consentis par le Bureau à un prix fixé par la Chambre Syndicale. Enfin, le Bureau décide les échanges avec les autres publications et la distribution du Bulletin en dehors des membres du Syndicat.

TITRE VII. — MODIFICATIONS AUX STATUTS :

Art. 27. — Les présents statuts peuvent être modifiés par l'Assemblée générale sur la proposition de la Chambre Syndicale ou de trente membres ayant demandé au Président l'inscription de leur proposition à l'ordre du jour de l'Assemblée générale.

Les modifications doivent, pour être valables, être votées à la majorité absolue, par une Assemblée comprenant au moins la moitié des membres du Syndicat, présents ou votants par correspondance.

BUREAU DE CONTROLE des installations électriques, créé par délibération de la Chambre syndicale des Industries électriques *en date du* 10 *janvier* 1893.

Directeur : M. Gaston Roux. — *Siège:* 12, rue Hippolyte Lebas.

RÈGLEMENT

I. Le Bureau de contrôle a pour but :

1° D'assurer périodiquement, pour le compte de ses adhérents, le contrôle de leurs installations en fonction, de façon à empêcher que des détériorations n'en compromettent incidemment la sécurité;

2° De procéder, sur la requête de tout intéressé, à la vérification des installations;

3° De centraliser tous les renseignements techniques, commerciaux, juridiques ou administratifs relatifs aux installations, stations centrales ou autres entreprises d'électricité.

II. Les moyens d'action du Bureau consistent dans les visites et vérifications des installations, par un personnel spécial d'inspecteurs, et dans la communication, aux abonnés, des observations recueillies au cours des visites.

III. Bien que placé sous le patronage de la Chambre syndicale des industries électriques, qui nomme son Directeur, et discute son règlement, le Bureau de contrôle conserve, dans ses travaux, son entière indépendance.

IV. Pour assurer l'impartialité qui doit présider à ses fonctions, le Directeur du Bureau s'interdit de faire acte d'entrepreneur ou de fabricant d'appareillage électrique, et d'accepter un intérêt quelconque dans une maison d'entreprise d'installation ou de construction d'appareillage électrique.

V. Le Bureau de contrôle garantit à ses abonnés, à titre de service ordinaire, deux vérifications de leurs installations, par an. Ces vérifications, qui sont toujours complétées par des mesures d'isolement et une épreuve du compteur, se font précédées d'un avertissement préalable, en tenant compte seulement des indications des abonnés, à un intervalle de cinq mois au moins et de sept au plus. Les inspecteurs sont tenus de donner, à chaque visite, toutes les indications nécessaires pour assurer la bonne marche de l'installation. Toute visite donne lieu à un rapport écrit constatant l'état général de l'installation, et signalant les points particuliers auxquels des modifications doivent être apportées. Ce rapport est adressé à l'abonné.

VI. En cas d'accident, les abonnés sont tenus d'en aviser immédiatement le Directeur qui aussitôt qu'il a connaissance de l'accident, se rend sur place, ou envoie un inspecteur, pour en rechercher les causes. Cette visite est toujours gratuite.

VII. Toute addition, modification, ou réparation à une installation de quelque importance qu'elle soit, doit être signalée au Directeur avant sa mise à exécution.

VIII. Les abonnés au Bureau de contrôle payent, pour le service ordinaire de visite de leurs installations, un abonnement dont le taux est fixé ci-après (XIV, § 1).

IX. En dehors des visites régulières, l'adhérent peut réclamer des visites supplémentaires, toutes les fois qu'il le jugera nécessaire; elles donneront lieu à la perception d'une taxe déterminée plus loin (XIV, § 2).

X. Le personnel du Bureau est, de plus, à la disposition des abonnés et du public pour exécuter sur place tous travaux de sa compétence tels que : essais de rendement de dynamos ou d'accumulateurs, vérifications de compteurs ou d'appareils de mesure, le tout moyennant une rétribution déterminée par le présent règlement (XIV, § 3 et 4).

XI. Le Bureau de contrôle tient, en outre, à la disposition des abonnés, les renseignements relatifs aux installations électriques et centralisés par lui. Il peut même, sur leur demande, leur en communiquer des copies, en percevant une rétribution discutée de gré à gré avec le Directeur.

XII. Le Directeur soumet chaque année à l'approbation de la Chambre syndicale les comptes de l'exercice écoulé et lui adresse un rapport sur toutes les opérations du Bureau de contrôle.

Ce rapport et la délibération à laquelle il a donné lieu sont insérés dans le Bulletin du Syndicat.

XIII. Tout propriétaire d'une installation électrique, qui désire s'abonner au Bureau de contrôle, doit remplir et signer une police ci-après.

Les abonnements ont une durée minima d'un an. Tout abonné qui n'aura pas manifesté par lettre, trois mois avant l'expiration de sa police, l'intention de cesser son abonnement, se trouvera engagé pour une nouvelle période qui ne pourra être inférieure à une année. Les frais de timbre des deux exemplaires de la police d'abonnement sont à la charge de l'abonné.

L'abonnement, pendant les six premiers mois d'un exercice, part du 1er janvier, et oblige au payement de la cotisation pour l'année entière. Si l'abonnement est postérieur au 1er juillet, la cotisation sera réduite de moitié pour l'exercice courant.

XIV. Les tarifs à percevoir sont fixés ainsi qu'il suit pour le département de la Seine :

§ 1. *Taxe annuelle d'abonnement.* — La taxe est basée sur le nombre de lampes à incandescence que comporte l'installation, chaque lampe à arc (et chaque moteur ou dynamo électrique) étant comptée comme dix lampes à incandescence.

Dans les installations d'éclairage, la vérification d'un compteur est comprise dans la taxe du présent § 1 ; s'il y a plusieurs compteurs, la vérification de chaque compteur supplémentaire est taxée aux conditions du § 3, pour l'année.

Dans les installations de force motrice ou d'ascenseurs électriques, le ou les compteurs sont toujours taxés aux conditions du § 3.

Nombre de lampes.	Taxe en francs. fixe.	par lampe.
Moins de 20.	10	»
20 à 100.	»	0,50
100 à 112.	60	»
113 à 200.	»	0,45
200 à 226.	90	»
227 à 400.	»	0,40
400 à 460.	160	»
461 à 700.	»	0,35
701 à 819.	245	»
820 à 1000.	»	0,30
1000 à 1200.	300	»
Au delà de 1200	»	0,25

21.

§ 2. *Taxe des visites générales supplémentaires chez les abonnés.* — Un tiers de la taxe annuelle d'abonnement, avec minimum de 10 francs.

§ 3. *Taxe des vérifications des compteurs.*

PUISSANCE EN KILOWATTS.	DIFFÉRENCE DE POTENTIEL AUX BORNES EN VOLTS.	INTENSITÉ EN AMPÈRES.	NOMBRE DE FILS.	PRIX EN FRANCS.
0 à 33	110 220 440 550	300 150 75 60	2 3 5	20,00 25,00 30,00
33 à 55	110 220 440 550	500 250 125 100	2 3 5	30,00 37,50 45,00
55 à 110	110 220 440 550	1000 500 250 200	2 3 5	50,00 62,50 75,00

§ 4. *Travaux extraordinaires visés à l'article X.*

Par journée d'inspecteur. . . . . 30 fr.
— d'aide . . . . 10 fr.
Par demi-journée d'inspecteur. . . . . . 20 fr.
— d'aide. . . . . 7 fr.

§ 5. *Taxe des vérifications des installations pour le compte des personnes non abonnées.* — Les deux tiers de la taxe annuelle d'abonnement avec un minimum de 20 francs.

XV. Pour les départements autres que celui de la Seine, les tarifs ci-dessus sont majorés de 20 pour 100.

Il est dû, en outre, le remboursement du transport du personnel en 2e classe et les frais du séjour tels qu'ils sont fixés à l'article XIV, § 4, à partir du jour du départ.

XVI. Le présent règlement a été discuté et approuvé par la Chambre syndicale des Industries électriques, dans ses séances du 7 février 1893, du 5 février 1895, du 10 février 1896 et du 6 décembre 1898. Il est revisable, par décision de la Chambre syndicale, à la fin de chaque année.

POLICE D'ABONNEMENT

Après avoir pris connaissance du Règlement ci-dessus, M
demeurant à
déclare y adhérer et souscrire, au Bureau de Contrôle des Installations électriques, un abonnement de année , à dater du et qui prendra fin le . Cet abonnement est souscrit pour lampes à incandescence ou leur équivalent installées dans

Ledit abonnement se poursuivra ultérieurement d'année en année, par tacite reconduction et conformément aux conditions imposées par le § 2 de l'article XIII du Règlement.

Fait double à Paris, le

Le Directeur Signature de l'abonné à faire précéder du mot « approuvé »

INSTRUCTIONS générales pour l'exécution des installations électriques à l'intérieur des maisons ([1]).

I. Qualité des matériaux.

§ 1. *Conductibilité.* — Tous les câbles et fils conducteurs doivent être en cuivre d'une conductibilité au moins égale à 90 pour 100 de celle du cuivre pur ([2]).

§ 2. *Section des conducteurs.* — La section est déterminée par la condition que la perte de charge entre le coffret du branchement et la lampe la plus éloignée, ne dépasse pas 3 pour 100 du voltage au coffret.

En outre, cette section doit toujours être suffisante, pour que le passage accidentel d'une intensité *double* de la normale, ne détermine pas un échauffement supérieur à 40 pour 100. Ce

([1]) Édition revisée le 10 janvier 1899.

([2]) On entend par là, la conductibilité qui correspond à une résistivité au plus égale à 1,80 microhm-cm à la température de 20° C.

résultat est obtenu en général si la densité du courant ne dépasse pas :

Pour les sections de 1 à 5 mm². . . .	3 ampères : mm².	
—	de 5 à 50 mm². . . .	2 —
—	au-dessus de 50 mm².	1 —

Enfin, on ne doit employer aucun conducteur, dont l'âme serait formée par un fil unique d'un diamètre inférieur à 9/10 de millimètre.

§ 3. *Fils nus.* — L'emploi des fils nus, interdit en principe, peut être autorisé dans certains cas particuliers. Quelle que soit la nature des locaux, la couverture isolante du fil, ou la gaine de protection mécanique, doit être imperméable.

§ 4. *Isolation.* — L'isolation est obtenue par une ou plusieurs couches de matières non conductrices, placées directement sur l'âme de cuivre. — Si le caoutchouc vulcanisé est en contact direct avec le fil de cuivre, celui-ci doit être étamé. La couverture isolante doit être assez solide pour résister aux détériorations dues au montage.

§ 5. *Protection mécanique.* — En règle générale, les fils sont toujours pourvus d'une protection mécanique indépendante de leur couverture isolante.

Si les conducteurs sont posés sur les murs dans des locaux humides, cette protection doit former une gaine imperméable.

On peut employer les bois moulurés dans les locaux secs. Ces moulures doivent être en bois bien sec et fermées à l'aide de couvercles ou de baguettes de recouvrement.

Lorsque les fils sont laissés apparents dans des locaux secs, ce qui n'a lieu, autant que possible, que hors de la portée de la main, il est nécessaire qu'ils comportent en sus de la matière isolante, une couverture constituant une protection mécanique.

§ 6. *Coupe-circuits et fils fusibles.*—Les coupe-circuits doivent être disposés de telle sorte que la fusion d'un fil fusible ne détermine pas de court-circuit. Les coupe-circuits bipolaires sont munis d'une cloison isolante et incombustible séparant les deux fils fusibles. Les coupe-circuits doivent être placés de manière à ce que les fils fusibles soient faciles à remplacer, et à ce qu'ils ne donnent pas lieu à des projections de métal fondu et à des contacts défectueux.

Les coupe-circuits sont marqués d'un chiffre bien apparent, exprimant en ampères le courant normal pour lequel ils sont établis. Les plombs doivent fondre pour un courant au plus égal au *triple* du courant normal.

Les couvercles métalliques sont formellement interdits.

§ 7. *Interrupteurs.* — La matière formant la base des interrupteurs doit être appropriée à la nature de l'emplacement qu'ils occuperont. Les interrupteurs doivent assurer un bon contact et ne pas s'échauffer par le passage du courant.

Lorsque la rupture peut donner lieu à un arc électrique, par exemple au-dessus de 2 ampères sous 100 volts, il est nécessaire que l'appareil ne puisse pas rester dans une position intermédiaire, et que son support soit en matière incombustible et indéformable.

Les couvercles métalliques sont formellement interdits.

§ 8. *Lampes à arc.* — Les lampes à arc sont toujours pourvues d'enveloppes et de cendriers; les lampes placées à l'extérieur doivent avoir leurs bornes bien protégées contre la pluie et les chocs.

L'enveloppe, le point de suspension et les câbles de raccord doivent être isolés de la lampe elle-même.

Il est utile de monter les rhéostats sur une matière incombustible et non hygrométrique. — La section de leurs fils doit être calculée de manière à ne pas dépasser la température de 200° en fonctionnement normal.

II. Conditions de pose.

§ 9. *Conducteurs.* — Les moulures servant de protection mécanique aux conducteurs ne doivent présenter aucune discontinuité dans les raccords ou dans les angles vifs. Les conducteurs n'y sont maintenus que par le couvercle ou la baguette de recouvrement.

Aux croisements des tuyaux de gaz ou d'eau, il est nécessaire d'ajouter sur les conducteurs un supplément d'isolement et de protection mécanique.

A la traversée des murs et plafonds, la protection mécanique doit être formée d'un tube en matière dure et incombustible et à bords arrondis.

Si ce tube est métallique, il est prudent de recouvrir le fil par une gaine isolante supplémentaire qui débordera les extrémités du tube. Les tubes en laiton ou cuivre doivent être étamés.

§ 10. *Conducteurs doubles.* — Des conducteurs doubles, renfermant sous une même tresse ou ruban les deux fils isolés séparément, peuvent être employés ; mais l'isolement électrique des deux âmes doit être parfaitement assuré. Cette prescription est également applicable à des conducteurs de même polarité.

§ 11. *Fils souples.* — Les fils souples doivent être rattachés aux appareils, de telle sorte que la traction ne puisse déchirer l'isolement des fils. Il est recommandé de relier les fils souples ou fils de dérivation par l'intermédiaire d'un coupe-circuit bipolaire.

On doit prévoir un coupe-circuit bipolaire aux points d'attache d'un fil souple à deux conducteurs.

§ 12. *Soudures.* — Les soudures seront faites en évitant l'emploi des substances décapantes liquides ou actives. Elles ne doivent pas former des points faibles, soit mécaniquement, soit électriquement, et l'isolement électrique doit être rétabli avec des matières isolantes équivalentes à celles qui servent d'enveloppes aux câbles et aux fils.

§ 13. *Tableaux et petits appareils.* — Il est toujours désirable que le départ des circuits s'effectue à partir de tableaux, sur lesquels la subdivision est poussée aussi loin que possible. Ces tableaux doivent être écartés des murs, et les attaches des fils et câbles placées, autant que possible, sur la face apparente. On doit prendre les précautions nécessaires pour qu'un court-circuit n'y puisse pas être produit par le contact d'un objet métallique.

§ 14. *Coupe-circuits.* — Chaque circuit doit être pourvu à son origine d'un coupe-circuit bipolaire. Chaque branchement en est également pourvu. Il en est de même pour chaque subdivision dans laquelle l'intensité peut atteindre 5 ampères. Ces coupe-circuits doivent être facilement accessibles et éloignés des matières inflammables.

§ 15. *Appareillage.* — Les appareils tels que lustres, appliques, etc., exclusivement employés à l'électricité, doivent être isolés électriquement à leur point d'attache et la masse des appareils ne pas faire partie intégrante du circuit.

Les douilles y sont fixées de manière à ne pas pouvoir tourner.

Lorsque les appareils servent à la fois au gaz et à l'électricité, ils doivent remplir les conditions suivantes :

1° La masse de l'appareil est isolée électriquement de la canalisation du gaz par 500 000 ohms au minimum.

2° Les douilles des lampes à incandescence ou la masse de la lampe à arc sont elles-mêmes isolées électriquement de celle de l'appareil.

3° Enfin les fils, fortement isolés et protégés, doivent être assujettis en épousant les formes de l'appareil et de manière à ne pas être détériorés par la chaleur du gaz. Il est interdit de fixer ces fils avec des attaches métalliques.

Il est recommandé de s'abstenir de faire usage d'appareils mixtes au gaz et à l'électricité.

§ 16. *Lampes à arc.* — Chaque circuit de lampe à arc doit comprendre un interrupteur et un coupe-circuit bipolaire. Si l'on fait usage de résistances, il est indispensable de les placer de manière à les éloigner de toute matière inflammable et de la paroi sur laquelle elles sont fixées, afin que celle-ci n'ait rien à craindre de leur échauffement et pour que la circulation de l'air soit assurée.

§ 17. *Isolement général.* — Sur toute partie de conducteur, pouvant être séparée de l'ensemble par la manœuvre d'un interrupteur ou l'enlèvement d'un fil fusible, la résistance d'isolement exprimée en ohms d'un conducteur, soit par rapport à la terre, soit par rapport au conducteur de nom contraire, ne doit jamais descendre au-dessous de $5\ U^2$, U étant la différence de potentiel en volts mesurée aux bornes extrêmes des appareils générateurs ou transformateurs du courant.

Dans les mesures d'isolement la différence de potentiel employée, doit être au moins égale au voltage maximum de l'installation, sans toutefois dépasser 500 volts ni descendre au-dessous de 100 volts.

ASSOCIATION ALSACIENNE DES PROPRIÉTAIRES D'APPAREILS A VAPEUR

INSTRUCTIONS sur le montage des installations électriques d'une tension inférieure à 250 volts. — Adoptées par les Associations françaises de propriétaires d'appareils a vapeur ayant un service électrique et par l'Association des Industriels du Nord de la France. (*Édition* 1900.)

Ces instructions concernent les installations électriques industrielles dont la tension, mesurée entre deux conducteurs ou un conducteur et la terre, est inférieure à 250 volts, à l'exclusion des réseaux souterrains et des installations électro-chimiques.

Dans les industries où l'expérience a prouvé que les personnes qui y sont occupées courent des risques particuliers, même à des tensions inférieures à 250 volts, les instructions ci-dessous ne sont pas suffisantes et il y aura lieu de prendre dans chaque cas des précautions spéciales.

A. Machines et tableaux de distribution.

Article 1er. — Les machines électriques à collecteur ou à bagues doivent être montées dans des locaux, autant que possible, secs, où, dans des conditions normales, il ne peut pas se produire d'explosion par l'inflammation de gaz, de poussières ou de matières filamenteuses.

Art. 2. — L'installation doit être établie de telle sorte que l'apparition éventuelle d'étincelles ne puisse pas provoquer l'inflammation de matières combustibles.

Les bornes des machines et moteurs à courants alternatifs seront entourées de caisses protectrices, de manière à empêcher que des personnes non autorisées y touchent.

Les bâtis des dynamos et moteurs à courants alternatifs, ainsi que ceux des machines à courant continu montées dans des endroits très humides, devront être ou bien isolés et entourés d'un plancher ou tapis isolant ou bien reliés d'une façon spéciale à la terre.

Dans le premier cas, le bois sec peut suffire comme isolant.

Art. 3. — Les tableaux de distribution doivent être construits en matières incombustibles, ou bien, toutes les parties conductrices du courant doivent être montées sur des supports en matière isolante et incombustibles. Les fusibles, commutateurs et tous les appareils produisant une interruption de courant, doivent être disposés de telle façon que, lors de la production éventuelle de feux électriques, les matières inflammables voisines ne puissent pas s'allumer; ces appareils sont soumis d'ailleurs à l'article 1er.

Art. 4. — Les tableaux doivent présenter à l'arrière un espace libre d'au moins 60 cm, afin que les raccords et connexions soient accessibles. Lorsque, par suite de l'exiguïté du local, il sera impossible de maintenir cet écartement fixe, on devra prendre des dispositions spéciales pour permettre l'accès facile aux connexions.

Art. 5. — Lorsque le raccordement des machines avec le tableau est souterrain, les câbles seront munis d'une protection efficace contre l'intrusion de l'humidité et les détériorations (choisir de préférence des câbles sous plomb asphaltés ou armés).

Art. 6. — Les pièces conductrices et les raccords des tableaux doivent avoir des dimensions telles, que leur échauffement maximum ne dépasse jamais 20° C (au-dessus de la température ambiante).

Exception est faite pour les rhéostats, dont la température peut atteindre 200° C, à condition que ces appareils soient fixés sur un cadre en matière incombustible et qu'aucune partie voisine ne puisse s'échauffer de plus de 40° C.

Art. 7. — Les contacts métalliques des interrupteurs et commutateurs doivent être à frottement. La formation d'un arc durable doit être impossible. Les interrupteurs et commutateurs doivent pouvoir être bloqués dans leurs positions extrêmes de fermeture et d'ouverture.

Les contacts devront avoir une surface telle que leur échauffement maximum ne dépasse jamais 20° C (au-dessus de la température ambiante).

Art. 8. — Tous les conducteurs partant du tableau doivent être munis de coupe-circuits proportionnés aux dimensions des conducteurs à protéger. Les coupe-circuits doivent être construits de manière à éviter, lors de la fusion, la projection de métal liquide et à empêcher la formation d'un court-circuit.

Art. 9. — Les parafoudres montés à l'intérieur des bâtiments sont soumis à l'article 1er.

Art. 10. — Quand les connexions d'un tableau ne seront pas absolument évidentes à priori, il sera affiché à proximité un schéma ou dessin schématique du tableau indiquant clairement toutes les connexions ainsi que la destination des différentes lignes qui en partent.

B. Accumulateurs.

Art. 11. — Chaque élément d'accumulateur doit être isolé d'avec l'étagère, et celle-ci d'avec la terre au moyen de verre, de porcelaine ou de matières analogues non hygroscopiques.

Tout tassement du sol et toute déformation de l'étagère doivent être impossibles. Des dispositions seront prises pour éviter, dans le cas où l'acide viendrait à déborder, que l'étagère ou le local dans lequel elle est montée ne soient détériorés.

Art. 12. — Les locaux renfermant des accumulateurs doivent être ventilés en permanence. Le seul éclairage qui y soit toléré est celui par lampes à incandescence. Pendant la charge il est interdit d'introduire dans le local des objets incandescents ou enflammés.

C. Conducteurs.

Art. 13. — Les densités de courant indiquées ci-dessous ont été fixées en prenant pour cuivre normal celui ayant une résistivité de 1,70 microhm-cm à 15° C.

Dans les installations on ne pourra désigner et employer

comme *cuivre* que du cuivre ayant une résistivité au plus égale à 1,80 microhm-cm à 15° C. Sauf indication spéciale, on admettra comme coefficient de température de cuivre 0,004 en ramenant les températures à 15° C.

Art. 14. — *a.* L'intensité la plus grande qui soit tolérée pour les conducteurs et câbles en cuivre isolés est indiquée dans la table suivante :

Diamètre du fil en mm.	Section en mm².	Intensité en ampères.
0,9	0,64	3
1,0	0,78	4
1,2	1,13	5
1,5	1,77	7
2,0	3,14	12
2,5	4,91	17
3,0	7,07	22,5
»	10	30
»	15	40
»	20	50
»	25	60
»	30	70
»	40	85
»	50	100
»	60	115
»	75	135
»	100	175
»	125	200
»	150	235
»	175	260
»	200	290
»	250	340
»	300	400
»	350	450
»	400	500
»	500	600
»	750	800
»	1000	1000

L'intensité maxima pour les sections intermédiaires s'obtient par interpolation.

b. Les conducteurs nus jusqu'à 50 mm², soumis à la règle précédente : au-dessus de 50 mm² on peut les charger à raison de 2 ampères par mm².

Lorsqu'on se sert de fils composés de métaux autres que le cuivre, les sections doivent être augmentées proportionnellement.

c. La section la plus faible tolérée pour les conducteurs isolés est de 0,64 mm² correspondant au fil de 9/10 de mm de diamètre.

Le diamètre le plus faible de conducteurs nus situés à l'intérieur des bâtiments est de 2 mm. Celui de conducteurs situés à l'air libre, qu'ils soient nus ou isolés (isolement non compris), en cuivre ou autres métaux, ayant une résistance mécanique au moins égale, est de 2,5 mm.

Art. 15. — CONDUCTEURS NUS. — Les conducteurs nus doivent être protégés contre tout dommage ou contact accidentel. Ils ne peuvent être employés que dans des locaux incombustibles ne contenant pas de matières inflammables, à l'extérieur des bâtiments et dans les salles de machines ou d'accumulateurs, qui ne sont accessibles qu'au personnel de service. Exceptionnellement, les conducteurs nus peuvent être employés dans des locaux, même si ceux-ci ne sont pas incombustibles, lorsqu'il s'y dégage des vapeurs corrosives, à condition que les parties métalliques soient recouvertes d'un enduit qui les protège contre l'oxydation.

Les conducteurs nus ne peuvent être fixés qu'à des isolateurs à cloche. A moins qu'ils ne constituent des embranchements parallèles qui ne puissent être interrompus, leur distance minimum doit être :

de 30 cm lorsque la portée dépasse 6 m;
20 — est de 4 à 6 m;
15 — est inférieure à 4 m.

Leur distance du mur doit être de 10 cm au moins. Dans les salles d'accumulateurs et pour les conduites reliant les accumulateurs avec le tableau, des roulettes isolantes et des distances plus petites sont admissibles.

A l'air libre, les conducteurs nus seront placés à une hauteur de 4 mètres au moins au-dessus du sol, quand il n'y a pas d'autres règlements à appliquer.

Les conducteurs aériens seront munis au moins d'un parafoudre sur chaque pôle, placés à la sortie de la salle des machines. Ces parafoudres devront rester efficaces, même en cas de coups de foudre répétés. Les parafoudres de conduites à des potentiels différents auront des conduites et des plaques de terre spéciales, ou bien, si l'on ne fait usage que d'une seule plaque de terre, les conduites à ces plaques comprendront des résistances non inductives. Les conduites de terre seront en cuivre d'au moins 25 mm²; on aura soin de constituer une bonne connexion avec la terre en évitant le plus possible les coudes.

Les conducteurs nus qui sont intentionnellement reliés à la terre ne sont pas soumis au présent article.

Art. 16. — Conducteurs isolés. — *a*. Les conducteurs munis d'une enveloppe double, solidement appliquée sur le fil, imprégnée d'une masse appropriée et composée de matière filamenteuse non cassante, peuvent être employés, tant que des vapeurs corrosives ne sont pas à craindre, n'importe où, s'ils sont montés sur isolateurs à cloche; si, au contraire, ils sont montés sur roulettes ou anneaux isolants, ou fixés au moyen de dispositifs équivalant à ceux-ci, ils ne peuvent être employés que dans des locaux parfaitement secs. Ces conducteurs seront placés à une distance de 2,5 cm les uns des autres.

b. Les conducteurs qui portent en outre, au-dessous de la double enveloppe filamenteuse susdite, une couche de ruban caoutchouté soigneusement enroulé, peuvent être employés, tant que des vapeurs corrosives ne sont pas à craindre, n'importe où, s'ils sont montés sur isolateurs à cloche; s'ils sont montés sur roulettes, anneaux, pinces ou dans des tuyaux, ils ne peuvent être employés que dans des locaux qui, dans leur état normal, sont secs.

c. Les conducteurs qui sont munis d'une couche isolante ininterrompue en caoutchouc, sans soudure et parfaitement étanche, peuvent être employés aussi, tant que des vapeurs corrosives ne sont pas à craindre, dans des locaux humides.

d. Les câbles sous plomb nu, composés d'une âme en cuivre, d'une forte couche isolante et d'une ou de deux couches de plomb formant gaine sans soudure, ne peuvent jamais être mis en contact immédiat avec des matériaux de fixation bons conducteurs, ni avec des corps qui attaquent le plomb (le plâtre pur n'attaque pas le plomb). Ils ne pourront pas être noyés dans la maçonnerie.

Les câbles sous plomb, dont l'âme de cuivre a une section inférieure à 6 mm², ne peuvent être employés que si l'isolation est constituée par du caoutchouc vulcanisé ou des matériaux équivalents.

e. Les câbles sous plomb asphalté peuvent être employés dans des locaux secs et dans le terrain sec, et doivent être posés de manière à ne pas être noyés dans la maçonnerie ou toucher des matières qui attaquent le plomb.

Aux endroits de fixation, la gaine ne doit pas être écrasée ni entamée; l'emploi de crochets à tuyaux comme moyen de fixation est donc prohibé.

f. Les câbles sous plomb, asphaltés et armés, conviennent pour être placés directement en terre, ainsi que dans des locaux humides. L'emploi de crochets à tuyaux est permis.

g. Les câbles sous plomb ne doivent être employés que si l'on fait usage de pièces terminales étanches, de boîtes de jonction ou de dispositifs analogues, empêchant efficacement l'intrusion de l'humidité, tout en assurant une bonne connexion électrique.

h. Lorsque l'isolation est formée par du caoutchouc, le conducteur doit être étamé.

Art. 17. — Conducteurs multiples. — *a.* Les conducteurs souples câblés amenant le courant aux lampes et appareils mobiles peuvent être employés dans les locaux secs, lorsque chaque conducteur est constitué de la manière suivante :

L'âme en cuivre se compose de fils ayant moins de 0,5 mm de diamètre; elle est recouverte d'un guipage de coton, qui est lui-même enveloppé d'une couche étanche de caoutchouc, empêchant l'intrusion de l'humidité; puis vient un deuxième guipage de coton, et, enfin, une couche tressée en matière résistante, pas plus inflammable que de la soie ou du fil glacé.

La plus faible section de cuivre admissible pour les conducteurs souples est de 0,78 mm² correspondant au fil de 10/10 de mm.

b. Les câbles souples ne peuvent être montés à demeure que dans des locaux parfaitement secs et à une distance de 5 mm au moins des murs et des plafonds, sans jamais toucher des objets facilement inflammables.

c. Pour raccorder les câbles souples aux douilles, raccords et appareils, les extrémités des âmes en cuivre doivent être soudées.

Les endroits où se fait le raccordement, ne doivent être soumis à aucun effort de traction.

d. Les conducteurs souples multiples peuvent être employés pour le raccordement des lampes et des appareils, même dans les locaux humides ou à l'air libre, lorsque chaque conducteur est confectionné conformément aux indications de l'article 16, *c* et *h*, et que chaque conducteur est protégé par une enveloppe en matière isolante et résistante.

Lorsque les conducteurs souples multiples risquent de tremper dans l'eau (comme par exemple dans les teintureries, brasseries, etc.), ils doivent être entourés d'un tuyau en caoutchouc fermé hermétiquement aux deux extrémités.

Les fils (jusqu'à 6 mm² de section) dont la composition répond au moins aux prescriptions de l'article 16, *b* et *h*, peuvent être câblés ou tordus ensemble, ou logés dans une gaine commune, puis montés à demeure comme les fils simples, conformément à l'article 16 *b*.

Art. 18. — Montage des conducteurs. — *a*. Tous les conducteurs et appareils doivent, même après leur montage, être accessibles dans toute leur étendue, afin qu'on puisse en tous temps les contrôler ou les remplacer.

b. Connexion des conducteurs. — Les fils ne peuvent être réunis que par soudure ou un mode de jonction équivalent. La liaison des fils par simple torsion de leurs extrémités est interdite.

Pour effectuer les soudures, on ne se servira pas de substances qui attaquent le métal. A l'endroit des jonctions les fils doivent être isolés soigneusement, conformément à la nature de l'isolation.

Les dérivations branchées sur des lignes tendues ne doivent être soumises à aucun effort de traction.

La connexion, avec les tableaux et les appareils, de conducteurs ayant plus de 25 mm² de section, doit s'effectuer au moyen de pièces terminales appropriées ou un autre dispositif équivalent. Les extrémités des conducteurs câblés de section inférieure à 25 mm² doivent être soudées, à moins qu'elles ne soient également munies de pièces terminales.

c. Les croisements des conducteurs entre eux et avec d'autres pièces métalliques doivent être exécutés de manière à éviter les contacts. Lorsqu'il est impossible de les maintenir à un écartement suffisant, il faut interposer des tuyaux isolants ou des plaques isolantes, afin d'éviter tout contact. Tuyaux et plaques doivent être fixés soigneusement et protégés contre tout dérangement.

d. Pour la traversée des murs et des plafonds, un canal suffisamment large doit, si possible, être ménagé, afin de pouvoir faire passer librement les conducteurs d'une manière conforme au genre de montage. Si cela n'est pas possible, on encastrera dans le mur des tuyaux solides en matière isolante — à l'exclusion du bois, — qui permettent de passer commodément les conducteurs. Ces tuyaux doivent dépasser les murs et les plafonds de part et d'autre. Lorsque, dans la traversée des planchers, il est impossible de ménager des ouvertures ou canaux, il faut aussi se servir de tuyaux, mais ceux-ci doivent dépasser le plancher d'au moins 10 cm et être protégés contre toute détérioration.

e. Des enveloppes protectrices seront appliquées partout où les conducteurs peuvent être détériorés; elles seront construites de manière que l'air puisse y accéder librement. On peut aussi protéger des conducteurs au moyen de tuyaux qui, s'ils sont métalliques, seront garnis intérieurement d'une gaine isolante dépassant le tube métallique.

f. Les fils et leurs supports ne pourront jamais être enduits de substances pouvant attaquer la gaine isolante ou le conducteur.

D. Isolation et fixation des conducteurs.

Art. 19. — On devra observer les prescriptions suivantes pour la fixation et le montage de toutes sortes de fils :

a. Les isolateurs à cloche ne peuvent être fixés à l'extérieur que dans la position verticale; dans les locaux couverts ils doivent être disposés de manière que l'humidité ne puisse s'amasser dans la cloche.

b. Les roulettes et anneaux isolants doivent être construits et montés de telle façon que le fil soit écarté du mur de 10 mm au moins dans les locaux humides, et de 5 mm au moins dans les locaux secs.

Lorsque les conducteurs longent un mur, il faut les fixer tous les mètres au moins. S'ils sont disposés au plafond, cette distance pourra être exceptionnellement supérieure, afin de s'approprier à la construction du plafond.

c. Les pinces ou taquets de fixation doivent être composées de matière isolante ou, si elles sont métalliques, munies de joues et d'embases isolantes.

Lorsqu'on se sert de pinces ou taquets, il faut également que les fils soient à une distance de 5 mm du mur. Les arêtes des pinces doivent avoir une forme telle qu'elles ne puissent pas endommager la matière isolante.

d. Les conducteurs multiples ne peuvent pas être fixés de telle manière que les brins soient serrés l'un sur l'autre; l'emploi de ligatures métalliques est interdit.

e. On peut disposer les conducteurs dans des tuyaux placés sous le plâtre, dans des murs, des plafonds et des planchers, à condition que les fils soient isolés conformément aux articles 16, *b* ou *c*, et que l'accès de l'humidité soit empêché une fois pour toutes. Il est permis de disposer les conducteurs d'aller et de retour dans le même tuyau; un même tuyau ne doit pas contenir plus de 3 conducteurs. Lorsqu'on se sert de tuyaux à armature métallique pour conducteurs de courants alternatifs, les fils d'aller et de retour doivent être disposés dans le même tuyau. Les branchements des fils ne doivent pas se faire dans les tuyaux mêmes, mais dans des boîtes de jonction, qu'on puisse ouvrir facilement en tous temps. Le diamètre intérieur des tuyaux, le nombre des coudes et leur rayon, ainsi que le nombre des boîtes de jonction, doivent être choisis de telle manière qu'on puisse en tous temps passer ou retirer des conducteurs.

Les tuyaux doivent être construits de telle manière que l'isolation des conducteurs ne puisse pas être entamée par des parties proéminentes ou des arêtes vives; les joints doivent être fermés hermétiquement. Les tuyaux doivent être disposés de façon à empêcher qu'il ne s'y accumule de l'eau. Après montage, l'extrémité supérieure du canal formé par les tuyaux doit être fermée hermétiquement.

f. L'emploi des crampons métalliques, même avec interposition d'un isolant, est interdit pour la fixation des conducteurs.

g. L'emploi des lattes ou moulures en bois est également interdit[1].

h. Passe-fils ou pipes. — Pour traverser les murs vers l'exté-

[1] Exceptionnellement et dans des locaux parfaitement secs, les moulures en bois peuvent être autorisées, quand elles sont motivées par la présence de duvets ou poussières inflammables qui pourraient s'attacher aux fils. On ne pourra placer que des fils isolés suivant l'article 16 *c* dans les moulures; ces moulures seront en bois dur et sec, imprégnées ou peintes sur toutes leur faces, avant la pose, avec une matière conservatrice du bois et hydrofuge. Dans les lattes à deux rainures, le plein entre les rainures aura une largeur d'au moins 10 mm. Les fils seront posés librement dans les rainures; il est interdit de les maintenir par des pointes. Les couvercles seront vissés. On interposera entre la surface mur ou bois, destinée à recevoir la moulure et cette dernière, des cales, de manière à laisser derrière la moulure un espace d'air d'au moins 5 mm. Si plus de deux moulures sont posées parallèlement, on y apposera d'une manière visible des marques de couleurs différentes pour permettre de suivre les différents circuits.

rieur, il faut se servir de passe-fils en matière isolante et incombustible, l'extrémité étant courbée vers le bas.

i. Pour traverser des cloisons et des tableaux de distribution en bois, les trous doivent être garnis de passe-fils en matière isolante et incombustible.

E. Appareils.

Art. 20. — Les parties conductrices du courant de tous les appareils intercalés dans une conduite doivent être fixées sur des socles incombustibles et, s'il s'agit de locaux humides, soigneusement isolés; ils doivent être entourés de caisses protectrices de manière à empêcher que des personnes non autorisées y touchent et à les séparer d'avec des matières inflammables.

Dans le cas de courants alternatifs, les enveloppes protectrices de tous genres doivent être ou bien en matière isolante ou reliées spécialement à la terre.

Les parties conductrices du courant de tous les appareils doivent être isolées d'avec la terre tout aussi soigneusement et au moyen de matières tout aussi bonnes que les conduites montées dans les locaux dont il s'agit. Aux entrées des conduites, l'écartement des parois prescrit pour la conduite doit être observé. Ses contacts doivent être de dimensions telles que le courant maximum qui y circule ne puisse pas produire une élévation de température de plus de 20° C au-dessus de la température ambiante. Pour les tableaux de distributions dans les salles de machines voir l'article 3.

Art. 21. — Coupe-circuits. — *a*. Tous les conducteurs partant du tableau de distribution et allant aux endroits d'utilisation du courant doivent être protégés par des fusibles ou d'autres dispositifs interrompant le circuit automatiquement.

b. Le fusible doit être proportionné à la section du fil le plus mince qu'il protège.

Le courant normal du fusible nécessaire, pour protéger un conducteur d'une section donnée, est égal au courant maximum toléré dans ce conducteur et déterminé par le tableau de l'article 14 *a*.

Le courant de fusion du coupe-circuit doit être exactement le double du courant normal. Ainsi, par exemple :

DIAMÈTRE DU FIL EN MM.	SECTION EN MM².	COURANT NORMAL DU COUPE-CIRCUIT EN AMPÈRES.	COURANT DE FUSION EN AMPÈRES.
0,9	0,64	3	6
1,0	0,78	4	8
1,2	1,13	5	10
1,5	1,77	7	14
2,0	3,14	12	24
2,5	4,91	17	34
3,0	7,07	22,5	45
»	10	30	60
»	15	40	80
»	20	50	100
»	25	60	120
»	30	70	140
»	etc.	etc.	etc.

Il est permis de choisir pour un conducteur donné un fusible plus faible que celui qui résulterait du tableau précédent.

c. En chaque point où la section des conducteurs varie, il faut placer un coupe-circuit sur chaque pôle et à une distance de 25 cm au plus de l'embranchement. Le raccordement peut présenter une section inférieure à celle du conducteur principal; mais, dans ce cas, il doit être isolé d'avec les matières combustibles environnantes, et ne peut pas être constitué par des conducteurs multiples.

Lorsque l'application du coupe-circuit à une distance de 25 cm au plus des embranchements n'est pas faisable, il faut que la conduite allant de l'embranchement au coupe-circuit ait la même section que la conduite principale.

Les conducteurs neutres ou d'équilibre des systèmes à plusieurs fils ou des circuits polyphasés, ainsi que les conducteurs nus mis à terre intentionnellement, ne doivent pas comporter de coupe-circuits.

d. Les coupe-circuits doivent être construits de telle façon que, lors de la fusion, il ne puisse jamais se produire un arc durable; les coupe-circuits pour section de fils jusqu'à 7 mm² (courant de fusion de 45 ampères) doivent être construits de manière à empêcher l'emploi erroné de fusibles trop forts.

Lorsqu'on se sert de fusibles en plomb, le plomb ne doit pas faire lui-même le contact, mais les extrémités des fils ou feuilles de plomb doivent être soudées dans des pièces de contact en cuivre ou en laiton.

On peut faire exception pour les fusibles inférieurs à 2 ampères.

e. Les couvercles métalliques sont interdits, sauf dans le cas des bouchons fusibles genre Edison.

f. Les coupe-circuits doivent être centralisés autant que possible et fixés à une hauteur facilement accessible.

g. La tension maxima du courant doit être indiquée sur la partie fixe du coupe-circuit; la section du conducteur protégé et le courant normal seront marqués sur le fusible lui-même.

h. Plusieurs dérivations peuvent avoir un seul coupe-circuit, lorsque le courant total qui les alimente ne dépasse pas 6 ampères. Le coupe-circuit commun sera déterminé par le fil le plus fin de l'une quelconque des dérivations.

i. Les cordons souples raccordant des porte-lampes transportables ou d'autres appareils doivent toujours être dérivés par l'intermédiaire d'une prise de courant avec coupe-circuit, dont le fusible soit exactement proportionné à l'intensité du courant.

k. Les coupe-circuits doivent être placés de telle sorte que la fusion ne puisse déterminer en aucun cas l'inflammation de poussières ou de gaz.

Art. 22. — Interrupteurs. — *a.* Les interrupteurs et commutateurs doivent être construits de telle manière qu'ils ne puissent être qu'entièrement ouverts ou fermés, sans pouvoir stationner dans une position intermédiaire.

Dans tous ces appareils, la formation d'un arc durable doit être impossible.

b. L'intensité normale et la tension doivent y être indiquées.

c. Tous les contacts métalliques doivent être à frottement.

d. Tout embranchement principal doit être pourvu d'interrupteurs autant que possible sur chaque pôle, qu'il y ait ou non des interrupteurs spéciaux pour les différents locaux.

Dans le cas de courants alternatifs, ainsi que dans les locaux très humides, quelle que soit la nature du courant, des interrupteurs sur tous les pôles sont indispensables aux embranchements principaux ainsi qu'à tous les appareils récepteurs consommant normalement 1 kilowatt et plus.

Dans un réseau à 3 fils, l'interrupteur du fil neutre doit être solidaire de ceux des pôles extrêmes.

e. L'emploi d'interrupteurs et de commutateurs n'est toléré dans les locaux renfermant des substances inflammables et explosives que si ces appareils sont protégés par des enveloppes présentant toute sécurité.

f. Les appareils à couvercles métalliques sont interdits.

g. Les poignées des interrupteurs doivent être en matière isolante.

Art. 23. — Rhéostats. Les rhéostats et appareils de chauffage dont l'échauffement peut dépasser 40° C, doivent être établis de manière qu'il ne puisse y avoir de contact des parties chaudes avec des matériaux inflammables; l'échauffement des parties voisines ne doit pas être supérieur à 40° C.

Les matériaux employés à la construction, à la protection et à la pose des rhéostats doivent être incombustibles.

Il est interdit de les placer dans des locaux où il y a des poussières ou des gaz explosifs.

F. Lampes et porte-lampes.

Art. 24. — Lampes a incandescence. — *a.* Dans les locaux où une explosion par inflammation de gaz, de poussières ou de fibres peut se produire, les lampes à incandescence ne doivent être employées que munies de globes hermétiques recouvrant aussi les douilles.

Les lampes à incandescence qui pourraient venir à toucher des matières inflammables doivent être pourvues de capsules, de globes ou de treillis protecteurs, rendant impossible le contact immédiat des lampes avec ces matières.

Dans les locaux très humides ainsi que dans ceux où il peut se dégager des vapeurs, les douilles des lampes à incandescence doivent être en porcelaine ou matière similaire non hygroscopique et munies de globes hermétiques.

b. Dans les douilles, les parties conduisant le courant doivent être montées sur des supports incombustibles et protégées de tout contact extérieur par des enveloppes également incombustibles, mais ne servant pas à conduire le courant. Le caoutchouc durci et d'autres matières pouvant subir des déformations par la chaleur, ainsi que les produits en bois comprimé, ne peuvent être employés dans l'intérieur des douilles.

c. Les lampes pendantes avec cordon souple conducteur ne sont tolérées que si le poids de la lampe et de l'abat-jour est supporté par un fil porteur spécial, qui peut être tressé ou retordu avec le cordon conducteur. Aux points de fixation ainsi qu'à la douille, les fils conducteurs doivent être plus longs que le fil porteur, afin qu'aucune traction ne soit exercée à l'endroit du raccordement.

D'une manière générale, les conducteurs ne doivent pas servir à la suspension : il faut les décharger au moyen de dispositifs de suspension spéciaux, qui puissent être vérifiés à tout instant.

d. Tous les appareils d'éclairage doivent être isolés et tout particulièrement les appareils mixtes de gaz et d'électricité. Dans ce dernier cas, les fils d'amenée ne doivent avoir aucun contact avec la partie non isolée de la conduite de gaz. La disposition des appareils doit être telle qu'il ne puisse y avoir détérioration des conducteurs par l'usage.

e. Le montage des appareils d'éclairage doit se faire au moyen de fil isolé au caoutchouc (conforme à l'article 16 *b* au moins) ou de cordon flexible. Lorsque le fil est fixé extérieurement, il doit être attaché de manière à ne pas pouvoir se déplacer et à empêcher toute détérioration de l'isolant par le mode de fixation adopté.

Art. 25. — Lampes a arc. — *a.* Les lampes à arc ne doivent pas s'employer sans être munies d'un dispositif qui empêche la chute de particules de charbon incandescent. Il est très recommandable de munir les globes de grillages protecteurs et de cendriers.

b. La lampe doit être montée isolée de terre.

c. Les ouvertures donnant accès aux conducteurs doivent être constituées de telle manière que la couche isolante des fils ne soit pas endommagée et que l'humidité ne puisse pas pénétrer dans la lanterne.

d. Lorsque les fils d'amenée du courant servent à la suspension, les points de raccordement ne doivent pas subir de traction et les fils ne doivent pas être tortillés.

e. L'emploi des lampes à arc est interdit dans les locaux où une explosion peut se produire par suite de l'inflammation de gaz, de poussières ou de fibres.

Les lampes à arc à feu nu (arc semi-direct ou renversé) ne peuvent être employées dans des locaux contenant des poussières inflammables.

Les lampes en vase clos peuvent être employées partout où il n'y a pas de gaz explosifs.

G. Isolement de l'installation.

Art. 26. — *a.* La résistance d'isolement contre terre du réseau conducteur entier ou d'un embranchement quelconque doit atteindre au moins

$$10\,000 + \frac{1\,000\,000}{n} \text{ ohms.}$$

Dans cette formule, n représente le nombre de lampes à incandescence raccordées au circuit considéré, y compris l'équivalent de dix lampes à incandescence pour chaque lampe à arc, électromoteur ou autre récepteur.

b. Lorsqu'il s'agit d'installations neuves, il faut mesurer non seulement l'isolement des conducteurs par rapport à la terre, mais aussi l'isolement des conducteurs de potentiel différant entre eux; la mesure doit se faire après que toutes les lampes à incandescence, lampes à arc, moteurs ou autres récepteurs auront été détachés du réseau, les porte-lampes raccordés, les fusibles mis en place et les commutateurs fermés. Dans ces conditions, les résistances d'isolement doivent satisfaire aux formules ci-dessus.

c. En procédant à la mesure de l'isolement, les conditions suivantes sont à observer : En mesurant une résistance d'isolement par courant continu contre terre, le pôle négatif de la source de courant doit, autant que possible, être raccordé avec le conducteur considéré, et la mesure ne doit se faire qu'après que le conducteur aura été soumis à la tension pendant une minute. Toutes les mesures d'isolement doivent être effectuées, de préférence, au moyen de la tension de marche. Dans le cas de conduites multiples, il faut entendre par tension de marche la tension simple des lampes.

d. Les installations qui sont faites dans des locaux humides, par exemple dans des brasseries ou des teintureries, n'ont pas besoin de satisfaire au § *a* de cet article, mais elles doivent se conformer aux conditions suivantes :

Les conducteurs doivent être constitués exclusivement par des matériaux incombustibles et résistant à l'influence de l'humidité, et montés de manière à éviter tout danger d'incendie dû à une dérivation du courant.

II. Plans et affiches.

Art. 27. — Pour toute installation électrique, il sera établi, après son achèvement, un plan ou un schéma des connexions contenant les indications suivantes :

a. Désignation des locaux d'après leur situation et leur destination. Les locaux humides et ceux qui peuvent contenir des corps corrosifs ou facilement inflammables et des gaz explosifs doivent être mentionnés spécialement ;

b. Emplacement, section et mode d'isolement des conducteurs ;

c. Mode de montage (isolateurs à cloches, roulettes, anneaux, tuyaux, etc.) ;

d. Emplacement des appareils et des coupe-circuits ;

e. Emplacement et consommation en ampères des lampes, électro-moteurs, etc.

Les sections des conducteurs sont indiquées en mm², à côté des lignes. Le schéma des connexions doit indiquer la section des conducteurs principaux et des embranchements depuis les tableaux de distribution, avec la mention de la charge. Une nomenclature des locaux sera annexée à ce schéma, avec l'indication des lampes, appareils, coupe-circuits, moteurs, etc.

Les prescriptions du présent article s'appliquent aussi à tous changements et agrandissements.

Le plan ou le schéma des connexions doit être conservé par le propriétaire de l'installation.

Art. 28. — Dans toutes les installations à courants alternatifs, on appliquera aux endroits appropriés des tableaux avertissant, en caractères bien visibles, qu'il est dangereux de toucher aux conducteurs et appareils électriques. De même on affichera des instructions sur le mode de traitement des personnes foudroyées par le courant électrique.

Mulhouse et Nancy, Novembre 1909.

BREVETS D'INVENTION

RÉSUMÉ de la législation dans les principaux États. — H. Josse, Ingénieur-conseil, Conseil technique du contentieux de l'Exposition de 1900, 17, *boulevard de la Madeleine, Paris.*

Allemagne. — Les brevets sont de 15 ans, les demandes sont soumises à un examen et rejetées si l'invention n'est pas nouvelle; on peut faire appel de la décision des premiers examinateurs. Le public est admis pendant huit semaines à présenter des objections. On délivre des certificats d'addition. Le pouvoir à donner au mandataire est une procuration simple sur papier libre. En dehors des clauses ordinaires de nullité, les brevets sont déchus si l'exploitation n'est pas faite ou sérieusement tentée dans les trois ans de la signature du titre; si le breveté refuse d'accorder des licences contre des garanties suffisantes; les brevets ayant trait à la guerre peuvent être retirés par le gouvernement et compensation est alors donnée à l'inventeur. Les annuités sont progressives, elles peuvent encore être payées avec une amende valablement dans les trois mois de l'échéance.

Tous les brevets sont publiés sous forme de brochures.

Angleterre. — Les patentes anglaises sont délivrées pour 14 années, sans examen préalable. On peut déposer une demande de protection provisoire en décrivant sommairement son invention et compléter cette demande dans les neuf mois qui suivent, en déposant alors une spécification complète avec revendications et dessins dans les formes réglementaires. Tout intéressé peut s'opposer à la délivrance de la patente. Il n'y a pas de certificats d'addition. Les patentes ne protègent pas l'invention aux colonies. Les patentes peuvent être annulées si les taxes ne sont pas versées en temps utile (3 délais mensuels avec amendes), si l'invention avait reçu en Angleterre une publicité antérieure; si l'inventeur a formulé des revendications pour des parties non nouvelles; il faut alors qu'il ait renoncé, en temps utile, à ces revendications (disclaimers); enfin, si la patente a été accordée au mépris des droits du véritable inventeur. Le breveté peut introduire des objets fabriqués à l'étranger, il n'est pas obligé d'exploiter, mais on peut le contraindre à céder des licences. Un breveté peut quelquefois obtenir une prolongation de son privilège. Toutes les patentes sont publiées sous forme de brochures.

Belgique. — Les prescriptions légales sont, à peu de chose près, les mêmes que pour la France, l'annuité n'est que de 10 fr pour la première année, elle augmente de 10 fr par an; elle doit être payée, au plus tard, dans le mois de l'échéance ou dans les six mois de l'échéance avec amende; la durée des brevets est de 20 ans; les brevets d'importation ont la durée normale des brevets antérieurement pris à l'étranger. L'exploitation doit être faite un an après la mise en exploitation à l'étranger.

France. — L'inventeur seul ou ses ayants droit nationaux ou étrangers peuvent obtenir des brevets d'invention valables pour de nouveaux produits industriels, de nouveaux moyens, ou l'application nouvelle de moyens connus donnant un résultat industriel. Le brevet date du jour du dépôt de la demande, il est accordé sans examen préalable, il est valable pour les colonies mais non pour les pays de protectorat; l'inventeur doit le demander pour la plus longue durée (15 ans), puisqu'il peut toujours renoncer à son privilège. On peut prendre pendant toute la durée du brevet des certificats d'addition qui prennent fin avec le privilège; il est souvent préférable de protéger un perfectionnement important par un brevet spécial. Tant que le brevet n'est pas signé par le ministre (3 mois au moins), l'inventeur peut retirer sa demande et recouvrer la taxe de 100 fr payée lors du dépôt. Pour demander un brevet, il faut fournir à la préfecture : 1° une requête au ministre; 2° le récépissé constatant le versement de 100 fr au Trésor public; 3° une description en double expédition; 4° les dessins nécessaires en double expédition (on n'admet pas les dessins faits par procédés héliographiques, bleus, etc.); 5° un bordereau des pièces déposées. Nous conseillons aux inventeurs de charger leur ingénieur-conseil de la préparation de ces pièces; le pouvoir à donner au mandataire est une simple procuration sur papier libre en langue française.

Tout brevet doit, dans les deux ans de la date de la signature du titre par le ministre, être mis en exploitation (fabrication en France et mise en vente). L'introduction par le breveté d'objets fabriqués à l'étranger entraîne la déchéance du brevet. Il est fait exception pour les pays ayant adhéré à la convention internationale de 1883 (France, Belgique, Angleterre, Italie, Espagne, etc.). L'introduction en France comme modèles mais jamais comme articles de vente, d'objets fabriqués dans les autres États (Allemagne, Autriche, Russie, etc.), doit être précédée d'une autorisation de l'Administration française. Les brevets peuvent être annulés par les tribunaux si l'invention n'est pas nouvelle, si l'invention a pu être au préalable connue du public d'une façon quelconque et n'importe où, si le brevet a été accordé pour des compositions pharmaceutiques, des remèdes, des plans de finance, si le brevet porte sur des principes et conceptions théoriques dont on n'a pas indiqué les applications industrielles, si la découverte est contraire aux lois, si le titre indique frauduleusement un objet autre que celui de l'invention, si la description n'est pas suffisante, si le brevet est pris sans des formalités particulières pour des perfectionnements à une invention brevetée depuis moins d'une année. Le brevet est déchu si chaque annuité n'est pas payée avant l'échéance, si l'exploitation n'est pas faite ou sérieusement tentée dans les deux premières années, à partir de la délivrance, si elle est interrompue pendant plus de deux ans; si le breveté a introduit en France des objets fabriqués dans certains États étrangers. On voit par là combien l'inventeur a intérêt à toujours consulter son ingénieur-conseil. Les brevets sont visibles à Paris, tous les jours non fériés, de midi à 4 heures, au Conservatoire des arts et métiers.

Espagne. — Les brevets sont délivrés pour une durée de 20 ans, quand le brevet est demandé en Espagne en même temps que les autres brevets étrangers; pour 10 ans, quand l'invention est brevetée à l'étranger depuis moins de 2 ans; on délivre des certificats d'addition. La date du titre est la date de l'accord. On délivre pour 5 ans des brevets d'importation. Les produits nouveaux ne sont pas brevetables indépendamment des moyens employés pour les obtenir.

États-Unis. — Les patentes sont accordées après examen préalable pour une durée de 17 ans; pour les inventions brevetées antérieurement à l'étranger, les demandes doivent être déposées à Washington moins de 7 mois après la première demande de brevet. On peut obtenir une patente pour un objet déjà en usage ou publié aux États-Unis depuis moins de 2 ans; les annuités sont payées dès le début pour toute la durée; aucune obligation d'exploiter, liberté d'importation des objets brevetés. Les patentes sont publiées en brochures.

Italie. — Les brevets sont délivrés pour 15 ans au plus, sans examen. Les brevets d'importation ont la durée normale des brevets antérieurs. On peut, pour diminuer les frais au début, demander des brevets de moindre durée et les prolonger ensuite; le breveté qui a demandé son privilège pour 6 ans au moins, a 2 années pour commencer l'exploitation. Les annuités sont progressives avec délai de 3 mois pour le payement. La procuration donnée à un mandataire doit être légalisée.

Russie. — Les brevets sont délivrés pour 15 ans et on délivre des certificats d'addition. La demande de brevet est examinée par le ministère, on peut faire appel de la décision des premiers examinateurs. Il n'est pas délivré de brevet pour engins et munitions de guerre. Si l'invention a déjà été décrite ou employée publiquement en Russie, le brevet n'est pas accordé. Le breveté est tenu de mettre son invention en pratique dans les 5 années comptées à partir de la signature du brevet. Un brevet devient nul : quand il est prouvé que l'invention avait été introduite dans l'empire russe avant le dépôt de la demande; quand il est reconnu que le titulaire du brevet n'est pas le véritable inventeur et qu'il l'a obtenu par fraude; quand le breveté ne fournit pas dans le délai fixé au département compétent le certificat de mise en œuvre délivré par les autorités locales. Les cessions de brevets doivent être notifiées au Département du commerce et des manufactures. Le brevet russe ne protège pas l'invention dans le grand-duché de Finlande (brevet spécial).

SUISSE. — La Suisse accorde des brevets d'invention dont la durée est de 15 années à partir de la date de la demande. En même temps que le dépôt de sa demande, l'inventeur doit fournir la preuve qu'il existe un modèle de l'objet breveté ou que cet objet lui-même existe. S'il ne peut fournir cette preuve, il lui est délivré un brevet provisoire de trois ans dans le but de lui permettre de fournir cette preuve. Si le brevet provisoire n'est pas transformé en brevet définitif dans le délai de trois ans, il tombe dans le domaine public. Les modifications apportées par l'inventeur à son brevet motivent la délivrance de brevets additionnels.

Les brevets sont publiés en brochure.

DÉPOT DES MODÈLES

Le dépôt d'un modèle n'a d'autre effet que de garantir la propriété exclusive de la forme déposée et lorsqu'un objet industriel présente le caractère d'une invention, c'est-à-dire qu'il est nouveau, non seulement par sa forme, mais encore par les résultats qu'il procure, quelle que soit leur importance, la propriété ne peut en être garantie que par un brevet.

CONVENTION INTERNATIONALE DE 1883

Une convention internationale pour la protection de la propriété industrielle a été conclue à Paris le 20 mars 1883. Elle vise les brevets, les dessins et les marques.

Les sujets ou citoyens de chacun des États contractants qui ont demandé un brevet d'invention dans l'un des pays qui ont adhéré à cette convention (la plupart des pays, sauf l'Allemagne, l'Autriche, la Russie et quelques États d'intérêt secondaire) ainsi que les nationaux de pays non contractants mais ayant un établissement industriel dans l'un de ces pays jouissent dans les autres États de l'Union des avantages accordés par les lois respectives aux nationaux en ce qui concerne les brevets d'invention. De plus cette convention accorde certains avantages aux inventeurs; par exemple, le breveté peut introduire dans le pays où le brevet a été délivré des objets fabriqués dans l'un ou dans l'autre des États de l'Union, sans que son brevet tombe en déchéance de ce fait:

PRIX DES BREVETS

Voici les frais d'une demande de brevet dans les principaux états, leur durée maxima :

ÉTATS ET DURÉE DES BREVETS.		PRIX* DU BREVET EN FRANCS.	FRAIS POUR ENTRETENIR LA VALIDITÉ DES BREVETS.	
			2e année.	3e année, etc.
Allemagne.	15 ans.	350	90	160
Angleterre.	14 —	400	payé pour quatre ans.	
Autriche.	15 —	350	85	95
Belgique.	20 —	90	30	40
Brésil.	15 —	850	95	115
Canada	18 —	375	payé pour six ans.	
Espagne	20 —	300	45	55
États-Unis	17 —	700	payé pour toute la durée.	
France	15 —	160	105	105
Hongrie.	15 —	250	85	95
Indes anglaises.	14 —	500	payé pour trois ans.	
Italie	15 —	350	60	60
République Argentine.	10 —	1000	payé pour toute la durée.	
Russie	15 —	500	90	105
Suisse.	15 —	180	45	55

* Y compris les frais de préparation, mémoires et dessins.

ADRESSES UTILES

Association amicale des anciens Élèves des Écoles nationales d'Arts et Métiers, 6, rue Chauchat, Paris.

Association française pour l'avancement des Sciences, 28, rue Serpente, Paris.

Association des Industriels de France contre les accidents du travail, 3, rue de Lutèce, Paris.

Association amicale des Ingénieurs-électriciens, 11, rue Saint-Lazare, Paris.

Association philotechnique, 47, rue Saint-André-des-Arts. Cours pour les électriciens, constructeurs, employés, ouvriers-électriciens, télégraphistes, industries diverses, 42, rue Lhomond, Paris.

Automobile-Club de France, 6, Place de la Concorde, Paris.

Bureau de contrôle des Installations électriques, 12, rue Hippolyte-Lebas, Paris.

Chambre syndicale des Usines d'Électricité, 27, rue Tronchet, Paris.

Comité technique d'électricité, institué au Ministère du Commerce, de l'Industrie, des Postes et Télégraphes, 101, rue de Grenelle, Paris.

Conservatoire national des Arts et Métiers, 292, rue Saint-Martin, Paris.

École centrale des Arts et Manufactures, 1, rue Montgolfier, Paris.

École des Mines, 60, Boulevard Saint-Michel, Paris.

École des Ponts et Chaussées, rue des Saints-Pères, Paris.

École polytechnique, rue Descartes, Paris.

École de physique et de chimie industrielles de la Ville de Paris, 42, rue Lhomond, PARIS.

École supérieure d'électricité, 12, rue de Staël, PARIS.

Fédération générale professionnelle des chauffeurs, mécaniciens, électriciens, 1, rue de Javel, et 70, boulevard Magenta, PARIS.

Laboratoire central d'électricité, 12, rue de Staël, PARIS.

Société internationale des Électriciens, 12, rue de Staël, PARIS.

Société des Ingénieurs civils de France, 19, rue Blanche, PARIS.

Société d'encouragement pour l'Industrie nationale, 44, rue de Rennes, PARIS.

Société française de physique, 44, rue de Rennes, PARIS.

Syndicat professionnel des Industries électriques, 11, rue Saint-Lazare, PARIS.

Union industrielle (Société d'étude et de protection des intérêts généraux de l'industrie française), 97, rue Richelieu, PARIS.

TABLE ANALYTIQUE DES MATIERES

A L'ATELIER

AU LABORATOIRE

ÉLECTROCHIMIE

CANALISATION

APPAREILLAGE

DYNAMOS ET ACCUMULATEURS

VARIA

DOCUMENTS OFFICIELS

DOCUMENTS ADMINISTRATIFS

PRÉFECTURE DU DÉPARTEMENT DE LA SEINE

PRÉFECTURE DE POLICE

DIRECTION DES TRAVAUX DE LA VILLE DE PARIS

CONSEIL D'HYGIÈNE ET DE SALUBRITÉ DU DÉPARTEMENT DE LA SEINE

DOCUMENTS DIVERS

ASSOCIATION DES INDUSTRIELS DE FRANCE CONTRE LES ACCIDENTS DU TRAVAIL

ACADÉMIE DE MÉDECINE

SOCIÉTÉ INTERNATIONALE DES ÉLECTRICIENS

SYNDICAT PROFESSIONNEL DES INDUSTRIES ÉLECTRIQUES

CHAMBRE SYNDICALE DES INDUSTRIES ÉLECTRIQUES

ASSOCIATION ALSACIENNE DES PROPRIÉTAIRES D'APPAREILS A VAPEUR

BREVETS D'INVENTION

FIN DE LA TABLE ANALYTIQUE DES MATIÈRES.

TABLE ALPHABÉTIQUE

FIN DE LA TABLE ALPHABÉTIQUE.

43838. — Imprimerie Lahure, 9, rue de Fleurus, à Paris.

www.ingramcontent.com/pod-product-compliance
Ingram Content Group UK Ltd.
Pitfield, Milton Keynes, MK11 3LW, UK
UKHW020257230726
13925UKWH00001B/98